新中国成立75周年

丰碑永铸 精神永存

——灌溉排水事业发展成就与经验

中国灌区协会 编

·北京·

内 容 提 要

本书是中国灌区协会为了回顾全国灌区发展75年走过的历程和取得的成就，在会员单位中组织开展的“新中国成立75周年灌区建设与管理发展成就”征文汇编。全书分为序、成就篇、工程篇、叙事篇、诗歌篇五个部分。

本书收录的文章内容主题突出、感人至深、激人奋进，展现了新中国灌区工程建设历程，反映了灌区在保障社会经济发展，特别是维护国家粮食安全方面所发挥的作用和取得的成就。

本书旨讲好水利故事，传扬灌排精神，进一步增强广大灌区工作者的光荣感、责任感和使命感，激发灌区管理单位的凝聚力、战斗力，做好水利文化传承，推动灌区现代化建设，促进灌区高质量发展。

图书在版编目（CIP）数据

丰碑永铸　精神永存 / 中国灌区协会编. -- 北京 : 中国水利水电出版社, 2024. 12. -- ISBN 978-7-5226-3085-4

Ⅰ. S279.2

中国国家版本馆CIP数据核字第2025PS2361号

书　　名	**丰碑永铸　精神永存** ——灌溉排水事业发展成就与经验 FENGBEI YONGZHU　JINGSHEN YONGCUN ——GUANGAI PAISHUI SHIYE FAZHAN CHENGJIU YU JINGYAN
作　　者	中国灌区协会　编
出版发行	中国水利水电出版社 （北京市海淀区玉渊潭南路1号D座　100038） 网址：www. waterpub. com. cn E-mail：sales@mwr. gov. cn 电话：（010）68545888（营销中心）
经　　售	北京科水图书销售有限公司 电话：（010）68545874、63202643 全国各地新华书店和相关出版物销售网点
排　　版	中国水利水电出版社微机排版中心
印　　刷	北京印匠彩色印刷有限公司
规　　格	184mm×260mm　16开本　19.5印张　355千字　4插页
版　　次	2024年12月第1版　2024年12月第1次印刷
印　　数	0001—1200册
定　　价	**112.00**元

凡购买我社图书，如有缺页、倒页、脱页的，本社营销中心负责调换

序

PREFACE

中国灌溉排水事业75年发展成就与经验

李仰斌

中国灌区协会

今年是新中国成立75年。75年来，我国广大人民群众在党和政府的领导下，持续开展大规模农田水利建设，灌溉排水事业发展取得了举世瞩目的巨大成就，建成了较为完善的农田灌溉排水工程体系和管理体制机制，为农业可持续发展和保障国家粮食安全做出了重大贡献。

一、75年来我国灌溉排水事业发展成就前所未有

1. 灌溉面积巨变：从2.4亿亩到发展到10.55亿亩

新中国成立初期，我国农田水利基础设施十分薄弱，农田灌溉面积只有2.4亿亩，蓄水工程多为中小型塘坝，农业抗灾能力很低。经过75年的努力建设，到2023年农田有效灌溉面积达到10.55亿亩，除涝面积3.57亿亩，灌溉面积位居世界第一。在水源工程建设方面，全国建成水库近10万座，塘坝工程456万处，形成总库容9300多亿m^3（其中塘坝容积300亿m^3）。全国建成大中小型灌区206万处，其中30万亩以上的大型灌区461处，万亩以上的中型灌区7300多处；全国固定机电排灌站43万处；农用机电井近500万眼。这些重要的农业基础设施建设大大提高了农业综合生产能力，我国粮食年总产量由1949年的2260亿斤增加到2023年的13908亿斤，稳定解决了近14亿人的吃饭问题。灌溉排水工

程成为国家粮食安全保障的基石，在占全国耕地面积55%的灌溉面积上生产了占全国总量77%的粮食和90%的经济作物，使中国人手中的饭碗端得更牢靠。

2. 投资政策巨变：从群众自筹为主到国家财政投入为主

1949—2002年，农田灌溉排水事业发展政策一直采取自力更生为主，国家支援为辅的方针。20世纪50年代采取“三主”方针，以蓄为主，以小型为主，以群众自办为主。60—70年代开展农业学大寨运动，自力更生精神更是发扬光大。80年代后期到90年代实行“劳动积累工”制度，规定农村劳动力每年必须出20～30个劳动积累工和义务工，开展冬春修农田水利基本建设。2002年国家实施农村税费改革，取消了“劳动积累工”制度，农田水利投入政策随之发生了大的变化。2005年国家出台了《关于建立农田水利建设新机制的意见》，2016年国务院颁布了《中华人民共和国农田水利条例》，从法规和政策上进一步明确了国家的主导地位，农田水利新机制核心就是在统一规划的基础上，工程建设上以各级财政投入为主，社会资本和受益农民多渠道筹措资金。运行管理上开展农业水价综合改革，使农业水价总体达到运行维护成本，有条件的地区可达到全成本，实现良性运行。比如2009年开始实施的全国新增1000亿kg粮食生产能力项目，财政投资就占到80%，地方和农民配套占20%。还有1998—2020年实施的大中型灌区续建配套与节水改造项目、大型灌排泵站更新改造、小农水重点县建设、高效节水工程建设等一大批工程项目都是国家投资为主。尤其是2020年以来实施的大中型灌区续建配套与现代化改造项目、高标准农田建设项目和《新一轮千亿斤粮食产能提升行动（2024—2030年）》，全方位夯实国家粮食安全根基，国家投资力度之大更是前所未有。农田水利新机制的建立为近20年农田水利快速发展提供了强大动力，农业基础设施发生了巨大的变化。

3. 灌溉管理体制巨变：从农民集体管理为主到国家事业单位管理和农民用水合作组织管理转变

改革开放前30年，农田水利管理体制是以民主管理、集体管理为主，灌区管理人员除少数拿工资的国家正式工外，大多数是在生产队记工分的农民。改革开放后，人民公社体制解体，灌区管理人员中很长时间还有一大批拿少量补助的"亦工亦农"的水管员。当时，灌区管理改革的方向是走有偿服务，自主经营，自我发展的企业化、市场化道路，采取水费改革、多种经营，承包责任制的方法。灌区管理单位的性质、定位并不明确。到2002年，国务院出台了《水利工程管理体制改革实施意见》，随后，水利部出台了《小型农村水利工程管理体制改革实施意见》。国有大中型灌区及泵站管理单位定性为公益性或准公益性事业单位，由各级财政按公益性和准公益性事业单位发放人员工资和维修养护费用补贴（简称"两费"）。小型农村水利工程建立用水户协会等多种形式的农村用水合作组织管理，建立了国家事业单位管理大中型骨干工程和农民用水合作组织管理田间工程的管理体制。根据水利普查，全国灌区管理机构有2.23万处，灌区专管人员达24万多人。其中，省级管理的灌区有147处，地市级管理的灌区有403处，县级管理的灌区8115处，乡级管理的灌区9300处，村级集体管理的灌区4200处，其他管理的灌区134处。在这些管理机构中，以国家事业单位性质的为主，占到管理单位总数的56%，集体性质的占30%。企业性质的占13%。灌区管理体制的巨大变化，促进了灌排工程的良性运行。

二、75年灌溉排水事业高速发展的基本经验

75年的灌溉排水事业发展成就是史无前例的，之所以能取得这样的巨大成功，根本经验是中国共产党的领导和社会主义制度的优越性。

1. 农田水利工程打破行政界线，进行山、水、田、林、路统一规划

新中国成立后，逐步开展社会主义改造，破除私有制，实行公

有制，农田水利工程建设统一规划，打破了村、乡、县、市行政界线，有的甚至打破省界统一规划，开展大规模的农田水利工程建设。如创建于1958年的安徽淠史杭灌区就是中国共产党领导下兴建的全国最大的灌区。灌溉面积涉及安徽、河南两省4市17个县区，设计灌溉面积1194万亩，其中安徽境内1026万亩，河南境内还有100多万亩。工程沟通淠河、史河、杭埠河三大水系，横跨长江和淮河两大流域，灌排体系包括了6座大型水库、三大渠首、2.5万km的渠道以及1200多座中小型水库和21万多处塘坝，组成了"长藤结瓜"式的灌溉系统。还有像著名的河南林县红旗渠灌区，渠首工程伸入山西省平顺县境内超过30km，在太行山大峡谷修建了超过1500km的"人工天河"红旗渠，引浊漳河水到林县灌溉54万亩农田。像这样跨行政区域建设农田水利工程的情况，在20世纪50—70年代比比皆是。中小型农田水利工程更是星罗棋布，数不胜数。这种打破行政区界线，跨省、市、县、乡的大型农田水利工程在私有制的旧中国和资本主义国家，都有许多不可逾越的障碍。只有在共产党领导下，实行公有制的社会主义制度，才能充分发挥水资源、地形、地貌、人、财、物等优势，开展大规模的农田水利建设。

2. 统筹安排移民搬迁和土地占用

新中国成立以来，开展了大规模的农田水利工程和水库建设，建成了206万处农田水利工程和近10万座水库，这些工程不可避免地产生工程占用耕地和移民搬迁的问题。由于实行了公有制的社会主义制度，农田水利工程占用耕地政策是不用补偿，由受益的生产队之间调剂解决，工程移民补偿很少或没有补偿，多数移民是就地后靠安置。这些数量庞大的水利工程移民为国家建设作出了很大的贡献。据调查，各种水利工程移民就有2000多万人，其中部分就是农田水利工程和水库的移民。特别是在20世纪50—70年代，很多农田水利工程采取群众运动，自力更生、土法上马，一夜之间，敲锣打鼓就把移民欢送走了。比如安徽的淠史杭灌区就有移民5.5万多人，占用土地5万多亩。再如山西的汾河水库灌区，1958年开工，仅用2年时间就竣工了，移民1.5万人，占用耕地2.6万亩，当时调动各县的农民、部队、工人等4.8万多人，任务分配到县、乡、村，农民工由生产队抽派，自带工具口粮，基本不计报酬，库区移民就近后靠搬迁到山坡上，每户农民仅补偿了200多元。1996年我到移民区调研水土保持，发现尽管有国家多年的各种扶持，但移民生活仍非常困难，移民搬迁到山坡后，土地贫瘠，交通不便，想脱贫致富有很大的困难。现在国家实力强大了，开展精准扶贫政策，很多移民稳定脱贫的问题得到了较好的解决。所以说，只有社会主义公有制度，才能较好地解决土地占用和移民的问题，农田水利才能快速发展。

3. 广泛发动和组织农民群众，开展农田水利基本建设

这个政策一直坚持了50多年（1949—2002年），这是我国农田水利基本建设的一大特点，也是党和政府在国家经济困难的情况下开展创业建设，为国家经济打基础的一条宝贵经验。如1958—1959年，农田水利基本建设在连续两个冬春修中出动了上亿人次的劳动力，完成的土石方数量都是史无前例的。再比如河南的林县红旗渠工程和安徽的淠史杭灌区，就是自力更生、艰苦奋斗精神的典范，农民自筹占到85%，国家投资仅占15%。还有像黄河下游的人民胜利渠、打渔张灌区、位山灌区，湖南的韶山灌区，江苏的江都排灌站等多数大中型灌区和灌排泵站都是依靠农民群众，自力更生为主建成的。再比如1989—2000年，国家“劳动积累工”制度出台后，每年劳动积累工和义务工数80亿～100亿工日，最多的年份农民投工达102亿个工日，即使每个工日按10元人民币计，每年投劳也有1000多亿元。只有坚持中国共产党的领导，依靠广大人民群众，全心全意为人民服务，才能在国家经济十分困难的情况下取得如此巨大的成功。今天，在新中国成立75周年纪念之际，我们绝不能忘记建国初期30年艰苦卓绝奋斗的一代人所取得的巨大成就。

4. 集中力量办大事，大规模开展农田水利工程建设

综观75年农田水利建设历程，党和政府领导人民在每一个历史时期都能针对农业基础设施存在的薄弱环节，集中力量，建成一批重点农田水利工程，办成几件有影响的大事。第一个时期是20世纪50年代，新中国成立初期，百废待兴，经济困难，国家面临的第一个大问题是解决人民的吃饭问题，甚至连美国政府的白皮书也预测中国共产党解决不了人民的吃饭问题。党和政府在取得政权后，马上就把兴修农田水利作为发展农业生产力的首要任务，发动人民群众，集中力量，进行了艰苦卓绝的奋斗，到1960年全国灌溉面积就达到了4.3亿亩，增加灌溉面积近2亿亩。第二个时期是70年代初北方大旱，为了解决北方长期干旱和“南粮北运”的问题，国务院成立了打井抗旱办公室，在北方17个省（自治区、直辖市），发动群众打井抗旱，国家拨专款扶持，每年打井30多万眼。同时，在黄河上中游建设了一批机电扬水泵站。山西、陕西、内蒙古、宁夏、甘肃等地区在黄河上游的多数大型泵站群都是在那个时期建设的。1980年，北方机井数量达到250多万眼，全国灌溉面积达到7.33亿亩。这些机井和泵站设施对提高北方地区粮食产量，改变“南粮北运”的局面起到了重大作用。第三个大发展时期是农田水利新机制建立。2002年农村税费改革取消了规定的“劳动积累工”制度，随后建立了农田水利建设新机制。结合实施全国新增1000亿斤粮食生产能力规划，中央在2011年召开了中央水利工作会，出台了《关于加快水利改革发展的决定》的1号文件，加快了大型灌区和重点中型灌区续建配套与节水改造建设，新建设了一批现代灌区，实施大中型泵站更新改造，加快推进小农水重点县建设，加强灌区末级渠系建设和田间工程配套，加快高标准农田建设，开展小水窖、小水池、小泵站、小塘坝、小水渠等“五小水利工程”建设，大力推广节水灌溉技术。从此，农田水利发展又进入一个高潮，到2023年全国灌溉面积达到10.55亿亩，高效节水灌溉面积达到4.1亿亩。这些综合措施使我国粮食产量连续多年保持在1.3万亿斤以上，粮食安全保障上了一个大台阶。实践证明，集中力量办大事是中国特色社会主义制度的显著优势。

三、展望未来，新时代中国特色社会主义将引领农田水利事业高质量发展

75年的农田水利建设成就让我们自豪、让我们骄傲。展望未来，国家发展进入中国特色社会主义新时代，中央提出到2050年实现全面建成富强、民主、文明、和谐、绿色的社会主义现代化国家的目标，努力实现中华民族伟大复兴。习近平总书记对水利工作提出“节水优先，空间均衡，系统治理，两手发力”治水思路。2016年国务院第669号令颁布了《农田水利条例》。国家发展改革委、水利部印发了《国家节水行动方案》，全面推进农业节水，实施重大农业节水工程，实现农田水利高质量发展。根据预测，到2035年，农业灌溉面积规模将达到11.45亿亩，用水总量控制要在3730亿m^3。农田水利今后的工作重点是开展大中型灌区现代化升级改造，建设节水型灌区、生态型灌区和高标准农田节水示范区，灌区信息化、自动化、数字孪生智能灌区建设将加快，配合总量控制，定额管理要求，将补上灌区量测水和精准灌溉的短板，将大规模推进高效节水灌溉工程建设，有条件的灌区将开展管道输水灌溉、喷灌和微灌工程建设。相信到新中国成立100年时，我们的灌溉排水事业将会有更大的、更高水平的发展，我们将不仅是世界灌溉大国，更会是灌溉强国！

在新中国成立75周年之际，为了回顾全国灌区建设与管理走过的历程，展示新时期灌区在保障社会经济发展和维护国家粮食安全方面所发挥的作用和取得的成就，中国灌区协会组织开展“新中国成立75周年灌区建设与管理发展成就”征文并汇编出版本书。旨在讲好灌区故事，弘扬灌区精神，进一步增强广大灌排人的光荣感、责任感和使命感，做好灌溉水文化的传承，推动灌区现代化建设，促进水利高质量发展。

目录

CONTENTS

序

第一部分　成　就　篇

人民胜利渠唱响人民胜利“曲” …………………… 卢凤民　李炳辰　王贻森（3）
河套灌区“十四五”续建配套与现代化改造的做法与实践 ……… 李根东（7）
水利经典　不朽丰碑——韶山灌区文化内涵浅探 ………………… 杨六一（12）
七十五载砥砺前行　新时代再创新辉煌 ……………………………… 薛　雨（19）
栉风沐雨气象新　兴水利民筑丰碑——写在新中国成立75周年
暨东雷抽黄工程通水45周年之际 ……………………………………… 姜　钊（27）
风雨兼程五十载　聚力突破启新程 …………………… 冯彦红　廖宏伟（32）
灌区精神——东圳品格的时代烙印 …………………… 何少钦　黄伊君（38）
以新发展理念为引领　全面打造现代化灌区——引汉灌区发展纪实
………………………………………………………………………… 郭丹丹（43）
“寻美”大圳灌区 ……………………………………………………… 李　闯（49）
泮头灌区　水润嘉禾 ………………………………………………… 李灶辉（53）
从“心”到“新”　东风渠践行服务三农“大担当” ……………… 尹　程（58）
水乡新灌区　渠水惠百姓——湖北省洪湖市下内荆河灌区走笔
……………………………………………………………… 陆　剑　李　禾（61）
为了大地的丰收——以工代赈示范工程王蜂腰灌区建设走笔
……………………………………………………… 王小占　张　舒　冯　鑫（65）
为瑶乡贯通“血脉”——记通城县东冲灌区续建配套与节水
改造项目部 ………………………………………………………………… 吴义明（68）

第二部分　工　程　篇

数字孪生赋能灌区　漳河开启“智水”新时代 ……… 高梦婷　鄢　伟（75）
簸箕李数字孪生灌区建设思路与框架初探
…………………………………… 刘洪玲　张　双　商学营　王　静（78）
浅谈河套灌区水利工程现代化与精细化管理取得的成效 ……… 董　枝（87）
大型灌排泵站智能化改造探索与实践 ……… 匡　正　朱　宁　袁志波（91）
数字赋能“智”水有方　位山灌区高质量打造数字孪生
先行先试样板 ………………………………………… 孙　凯　马胜男（104）
某水库闸门应力监测与有限元分析研究 …………………… 原　野（108）
浅谈泵站改造评价工作 ……………………………… 王靖民　涂小强（113）
倾斜摄影技术在数字孪生灌区建设中的应用研究
………………………………………… 韩　刚　张乐为　董森灿（117）
智慧灌区建设发展思考 ……………………………………… 刘艳朋（122）
赓续红色基因，凝炼“滦下”精神　创新推动灌区高质量发展
………………………………………… 张红梅　张　静　刘红红（125）
“6S”管理在标准化工作中的实践应用 …………………… 曹斌军（132）
论大圳灌区建设与管理发展中的系统思维 ………………… 张云飞（136）
浅谈数字水利与灌区现代化发展 …………………… 肖　城　谢渝静（140）
党建引领铸精品　灌区工程树新风——宜春市袁锦水利工程
服务中心锦北灌区开展党建进工地 ………………………… 王亚立（145）
江门市整市推进中型灌区现代化建设与管理的几点探索实践
………………………………………… 谭俊彦　李健礼　梁艳晴（151）
高质量算力助力灌区信息化建设 …………………… 于树旺　王　波（154）
灌区用水管理存在突出问题及对策的探讨
………………………………………… 赛德艾合买提·吾加买提（160）
建设标准化“量水秤”　助推水利新质生产力发展
……………………… 张疏影　杨　韬　罗朝传　曹　杨　王得权（164）
制度赋能“荆楚安澜”——河长制视角下的灌区治理 ………… 任昱霏（175）

逐新纪元文化璀璨之光，绘水利高质量发展斑斓画卷
——学习贯彻习近平文化思想 …………………………… 石朋琳（179）

第三部分　叙　事　篇

我家门前有条河 ……………………………………………… 方　毅（187）
驯得泥龙降旱魃 ……………………………………………… 李高艳（191）
搬迁 ……………………………………………………………… 赵冉元（195）
很近又很远——致敬灌区水利人 ………………………… 张梦仙（199）
农家人眼中的引黄水 ………………………………………… 吴承旭（203）
金黄的麦浪 …………………………………………………… 翟高丽（207）
蓄势赋能开新局　凝心聚力再出发 ……………………… 刘志琴（210）
西干渠：从旧貌到新颜，奏响水利现代化的奋进乐章 ……… 张　洋（214）
生态为底　文化为墨　擘画灌区高质量发展新画卷 … 李　蕊　黄晓珂（218）
黄河儿女视角下的引黄灌区成长记 ………………… 张　双　刘洪玲（222）
水利梦，在这里启航 ………………………………………… 杨　芸（225）
梦想牵引，照亮灌区发展之路 …………………………… 史立红（229）
韶山灌区：流淌在时光里的家国情怀 …………………… 刘静远（233）
灌区土坝 ……………………………………………………… 何永洲（236）
黄河岸边的故事 ……………………………………………… 任社会（240）
一位基层提灌站管理员 44 年的无悔坚守 ……………… 王光英（244）
一起接住的每一滴水 ………………………………………… 黄正伟（248）
通灵陂和姜师度——盛唐背后的名字 …………………… 冷　莹（252）
榜样的力量比烟花更灿烂——记一名水利"后浪"所悟所感
…………………………………………………………………… 徐诚鹏（255）
他在风雨雷电里前行防御——记襄阳宜城市水利局党组书记、
局长屈广俊同志 ……………………………………………… 冯祖稳（259）
荆竹水库话沧桑 ……………………………………………… 吴红文（263）
历久弥坚五十载　风雨同舟丹渠人 ……………………… 罗云鹏（267）
守好祖辈修的渠　护好儿孙喝的水
………………………………… 徐智容　余晶晶　刘少杰　廖　琪（270）

百年梦圆“鹦鸽嘴” …………………………………………………………… 李　明（274）

第四部分　诗　歌　篇

石堡川之歌 …………………………………………………………………… 李剑锋（281）
人民渠之歌 …………………………………………………………………… 朱　蕾（286）
战天斗地淠史杭 ……………………………………………………………… 邓庆生（290）
扬黄工程盐环定　长藤结瓜润三川 ………………………………………… 张　斌（293）
青春献水利　白发不言悔——赞广西桂平市水利局党组副书记、
　副局长欧江源 ……………………………………………………………… 黄钦垣（295）

第一部分　成就篇

人民胜利渠唱响人民胜利“曲”

卢凤民　李炳辰　王贻森

河南省人民胜利渠保障中心

序曲　拓荒吟　如磐初心系民生

“黄河宁，天下平”，黄河治理历来都是安民兴邦之大事。

工程背景　1938 年，国民党军队扒开黄河花园口大堤，黄河夺淮入海，九年间，致 3 省 44 县市 1200 多万人受灾，死亡 89 万人，形成中外闻名的黄泛区。

新中国刚成立，党中央就提出了“防灾和兴利并重”的治黄方针，一方面，宽河固堤，消除隐患；另一方面，兴修水利，造福百姓。

1950 年，《引黄灌溉济卫工程计划书》得到周恩来总理的亲批，工程于 1951 年 3 月正式开工，1952 年第一期工程顺利竣工，1952 年 4 月开灌。1952 年 7—12 月，实施第二期工程，实现了“一年挖通总干渠、两年建成主灌区”的目标，宣告了新中国治理黄河的初战告捷，工程随之被命名为“人民胜利渠”。

领袖关怀　1952 年 10 月 31 日上午，毛泽东主席莅临人民胜利渠视察。在渠首，毛主席听取人民胜利渠建设和引黄灌溉的情况汇报，询问灌溉后的防碱、治碱等问题，并针对有了渠灌忽视井灌的情况作出指示。他亲手摇起渠首闸门，高兴地说：“沿黄每个县都建一座引黄灌溉闸就好了!”看到黄河水流入枯竭的卫河时，他还说：“今天看了小黄河，很高兴，这样天津用水困难也解决好了。在人民手里，害河可以变益河”。

开灌以来，毛主席的指示、党的一系列方针政策，鼓舞着人民胜利渠的管理者，始终围绕着“引黄灌溉、造福百姓”的主旋律，谱写了“管好水、巧用水、节约水、计划用水”的大乐章。

组曲　行路谣　谱写新曲润中原

人民胜利渠灌区南起黄河，北、西至卫河，向东沿黄河故道延伸至卫辉市、安阳市的滑县、新乡市的延津县一带。主要浇灌新乡、焦作、安阳的11个县（市、区）12.32万hm^2土地，并承担着济卫和向新乡市城市供水等任务。开灌至今，共引（供）水404亿m^3，综合效益450亿元，为灌区经济社会发展提供了水利支撑。但人民胜利渠的发展之路并非一帆风顺，大体上可分为四个时期。

快速发展期　在一期工程的基础上，1953年1—8月，对已建的工程进行了加固、整修；1955—1957年，对灌区进行第一次扩建；1957—1959年，进行第二次扩建。

停灌整顿期　1958年以后，由于引黄大水漫灌，有灌无排，引起大面积盐碱化。1962年以后，全面展开次生盐碱化的防治工作，到1965年，次生盐碱地面积缩减到0.72万hm^2，与开灌初期基本持平。

1964年，由于新乡地区棉田主要分布在人民胜利渠灌区，国务院拨专款为棉区打保棉井。这不仅是人民胜利渠发展机井灌溉的一个开端，也为中国北方地区大规模发展机井提供了经验。

恢复扩大期　停灌后，井灌逐渐成为人民胜利渠灌区主要灌溉方式。但若遭受干旱，井灌不能满足用水需求，群众迫切要求恢复渠灌。

1980年4月，河南省水利厅批准改善扩建工程设计任务书；1980—1985年，对灌区进行第三次改扩建；1999年，灌区续建配套与节水技术改造项目被列入国家水利建设重点项目。

砥砺前行期　2002年7月，小浪底水利枢纽首次调水调沙，严重冲刷下切黄河主槽，给灌区引水带来不利影响，引水难逐渐成为灌区发展的瓶颈。

面对这种局面，人民胜利渠主动谋划，建设渠首浮箱式移动泵站、开挖第二条引水渠等多措并举，进一步增强水源应急保障能力。同时，也通过改造张菜园黄河穿堤闸、改造人民胜利渠渠首水源工程、通过西霞院水利枢纽输水工程补水等措施力求从根本上解决引水难问题。

名曲　胜利歌　水润民生传四方

人民胜利渠灌区位于黄河下游北岸冲积扇（平原）的西南端，无论是从自然环境、河流水系还是社会经济发展状况来看，在黄河下游地区都具有典型的代表性。

科技之声 领唱中原　70余年来，人民胜利渠在计划用水、井渠结合、沉沙改土、淤灌稻改、盐碱地治理、防止土壤次生盐碱化、综合节水技术等方面开展科学研究和推广应用，破解引黄难题，取得了丰硕成果，先后获得国家科技进步奖1项，中国农业节水科技奖1项，省部级科技进步奖8项，地厅级科技进步奖20多项，国家发明专利及实用新型专利10余项，发表科技论文、论著230多篇。人民胜利渠引黄灌溉的成功经验，成为新中国引黄兴利的一面旗帜。

穰穰满家 稻谷飘香 新中国成立之初，豫北大部分农村种地还是靠天吃饭，人民胜利渠的开灌，终结了灌区上百万亩农田长期“干渴”的历史。

黄河水的灌溉，使灌区成为豫北地区有名的优质米基地。有着“中国第一米”之称的原阳大米，多次获得国际和国家级金奖，被列入全国名优特产名录、中原特产名片，原阳县祝楼乡因此获得豫北小江南的美誉；同时孕育出了知名品牌——延津小麦，延津县成为全国商品粮基地县、全国优质小麦生产示范基地县。

截至目前，人民胜利渠农业灌溉用水量达233.22亿m^3，实灌面积5.87万hm^2，灌区粮食产量和皮棉产量由开灌前的1335kg/hm^2、225kg/hm^2增至1.64万kg/hm^2，1125kg/hm^2。豫北粮棉的大幅度增产，是人民胜利渠为中国粮、中国棉的仓廪实做出的应有贡献。

上善若水 甜润万家 为改善因过多开采地下水破坏城市生态平衡的局面，1970年，人民胜利渠开始向新乡市城市供水，截至目前，人民胜利渠为新乡城市生活供水16亿m^3，约占新乡市城市总供水量的80%。

1972年，海河流域大旱，天津市用水告急。史料记载，20世纪70年代开始，人民胜利渠引黄济津4次，济津水量11m^3，为以后的南水北调工程提供了可以借鉴的经验。

1981年，人民胜利渠开始向延津、滑县等苦水区和地下水漏斗区补源供水。截至目前，人民胜利渠补源水量达47.44亿m^3。

碧水穿城 美景如画 “抬头是芒山，低头黄河滩，大风黄沙刮过来，光想埋住俺。”这是建国初期渠首的真实写照。如今的渠首果树面积达650亩，总干渠两岸白杨参天，渠上亲水平台、观景亮点随处可见，两侧还有毛主席视察过的良田、二战时期的碉堡、老京汉铁路、牧野大战的古战场，以及黄河故道遗迹等，这些厚重的历史文化，使整个总干渠形成了绿色的水文化走廊，为黄河流域生态廊道建设提供了现实样本和有益探索。

持续用力 久久为功 人民胜利渠依托渠首闸、毛主席视察黄河休息室、展览馆、建设指挥部，宣讲引黄故事、弘扬引黄文化，形成了独具特色的水文化教育平台。多年来，国内外交流广泛开展，影响力与日俱增：先后有40多个国家的元首、政府首脑、联合国官员、水利专家、国际友人来人民胜利渠实地参观、考察、访问，对工程给予高度评价。时任国际灌排委员会主席巴特·舒尔茨、联合国粮农组织项目经理阿伦·坎迪亚分别称赞，“人民胜利渠确实是个奇迹”，“这是一个伟大的工程”。人民胜利渠成为河南水利对外讲好引黄故事、彰显引黄成就的一个窗口、一张名片。

新曲　奋进乐　续写为民新乐章

人民胜利渠的发展史，就是新中国半部引黄灌溉史。

回顾过去 硕果累累　1952 年 10 月，毛泽东同志于日理万机之中起身，来到他日夜牵挂的黄河边。这是新中国成立之后，毛泽东同志第一次专程离京视察。面对这条母亲河，他心潮澎湃，也忧思难抚，千叮咛万嘱咐：“要把黄河的事情办好”，“不然，我是睡不好觉的”。践行嘱托 70 年，人民胜利渠在攻坚克难中破浪前行：2014 年，人民胜利渠入选水利部第十四批“国家级水利风景区”；2017 年，被确定为河南省首批“省级水情教育基地”；2019 年，入选水利部第二批“水工程与水文化有机融合案例”。

桃李不言，下自成蹊。人民胜利渠先后获得和保持“部一级管理单位”“全国先进灌区”“国家级水利风景区”“水利部一级安全生产标准化管理单位”“最具时代精神的魅力灌区”“全国水利文明单位”“省级文明单位”“省级卫生先进单位”“河南省水情教育基地”“河南省水利系统五一劳动奖状”等荣誉，并被水利部列入“人民治水·百年功绩”治水工程项目。

展望未来 挺膺奋进　2019 年 9 月 17 日，新中国成立 70 周年前夕，郑州黄河国家地质公园临河广场，习近平总书记凭栏远眺。眼前的黄河，天高水阔，林草丰茂，一片勃勃生机。在次日召开的黄河流域生态保护和高质量发展座谈会上，总书记发表重要讲话，发出了“让黄河成为造福人民的幸福河”的号召。

同时，党的二十大报告指出，以中国式现代化全面推进中华民族伟大复兴。全面建设社会主义现代化国家，最艰巨的最繁重的任务就是农业农村现代化建设，农业现代化和水利现代化都离不开灌区现代化。这是人民胜利渠面临的新形势、新机遇、新挑战，也是人民胜利渠新的使命。

新蓝图已然绘就，新征程击鼓催征。人民胜利渠将以习近平新时代中国特色社会主义思想为指导，深入推进“四水同治”，抢抓机遇，努力在灌区高质量发展上有新作为，在灌区治理体系和治理能力现代化上有新成效，在高质量党建引领灌区高质量发展上有新气象，续写更多充满民生温度的新乐章！

河套灌区“十四五”续建配套与现代化改造的做法与实践

李根东

内蒙古河套灌区水利发展中心

一、基本情况

河套灌区位于我国正北方、黄河上游段几字形弯顶端，内蒙古自治区西部巴彦淖尔市，黄河流经 333.5km，东西长约 250km，南北宽约 50km，总土地面积 1784 万亩，现引黄灌溉面积 1154 万亩，是全国三个特大型灌区之一，是国家重要的优质商品粮油生产加工输出基地。

河套灌区引黄灌溉有两千多年历史，新中国成立后，灌区历经引水工程建设、排水工程畅通、世界银行项目配套、节水工程改造、现代化改造等五次大规模水利建设，实现从有灌无排到灌排配套、从粗放灌溉到节水型灌区建设的新跨越。目前，拥有总干（总排干）、干、分干、支、斗、农、毛等七级灌排渠（沟）10.36 万条、6.5 万 km，有闸、泵站、桥涵等各类建筑物 18.35 万座。

河套灌区水利工程分为国管和群管两部分，实行统一管理、分级负责、骨干与田间相结合的水利工程管理体制。年引黄用水量约 46 亿 m^3，年排入黄河水量约 5 亿 m^3。2019 年 9 月，河套灌区成功入选世界灌溉工程遗产名录。2022 年永济灌域列为水利部数字孪生先行先试灌区。2023 年，河套灌区被评为节水型示范灌区。

二、河套灌区现代化改造情况

（一）项目概况

自 2018 年 10 月以来，内蒙古河套灌区水利发展中心成专项工作组，委托中国水利水电科学研究院编制了《“十四五”河套灌区续建配套与现代化改造实施方案》，于 2021 年 8 月 3 日获得国家发展改革委、水利部的批复，规划总投资 18.4 亿元。

（二）建设内容

“十四五”河套灌区续建配套与现代化改造项目实施范围集中在河套灌区永济和义长灌域，规划面积 298.9 万亩。建设内容：一是渠道衬砌 29 条、455.159km，其中：总干渠 1 条、3.84km，干渠 4 条、116.83km，分干渠 10 条、213.39km，支渠 14 条、121.11km；二是渠系建筑物配套 793 座，其中：总干渠 6 座，干渠 106 座，分干渠 128 座，支渠 533 座，排水建筑物 20 座；三是完善量水设施，建设国管干渠调度断面流量在线监测设备 7 处，干渠量测水监控站 128 处，国管干渠直口渠首流量在线监测设备 180 处，输水渠道运行工况安全监测系统 94 处；四是设置里程桩 439 个，标志牌 469 个，救生踏步 433 个，安全防护栏杆 3.25 万 m。

（三）工程效益

项目实施后，项目区骨干灌排设施完好率达到 90％以上，渠道衬砌率达到 50.8％，建筑物完好率达到 64.3％，工程实施范围内灌溉保证率达到设计以上水平，信息化覆盖率达到 80％以上，渠系水利用系数提高到 0.585，农田灌溉水有效利用系数提高到 0.468，实现年工程节水 1.48 亿 m^3。

（四）工程进展

目前，“十四五”河套灌区续建配套与现代化改造项目已累计完成投资 8.88 亿元。2024 年项目批复投资 2.86 亿元，工程正在实施建设。

三、主要做法及实践经验

为了加快推进现代化改造项目建设，我们紧扣水利部“设施完善、节水高效、管理科学、生态良好”的总体要求，着力从“坚持规划引领、改革建管体制、规范技术标准、注重典型带动、抓实建管组织、强化科技创新、加强建后管护、夯实人力保障”等八个方面推动灌区现代化改造建设。

（一）坚持规划引领，统筹实施推进

尊重规划权威，严格执行“十四五”河套灌区续建配套与现代化改造项目规划，完善项目审批、设计评审、组织实施、竣工验收、监督管理等环节，高质量完成批复的河套灌区国管输配水、排水工程、渠（沟）系建筑物及配套设施、用水量测、管理设施及灌区信息化建设、水土保持工程等建设内容，杜绝规划执行的随意性。树立系统思维，坚持集中连片，建一片、成一片；坚持上中下游、干支流、左右岸协同改造；坚持整渠推进，建一条、成一条；

坚持先总干渠、干渠、后分干渠、支渠。做到统筹实施、协调推进，渠道衬砌、配套工程、堤顶整治、水土保持一体化施做，渠衬砌到哪里，路就修到哪里，树就种到哪里，实现“路随水行、林随水走、水清岸美”。

（二）改革建管体制，凝聚建设合力

以打造“中心监管、各分中心具体实施、分级分工负责”的建设管理体制为目标，做到围绕“一个目标”（规范高效）、实现“三个下放”（参建企业招标、主要材料招标、一般设计变更）、抓住“五个环节”（事权下放、权责明晰、流程再造、监督指导、奖优罚劣），重塑中心与分中心在河套灌区水利工程建设管理中的定位和职责，调动各分中心建管工作的积极性和主动性，实现各分中心由“要我做”向“我要做”的根本性转变。建立健全项目法人负责、现场建管实施、监理控制、施工保证、水行政主管部门监督的管理体系，强化对分中心建设管理的全过程指导、监管和考核，形成定期调度、分析研判、奖优罚劣等机制。加强信用体系建设，制定了河套灌区水利工程施工企业、监理企业、勘察设计企业市场行为管理考核办法与考核评价细则，进一步规范参建企业市场行为。

（三）规范技术标准，提升工程质量

河套灌区过去的渠道防渗衬砌以模袋混凝土为主。2021 年 3 月 1 日，国家 GB/T 50600—2020《渠道防渗衬砌工程技术标准》实施后，中心组织设计单位及时赴中国灌排中心向标准主编人员请教学习。之后组织设计单位以“走出去、请进来”等形式，向各大型灌区广泛学习了解渠道防渗衬砌材料和主要技术标准。经过慎重抉择，确定河套灌区国管渠道防渗衬砌采取“现浇钢丝网片混凝土与保温一体化”结构型式，工程合理使用年限 50 年，同步在河套灌区开展适应性课题研究。从项目实施情况看，该结构型式呈现出防渗抗冲、保温抗冻、运行可靠、造价合理的优越效果。

（四）抓实建管组织，高效调度推进

针对河套灌区点多、面广、线长、管理层级多和现代化项目时间紧、任务重的实际，市级层面建立了分管副市长包联项目制度，中心层面由党组书记、主任挂帅包联两个项目区，分中心层面实行主任主抓、分管副主任具体负责的协同发力机制，为工程顺利实施提供组织保障。

抓好项目前期工作，中心组织分中心提前半年启动工程设计、项目征地、林木采伐、矛盾化解、“四通一平”等前期工作，充分做好施工准备，为项目实施争取宝贵时间。抓实项目组织实施，统筹处理灌区供排水与施工组织的

关系，抓住全年平均60多天有限工期，组织建设、施工、设计、监理等单位，克服疫情影响，倒排工期，挂图作战，人员实行“三班倒”、机械24h轮流作业，全力以赴抢工期、抓进度、保质量。同时，中心加强工程调度、现场督查，采取召开专题会议定期研究，建立微信群每日反馈，建管组随时督查跟进，每周信息通报等多种形式，推动工程快速高效实施。通过中心上下联动、密切配合，河套灌区现代化改造项目2021年、2022年均在当年完成计划任务的93%以上，超额完成水利部要求的投资任务。

（五）强化科技创新，建设数字灌区

借助现代化改造项目实施，我们加强新技术、新方法、新材料、新设备的推广应用，加大对现代化改造工程实施技术的科技攻关力度，开展科技创新成果转化。推行“1+4+13”（1个科技试验中心、4个试验站、13个科研基地）科研创新模式，全面梳理灌区现代化改造、灌排管理、数字孪生灌区关键技术研究等项目需求，积极与全国各大科研院所、高校开展深度合作，为项目实施提供技术支撑。河套灌区“北方引黄大型灌区现浇钢丝网片混凝土与保温一体化渠道衬砌关键技术研究与应用”课题列入水利部重大科技项目，计划完成新技术新方法3种、研制新材料2种、研制新设备1套、构建自动化监测系统5～8套、制定地方设计标准1部、制定施工标准1部、发表论文5～8篇、申请国家专利2～3件、建设示范工程2处。

同时，抓住2023年河套灌区（永济灌域）列入全国49处大中型灌区数字孪生灌区先行先试建设名单的契机，发挥河套灌区信息化基础较好的优势，坚持“自主创新”“解决实际问题”和“建必成、成必用、用必产生效益”的原则，加快“数字孪生灌区”建设，充分应用和转化灌区信息化建设成果，努力实现灌区信息测控自动化、数据传输网络化、应用服务智能化、决策支持科学化、工程管理标准化，为提升灌区现代化改造水平提供信息化支撑。

（六）加强建后管护，提升管理水平

坚持建管并重，积极推进灌区标准化管理，建立健全水利工程运行维护管理制度19项，制定了工程管理统一标准与规范，明确了责任主体，实现了水利工程“重建轻管”到“建管并重”转变。推行管养分离，实现灌区工程养护管理由传统管理模式向市场管理模式迈进。开展现代化改造项目建后评价，健全项目实施监督检查机制和绩效评价机制，确保工程效益持续发挥。严格落实《巴彦淖尔市河套灌区水利工程保护条例》，积极开展国管水利工程划界确权工作，加大水利工程设施保护力度。进一步规范工程建设管理行为，

开展与工程设计、咨询公司的多层级合作，全面提升灌区工程建设、管理运行、泵站维护等专业化管理水平。

（七）加强队伍建设，夯实人力保障

针对河套灌区现代化改造项目的客观要求，我们努力建设一支懂工程、善管理、爱灌区的工程建设管理专业人才队伍。近年来，专门制定人员招聘计划，每年向社会招聘水利工程设计、造价、建设、管理、信息化等专业大学生60人，不断为灌区管理输入新鲜血液。自2019年以来，打通灌区专业技术人员评聘职称通道，集中解决了专业技术人员多年未聘用问题。截至目前，全系统已聘专业技术人员746人，其中高级职称212人。另外，采取与相关科研院所、高校合作办学、组织工程建管人员赴先进灌区学习等形式，加强基层工程技术人才队伍建设，各分中心、所（站）、段三级管理部门培养一批专业齐全、结构稳定的工程技术人才队伍，为今后河套灌区现代化改造提供智力支持与人才保障。

“十四五”乃至未来更长一段时间，河套灌区将认真落实“节水优先、空间均衡、系统治理、两手发力”的治水思路，组织好、实施好灌区现代化改造项目，努力建设全国一流灌区，为全面推进河套灌区现代化、促进农业现代化、保障国家粮食安全、生态安全和黄河安澜作出更大的贡献。

水利经典 不朽丰碑

——韶山灌区文化内涵浅探

杨六一

湖南省韶山灌区工程管理局

韶山灌区是世界水利建设史上的一个奇迹，是新中国的著名水利工程，是湖南省唯一的水利工程类省级爱国主义教育基地。它不仅是一个大型水利工程，还是一处文化内涵无比丰富的宝藏。深入挖掘灌区文化内涵对于弘扬社会主义核心价值观、提升湖南的文化品位和质量、建设美丽乡村、实现“三高四新”具有重要意义。

一、韶山灌区基本情况

韶山灌区位于湘中丘陵地带，区内有伟人毛泽东、刘少奇、彭德怀的故里。灌区工程于 1965 年 7 月 1 日动工兴建，1966 年 6 月 2 日建成通水，灌溉湘潭、湘乡、韶山、雨湖、宁乡、岳麓和双峰等 7 个县（市、区）约 $2500km^2$ 范围内的 100 万亩农田。灌区文化内涵丰富，工程雄伟壮观，风光旖旎迷人，极具综合价值。灌区有如下特点。

（一）水利奇迹，时代标杆

它是新中国的著名水利工程，是中国共产党领导人民群众进行社会主义建设的标志性工程之一，它的建设速度和工程质量创造了中国和世界水利工程建设的奇迹。

（二）建筑宏伟，工艺完美

灌区工程宏伟壮观，技术工艺精湛，是水利科技和建筑艺术的完美结合，具有较高的历史、艺术、科学价值，给当代留下了宝贵的历史文物。

（三）功能全面，效益巨大

灌区工程高效运行 58 年，除灌溉 7 县市区的 100 万亩农田外，兼具防洪排涝、工矿城镇供水、发电、丘陵开发、农副产品加工等功能，创造了巨大的综合效益，是当地经济安全、生态安全、经济社会平稳较快发展的强大支撑和保障。

（四）生态一流，风光秀丽

灌区生态环境优良，工程巍然壮观，气势磅礴，碧水长流，绿道蜿蜒，田畴平展，阡陌纵横，群峦叠翠，空气清新，水利风光、田园风光和自然风光交相辉映，构成了湘中地区一条重要的生态景观廊道。

（五）精神丰碑，教育载体

灌区是领导人魄力、魅力和老百姓智慧、汗水的结晶，是一座艰苦创业、团结战斗的精神丰碑，留下了内涵丰富的韶灌精神文化遗产，是爱国主义、群众路线、水利科普、党员党性等教育的重要载体。

（六）旅游纽带，景观廊道

灌区连通韶山旅游区、刘少奇纪念馆、大东山旅游区、水府旅游区和彭德怀纪念馆，是湘中一条核心旅游纽带，是红色经典旅游与乡村生态旅游的完美结合。

（七）条件优越，潜力突出

灌区具有较好的旅游开发基础和资源条件，它的开发可以填补湖南省目前尚无社会主义建设时期红色旅游载体的空白，完善湖南省的旅游产业体系，具有很好的旅游开发潜力和市场吸引力。

（八）四位一体，创新发展

韶山灌区正在构建国家AAAA级旅游景区、全国爱国主义教育基地、全国重点文物保护单位和国家水利风景区“四位一体”的发展模式，探索韶山灌区转型发展之路。

二、灌区文化内涵浅探

（一）韶山灌区是一首社会主义制度优越性的深情赞歌

在新中国成立前，频繁水旱灾害在这里演绎一个又一个黑色轮回，生灵涂炭，民不聊生。新中国成立后，在党的领导下，亿万人民群众大办水利，迅速改变了农业生产条件和自然面貌。韶山灌区总投资1.2112亿元，其中国家投资4000万元，地方和群众自筹8112万元。当时实行的是人民公社制度，民工和后方搞生产的农民一样按定额记工分，年终由集体统一分配，没有一分钱工资，吃饭定量，粮食自带，凭票开餐。正是依靠社会主义的政治优势和集体经济的优越性，10 万名民工以“愚公移山”的精神，在短短的 10 个月里，自力更生，奋发图强，成就了造福于民的千秋伟业——韶山灌区工程，结束了千百年来饱经水旱灾害的辛酸历史，实现了安居乐业、人寿年丰的美好夙愿。

（二）韶山灌区是一座艰苦创业、团结战斗的精神丰碑

韶山灌区工程是湖南省丘陵地区第一个大型引水工程，也是当时中南地区的大工程。灌渠主要通过湘乡、湘潭、韶山、宁乡一带丘陵地区，穿过 10 座山，劈开 110 多座山头，跨过 90 多条河谷，越过 10 多处公路、铁路。湖南省委要求在 1966 年春耕生产之前完成灌区主体工程。在当时经济极端困难、物资十分匮乏、技术设备落后、地质地形复杂的条件下，要如质、如期完成工程任务，没有一股艰苦创业、敢闯敢干、勇打勇拼、团结协作的精神是不行的。十万名民工胸怀壮志，风餐露宿，日夜奋战，用铁镐、锄头和两齿锄等简单工具，凭着一颗红心，一双巧手，谱写了许多可歌可泣的事迹，被人们称为“十万英雄”“十万愚公”，为后人留下了一座高山仰止、永世不朽的精神丰碑。

（三）韶山灌区是一幅设计精巧、美轮美奂的壮丽画卷

韶山灌区建设是关系国计民生、千秋万代的大事。湖南省委要求建设好毛泽东、刘少奇两位主席的家乡，不但要建设一个优质、高速、高效的引水工程好样板，还要在建成投产之后成为水利管理的好样板。因此，在规划设计、施工建设、管理运行中，处处体现了精心设计、精心施工、精心管理，使韶山灌区不仅给三湘人民带来了灌溉、防洪排涝、发电、工矿城镇供水等巨大的经济效益，还造就了一处宏伟的人文景观。灌区山、水、田、林、路综合治理，百里渠道百里林，树绿堤固水长清，整个灌区堪称一个极为动人的风景区，被誉为“湘中明珠”。无论是其蕴涵的精神气质，还是显现的外观雄姿，都令人神往，令人惊叹！

（四）韶山灌区是一部水利工程的“活字典、教科书”

韶山灌区工程涵盖了农田水利工程的所有类别、结构、造型，是一个非常完善、完美、完整的水利工程。灌区由水库枢纽、引水枢纽和渠道工程三部分组成。灌区有干、支、斗、农、毛五级渠道，干渠上有渡槽 26 座、隧洞 10 处、倒虹吸 2 处、小型建筑物 4050 处。灌区管理局接待过来自 128 个国家 7200 余人的专业考察，接待过来自越南、尼泊尔、斯里兰卡、多哥、索马里等国家的实习留学生。历年来，全国众多高校以韶山灌区为教学基地，组织

水利水电等专业学生来灌区实习。1973 年武汉水利电力学院还在韶山灌区建立了长期的教学、科研、生产三结合的基地。

（五）韶山灌区是一个可持续发展的现代灌区工程的光辉典范

韶山灌区工程是兴建于 20 世纪 60 年代湖南省规模最大的灌区工程，在规划建设中贯彻“综合治理、综合利用”的方针，将治水与治山、改田、造土结合起来，将绿化纳入灌区规划，山、水、田、林、路综合治理，具有灌溉、防洪排涝、发电、工矿与城镇供水、养殖、航运、农副产品加工、丘陵开发等综合效益，在区域农业生产和水土保持方面发挥了关键的作用。韶山灌区各项工程历经半个多世纪依然完好无损，其投入和产出比达到了世界同类灌区的先进水平，是可持续发展的现代灌区工程的典范，是国内外有影响的著名灌区。

（六）韶山灌区是一曲践行党的群众路线的华彩乐章

韶山灌区工程从决策修建、规划设计到建设管理处处体现了党的群众路线。修建韶山灌区是要将湘中人民从千百年来备受洪、旱痛苦折磨中彻底解救出来，真正让涟河水化作幸福水，滋润下游百万亩农田，使政治上翻了身的农民在治水上也来一个彻底翻身，彻底改变湘中地区贫穷落后的面貌。在规划设计过程中，勘察设计人员深入群众，调查研究，足迹遍及七个县市区的山山岭岭、大河溪流，走访了全灌区 71 个公社、200 个大队，召开了 150 多次座谈会，访问了 860 多位群众和基层干部。在工程建设中，依靠 10 万名民工打歼灭战，破除畏难保守思想，大搞群众性的技术革新和工具改革，大大提高了工效。灌区建成后，坚持人民渠道人民管、管好渠道为人民的方针，做到民主管理、专业管理和群众管理相结合，形成爱渠护渠的良好风气和井然的用水秩序，确保工程安全和效益的持续发挥。

（七）韶山灌区是一篇公仆勤民、兴办实事的典范之作

党中央、国务院对韶山灌区建设给予了极大的关怀和支持。毛泽东主席对韶山灌区先后作出了“要高产才算”“灵了再写”的指示。时任总理周恩来和陈云、李先念、谭震林几位时任副总理一起研究韶山灌区的有关问题，亲自审批了中央给灌区工程的 2500 万元投资。谭震林、陶铸和王首道多次到工地视察指导，亲自给大型建筑物题名、题字。陶铸后来还专程赶来参加灌区通水剪彩典礼并乘船视察渠道工程。在灌区工程施工的 10 个月里，原省委第一书记张平化亲临现场办公达 11 次之多。华国锋等指挥部人员一身民工行装，在工地具体指导，现场解决实际问题。修建韶山灌区，不仅时间紧、困

难多、工程难度大，涉及三个地区、近百个公社、近千个大队、近百万名群众的切身利益。省指挥部对于关系群众生产生活的许多问题如库区和沿渠拆迁移民住房问题、沿渠修建方便群众的人行桥和浣洗挑水码头问题、保护耕地问题等都考虑得很周到，处理得很好，赢得了群众的称赞，经受了历史的检验。

（八）韶山灌区是一部思想政治工作的鲜活教材

湖南省委要求10个月完成艰巨、复杂的灌区主体工程，这是史无前例的，对此，民工、职工在施工初期普遍持怀疑态度，领导虽然有信心，但是也把握不大。后来是什么神奇的力量促使工程飞速进展，保质保量按期完成了任务呢？其中思想政治工作无疑起了巨大作用。工程一开始，就认真贯彻党的基本路线，广泛开展学习毛主席著作的群众运动，用毛泽东思想教育人。举办了政治夜校，开展形势教育，宣传修建韶山灌区的重大政治、经济意义，广泛进行“为谁修渠道”“依靠谁修渠道”“修什么样的渠道”“怎样修渠道”大讨论。广大民工和职工提高了思想觉悟，把建好韶山灌区看作光荣崇高的使命。全工地蓬勃开展以“六好单位”（政治思想好、技术革新好、劳动组合好、施工设计好、生活管理好、工程质量好）和“五好个人”（政治思想好、三八作风好、技术革新好、完成任务好、经常学习好）为目标的比学赶帮超活动，大插红旗，大树标兵，工地上一不怕苦、二不怕死、争做难工脏活、主动支援别人的英雄人物和先进集体不断涌现。各级基层干部普遍注意改进作风，晚上查铺替民工盖被子，坚持与民工同吃、同住、同劳动、同学习、同商量，深入调查研究，处处模范带头。工地普遍注意搞好民工的物质、文化生活，抓食堂管理、医疗卫生、组织放映电影、幻灯、开展文艺汇演等，使不少民工体重增加。丰富、活跃的思想政治工作，把广大民工、职工的干劲鼓得足足的，工地充满了革命乐观主义精神。在施工期间，全工地有42600人被评为先进个人，有3717个单位被评为先进集体，有622人入党，有11000多人入团，有5000人学会了各种技术，真正做到了“修好渠道炼好人，精神物质双丰收”。

（九）韶山灌区是一处湘中崛起、科学发展的富民工程

灌区建成后，彻底改变了因水、旱等自然灾害制约当地经济发展的状况，促进了农业经济迅速发展，灌区100万亩农田水旱无忧、稳产高产，使受益的湘潭、湘乡、宁乡成为国家商品粮生产基地和国家级杂交商品瘦肉型猪基地，水产和主要经济作物产量稳步递增。灌区工程所产生的效益辐射到整个

灌区经济、社会发展的各个方面，出现了农、林、牧、渔全面发展，工、商、建、运各业俱兴的局面。灌区面貌日新月异，人民生活显著改善，成为湘中崛起、科学发展的强大支撑。

（十）韶山灌区是一个精心管理、争创一流的先进典型

遵照毛主席“要高产才算”的指示和湖南省委“一定要把韶山灌区工程护好、管好、用好”“建成高产、稳产的社会主义大农业的样板”的要求，灌区管理者坚持民主管理，做到专业管理与群众管理相结合，不断改革和完善工程、灌溉和绿化管理办法，使管理工作逐年加强，工程效益逐年扩大，韶山灌区的建设、管理经验和巨大成就赢得广泛赞誉。历年来，灌区先后获得全国科学大会奖状、“全国先进灌区”“水利部一级管理单位”“全国部门造林绿化300佳单位”“全国绿色通道示范段”“全国大型灌区精神文明建设先进单位”“国家水利风景区”“国家水情教育基地”“标准化管理示范灌区”“‘人民治水·百年功绩’治水项目”“湖南省首批红色旅游区”“湖南省爱国主义教育基地”“湖南省科普基地”“湖南省省级文物保护单位”等荣誉称号。1993年5月，联合国粮农组织专家考察灌区后曾留言：“它的漂亮的建筑和优秀的管理给我们留下了深刻的印象。我们希望它的经验能在中国和世界其他地方推广。”

三、挖掘灌区文化内涵的重要意义

（一）有利于弘扬社会主义核心价值观

灌区丰富的文化内涵，特别是在那激情燃烧岁月，10万名劳动大军彰显的人民爱国敬业、自力更生、艰苦创业、团结协作、无私奉献、奋发图强的精神非常契合社会主义核心价值观。深入挖掘灌区文化内涵必将对弘扬社会主义核心价值观、提升全社会文明素质、促进科学发展、全面完成新的历史性任务产生积极影响。

（二）有利于提高文化品位和质量

经济是一个地方腾飞的翅膀，文化是一个地方发展的灵魂。韶山灌区是湖南的一张文化名片，是新中国著名的水利工程，挖掘灌区文化内涵，开发灌区文化旅游资源，打造韶山银河品牌，有利于提升湖南的知名度，增强文化的自觉性和自信心，推动以红色文化为主体、历史文化与时代文化相交融的湖南文化大发展大繁荣，为建设美丽湖南提供强有力的文化支撑。

（三）有利于发挥灌区精神价值和教育功能

韶山灌区既是一个红色经典，也是一个动人的风景区。这里可“看”可“用”，可“咏”可“思”。灌区所发挥的作用令人叹为观止，到这里休闲、旅游所得到的审美愉悦更叫人难以忘怀。通过深入挖掘灌区文化内涵和人文精神，连同灌区的巨大效益和旖旎风光向世人展示，对于发挥红色文化传播历史、发扬传统、教育人民、引导社会、推动发展的功能无疑具有重大的促进作用。

（四）有利于推进乡村全面振兴

乡村发展、乡村建设、乡村治理是乡村振兴的三个必要维度，乡村振兴是乡村全维度的振兴，不能有任何一个方面缺位。这些维度在韶山灌区工程建设管理中，得到了很好的贯彻执行，取得了完美的效果，韶山灌区通过它的“魂”（艰苦创业、无私奉献、攻坚克难、勇于创新）、“灵”（惠民、富民、便民、乐民）、“美”（劳动创造美、工程形状美、科学技术美、生态环境美、综合效益美），向世人展示了一个已经实现了的“水之梦”“乡村梦”，这对推进乡村全面振兴有着积极作用。

七十五载砥砺前行　新时代再创新辉煌

薛　雨

河北省水务中心石津灌区事务中心

石津灌区是国家大型、唯一省属灌区。1949 年 6 月 26 日，《人民日报》以头版报道了华北最大的水利工程——石津灌渠开灌的消息，从此石津灌区载入了共和国的水利史册，历经 75 年的风雨洗礼，饱经沧桑，在各级党委政府、河北省水利厅的正确领导下，在几代灌区人不懈努力下，各方面取得了辉煌成就。

一、回眸灌区 75 年发展历程

75 年披荆斩棘，75 年砥砺奋进，一代又一代勤劳朴实的灌区人，发扬自力更生，艰苦奋斗的作风，奋发图强、勤勉奉献、求真务实的奋斗精神，为灌区可持续性发展谱写了历史新篇章，在重要领域和关键环节改革取得历史新突破。

（一）石津灌区机构体制的变迁

石津灌区的起源可追溯到 1938 年日本侵华时期，侵略者为了分割冀中、冀南抗日根据地和掠夺井陉、山西的煤炭及华北粮棉等资源运至天津，于 1942 年开挖石津运河，1945 年日本投降时仅完成了从黄壁庄到石家庄的导水路工程。1946 年华北人民政府组织晋藁两地人民利用导水路进行了农业灌溉。先后成立了“石津运河工程处”“中央人民政府农业部石津运河灌溉工程处”“河北省石津灌渠管理处”等，名称几经变化，直到 1963 年归属河北省水利厅直接领导，定名为“河北省石津灌区管理局”；2019 年 6 月按照中央关于机构体制改革的部署和要求，更名为“河北省石津灌区事务中心”；2021 年整建制重组到河北省水务中心，现为河北省水务中心石津灌区事务中心。

（二）农业灌溉实现新突破

以农业灌溉立身的石津灌区，开灌 70 年矢志不渝，以促进农业发展、保障区域粮食安全为己任，始终把做好农业灌溉作为政治任务、民生工程，以促进受益区域农业增产增收为目标。

一是从 1949 年利用石津运河开始农业灌溉，石津渠浇地 2 万余亩，晋藁渠浇地 1 万余亩，到 1960 年灌溉效益面积达到 383 万亩。随着我国工业和改革开放的快速发展，地下水无序开发，井灌面积日益扩大，灌区供水目标日趋多元化，因地表水源短缺、工程不配套、用水组织不规范等问题，渠灌面积逐年减少，效益面积下滑的趋势难以遏制，到 2014 年缩减到 100 万亩左右。

二是自 2014 年《华北地区地下水超采综合治理》实施以来，政府积极推进地下水保护工作，通过关井、限采、回补等措施，大力提倡用地表水，实施精准补贴政策，遏制部分地区地下水水位持续下降的趋势。其中，衡水地区地下水综合治理项目累计投资约 30 亿元，主要用于农业灌溉支渠以下末级渠道的提升改造，改善地表水灌溉面积 200 万亩；2023 年灌区灌溉效益面积递增到 180 万亩左右，呈现上升趋势。

三是为了保证灌区水费足额收缴，灌区建立供用水合同、推行“四公开、四到斗”、实施精细管理、透明管理、测流量水双方签字等新措施，增加透明度，确保了用水安全和水费安全，灌区多年来的水费征收率一直保持 100%。

（三）工程基础建设实现新突破

改革开放以前，受高度集中的计划经济体制和社会经济发展阶段所限，社会对水利地位和作用的认识很不充分，水利存在事权不清、资产不明等问题，社会喝“大锅水”，水利投入渠道单一，投入规模较小，工程老化失修，效益衰减、工程体系不完善等。

一是灌区工程建设大致经历 20 世纪 60 年代以前的建设时期、70 年代建管并重时期、八九十年代由传统管理向现代化管理的转变时期三个各具特点的阶段。1988 年《中华人民共和国水法》颁布实施，标志着水利工作进入了依法治水的新阶段，国家逐渐建立健全多元化、多渠道、多层次的水利投资体系，加快加大水利投资，成效显著。

二是在 60 年代后期灌区东部地区开挖排水沟、分干沟、支沟等 300 多条，改善 140 多万亩盐碱地复归沃土；1998 年中央作出兴修水利的重大战略部署，大幅度增加了水利投入。

三是自 1997 年开始续建配套与节水改造建设以来，据统计，累计建设投资 17.47 亿元，已完成渠道衬砌 525km，建筑物改造 1835 座，土方 1184 万 m^3，混凝土 87 万 m^3，工程基础逐日完善。灌溉用水有效利用系数由建渠初的 0.38 提高到 0.52，灌溉效益不断提高。

（四）南水北调配套工程运行良好

2008 年，河北省政府常务会议确定将石津总干渠作为南水北调配套工程的石津干渠，有效利用灌溉渠道，实行两渠合一，叠加输水。南水北调配套工程石津干渠累计投资 12 亿元，主要用于总干渠与各类控制工程的提升改造，总干渠及分干渠渠道衬砌等，工程运行条件得到新提升。自 2015 年 11 月 1 日至今，通过石津干渠输送引江水已连续安全运行近九年，累计引江输水 55.3 亿 m^3。目前，管理日益规范，工程运行平稳，沿渠各城市分水口门、节制闸运行良好，水质稳定达标，清澈的江水源源不断输送沿渠的城镇和居民家中。

（五）测流量水逐步实现信息化

测流量水是灌区科学管理、合理调度灌溉水源的重要措施，是运用经济规律管理和实行计划用水的必要手段，也是水费收缴的重要依据，在用水管理中起着重要作用，灌区测流量水历经从起步到成熟的发展历程。

一是 1986 年灌区建立了三级测站体系，形成灌区一级测站 7 处，二级测站 26 处，三级测站 2249 处，实行岗位定员制度，严格落实“两测四观”的要求，确保了输水流量准确性和水位变化及水质安全。灌区常用的测流方法有：流速仪测流法、水工建筑物量水法、标准断面水位流量关系法、浮标测流法、特设量水设备法等，灌区内一、二级测站使用量水仪器有 LS－25、LS－68 型流速仪、LS－2 型便携式流速仪，1980 年主要测站安装了 SW－40 型自记水位计，DS－3 型电传水位计。

二是自 2002 年开始信息化建设试点以来，信息化建设累计投资 6202 万元，建成光缆通信系统 270km，水情监测站点 44 处，船式超声多普勒明渠流量计（ADCP）19 台套，视频监控摄像机 397 路，配备现地录像机 40 台，集中存储录像机 6 台。目前，正逐步向信息水利、数字水利、智慧水利转型，灌区未来立足于高精度水量自计、输供水量进出平衡、灌溉水量可管可控模式的发展目标。

（六）农业综合水价稳步提升

灌区在水价调整上历经了由慢到快的过程，20 世纪 80 年代以前，水费价格受历史条件所限，调整比较慢，自中华人民共和国成立至 1964 年，我国水利工程供水属于抵偿或无偿服务；1965 年制定了我国第一部《水利工程水费征收使用和管理试行办法》（以下简称“《办法》”），标志着我国供水实行有偿服务的开始，由于受到当时政治、经济、社会等多种因素的影响，《办法》

没有得到有效执行，仍以抵偿服务为主。自建渠之初的 1947 年开始以小米 5kg/(亩·年) 冲抵水费，1980 年起灌区执行计量、基本两部制水价，至今计量水价由 1964 年 3～5 厘/亩调整为斗口计量水价 0.25 元/m^3，基本水价由 0.2 元/(亩·年) 调整为 6 元/(亩·年)，历经 11 次农业水价调整，逐步形成科学合理的水利价格收费体系，农业灌溉水价得到明显提高。

（七）水力发电呈现新亮点

水力发电是灌区生产经营一个重要组成部分，也是有效利用农业灌溉水资源的体现，灌区水力发电历经了 41 年的发展历程，经历国家、省、自筹等多元化、多渠道建设资金投入，灌区水能开发已呈现规模。

一是水 1983 年投运田庄水电站，2003 年投运杜童水电站，2013 年投运土贤庄水电站。随着南水北调配套工程石津干渠的常态化的运行，及岗黄水库的联合调蓄，3 座水电站发电效益呈现上升趋势，为灌区经济提供有力支撑。2013 年田庄水电站争取国家增效扩容改造项目资金 350 万元，省级资金 165 万元，灌区自筹资金 247.86 万元，合计 772.86 万元，对发电系统、电气自动化保护系统、水工系统等实施升级改造后，发电量超出额定容量 20%。

二是土贤庄水电站被水利部评为《绿色小水电》和《厂用电消失应急预案演练》三等奖；三座水电站均被河北省水利厅评为《安全生产标准化二级达标单位》，为高效运行发电提供坚实保障，紫城水电站正在积极谋划中。

（八）水管体制构建新格局

在河北省水利厅党组的正确领导下，在管理机构的不断调整下，管理越来越顺畅，层次越来越分明，职责越来越清晰，为灌区又好又快发展打下坚实基础。

一是自 2002 年被水利部确定为水管体制改革试点灌区以来，水管体制改革取得阶段成果，灌区被定性为财政性资金定额或定项补助事业单位，批准编制 390 人，2017 年裁减编制为 340 人，原有职责不变，增加“受委托负责南水北调石津干渠明渠段工程的运行与管护”职能。

二是管理体制更加合理，自 1992 年以来，历经十次优化内设机构调整，实现以县域为管理单元设立管理处，合理优化内设机构，运行管理体制更加合理。

三是自 2009 年起招聘工作人员学历提高为大专和本科学历以上，干部职工知识层面得到有效提升，有力支撑灌区健康持续发展。

（九）财务体制更加规范

水费收入一直是灌区唯一的经济基础和支柱，20 世纪 50 年代至 60 年代有部分财政补贴，进入70年代后“差额预算”不予补贴，改革开放以来，一直是“自收自支”的水管单位，2007年定性为“定额定性补贴”的水管单位。

一是随着改革开放的快速发展，干部职工工资及福利待遇逐年递增，灌区经济出现供需不平衡的局面，2018年人均收入比1958年增长了245.09倍，比改革开放初期的1978年增长了235.29倍。积极拓宽经济收入，是灌区可持续性发展面临的主要任务。

二是2008年开始连续三年为北京应急输水，争取运行补偿经费共计2248万元。2016年担负南水北调配套工程石津干渠管护任务，争取年度运行管理费用为3295.35万元。2018年灌区财务纳入省财政预算管理单位，将目标考核绩效、精神文明奖、平安建设奖合计1417.23万元纳入省财政补贴范畴，有效减轻灌区经济压力。

三是自2018年由一级核算二级财务管理改变为一级财务管理制度，撤销各基层单位财务管理，实行统一报账制，年度各类水电费收入、引江水管护、财政补贴等全年累计收入首次突破1.2亿的大关，经济收入实现了历史性新突破。

（十）用水组织构建新支撑

石津灌区实行以专业管理为主，专业管理与群众管理、民主管理相结合的管理体制，石津灌区管理局为灌区专管机构，负责灌区日常运行管理。

一是1949年通过召开受益市、县、区联席会议，建立了基层群众水利组织，1998年更名为灌溉站（用水户协会），支渠委员会改称水管员，灌溉站（用水户协会）是灌区的群管组织，按照渠系分片设立，负责支渠及其以下渠道工程管理和用水管理，业务上归中心指导，财务独立核算，自负盈亏，全灌区共有30个灌溉站。

二是随着社会快速发展，民间组织不断兴起，用水户协会逐步代替灌溉站，成为灌区的基层用水管理组织，2000年将农民用水组织整合为18个，2018年又将18个基层农民用水组织合并重组成5个区域的新用水户，2020年又将5个用水户注销，纳入灌区管理序列中，新的管理体制运行顺畅。

（十一）精神文明建设成绩斐然

精神文明建设是引领灌区全面发展的重要支撑，是强化干部职工同党中央保持高度一致、坚决执行党委决策部署的重要保证，始终坚持以党建目标责任制为主体，以灌区文化建设为载体，以民主作风建设为突破口，深入开展精神文明创建活动，提升灌区精神文明建设水平。

加强理论学习，强化“四个意识”。着力推进马克思列宁主义、毛泽东思想、邓小平理论、“三个代表”重要思想、科学发展观以及习近平新时代中国特色社会主义思想等重大战略思想的学习实践，提升干部职工增强“四个意识”、坚定“四个自信”、做到“两个维护”作为加强政治建设的主线。认真落实党风廉政建设责任制，构建惩治和预防腐败体系，大力加强政风行风建设，反腐倡廉建设不断加强。

加强交流交往，营造良好信誉。灌区始终坚持走出去、请进来的开放战略，拓宽横向来往，加深纵向交流，进一步拓宽了视野，提高了知名度，增强了亲和力。先后有国家、省层面的领导1800人次到灌区视察指导；有260余人近30个国家的官员、专家、学者莅临灌区进行管理、技术、文化等考察合作；有兄弟省份、灌区、水管单位2000余人次前来考察学习；多次选派考察组赴全国省份和灌区进行学术交流、观摩学习、参观等，更新了观念，拓宽了思路，促进了工作；先后通过水利部、省电视台、报社等新闻媒体对灌区多方位宣传报道，2014年以后自我制作的多媒体、MTV、图说等一系列宣传题材精彩纷呈，其中，制作的《忠诚护渠人》点击量超过1万次，全方位、多角度地彰显灌区风采。

加强文化建设，支撑灌区发展。石津灌区始终秉承全面发展理念，以开展系列文化活动，弘扬灌区文化建设，凝聚发展合力，营造和谐稳定、昂扬向上的浓厚氛围为主线，各分会建立了职工书屋、乒乓球馆、健身馆、篮球场、健身房等，丰富文体活动载体，陶冶干部职工情操。先后梳理总结灌区发展，编辑了《前进中的灌区画册》《大事记》《组织机构沿革》《石津灌区工程新貌》《石津灌区文集》等。组织了迎“三八”妇女、“传承水利精神 共筑灌区辉煌”“灌区梦”“爱岗敬业”“奋进新时代灌区做先锋”等一系列文化活动，向新中国成立75周年献礼，为灌区开灌75周年浓墨重彩，也为灌区改革发展积累了丰硕的历史资料。

携手共进，铸就灌区辉煌。75年来，在各级领导的真诚关心和鼎力支持下，灌区全体干部职工砥砺同心、开拓进取，精神文明建设不断深入，各项活动多点开花异彩纷呈，各项工作稳步推进成绩显著，党委议事决策成熟高效，政务事务公平公正，建言献策渠道畅通，民主监督阳光透明，队伍建设坚强有力，科技创新引领全面发展，科学决策、民主决策、依法决策，行政决策机制不断完善。

据统计，先后202次获得厅以上荣誉，连续被河北省委省政府11届22年表彰为“省级文明单位”“创建文明行业工作先进窗口单位”等荣誉称号；

2019 年被中国灌区协会表彰为“最具时代精神的魅力灌区”；2022 年被水利部认定为节水型灌区，并获批数字孪生灌区先行先试试点；2023 年被列入省级标准化管理试点单位。

二、在新的历史起点上实现灌区改革发展新跨越

75 年风雨历程，中国特色社会主义进入新时代，水利事业发展也进入了新时代，推进新时代水利事业实现高质量发展，最根本的是要以习近平新时代中国特色社会主义思想为指导，积极践行“节约优先、空间均衡、系统治理、两手发力”治水思路，紧紧围绕灌区职能定位，要抓住有利时机，加快推进事关灌区长远发展的重点领域、关键环节的改革步伐，当前和今后一个时期要紧紧抓住以下六大发展机遇，实现灌区可持续性发展。

一是在现代化灌区建设实现新突破。按照“十四五”国家水利发展计划，投入灌区续建配套项目 7.38 亿元实施已接近尾声，通过国家级专家实地调研论证，已初步形成建设现代化灌区的新构思，“十五五”现代化石津灌区建设计划投资约 1.1 亿元，着力提升改造工程基础和水情自动化等建设项目，力争达到现代化和信息化灌区。

二是在数字孪生灌区应用实现新突破。根据水利部和河北省水利厅智慧水利建设指导意见和数字孪生建设工作部署，石津灌区按照“需求牵引、应用至上、数字赋能、提升能力”要求，努力探索和积极开展数字孪生灌区建设，争取利用以数字孪生技术为代表的新一代信息技术，实现传统管理方式向现代化管理方式的转型升级，全面提高灌区管理水平和提升供水保障能力，为石津灌区高质量发展夯实基础。

三是在农业水价综合改革实现新突破。在 2017 年中央一号文件提出建立健全农业水价形成机制，完善精准补贴和节水奖励机制，在不增加农民负担的基础上，推动水价改革。农业水价综合改革试点工作 2019 年在石津灌区率先推广，2021—2024 年累计奖补资金 2665 万元，为全省灌区农业综合水价改革提供可复制、借鉴的改革模式。

四是在南水北调供水上实现新突破。南水北调配套工程石津干渠“五位一体”常态化供水格局已形成，要不断强化责任意识，层层压实责任，与地域河长办建立联防联控机制，积极做好巡护管护工作，确保工程安全和水质安全。积极开展农业夏、冬灌溉、工业供水、生态供水、水力发电等，实现高质量发展。

五是在地下水超采综合治理实现新突破。认真落实党中央、国务院和水

利厅的决策部署，积极配合南水北调等水资源优化实施方案，加快实施华北地区地下水超采综合治理，尽快改善水生态，有效推进农业节水增效。继续配合石家庄、衡水、沧州地区做好地下水回补工作，按照《华北地区地下水超采综合治理行动方案》要求，将采取“一减”“一增”综合治理措施，逐步实现地下水采补平衡，为推进京津冀协同发展提供坚实的水资源支撑。

六是在标准化运行管理中实现新突破。补短板、强监管，是水利领域治水理念的一次深刻变革，要加快转变治水思路和方式，要坚持以问题为导向，以安全为落脚点，以消除安全隐患、改善运行管理条件、建立科学规范的管理体系为重点，紧紧围绕供水调度、输水管护、安全生产、应急管理等制度短板，着力强化工程建设、工程安全和工程资金等领域监管中突出的问题和薄弱环节，防范化解安全风险，提高突发事件处置能力和规范化运行管理水平，实现人水自然和谐的良好局面。

总之，在河北省水利厅党组的正确领导下，紧紧围绕灌区职能定位，依托总干渠输水功能，坚持抢抓机遇，稳中求进、守正创新，牢牢把握工作重点，树立全局一盘棋的思想，凝聚发展合力，不断开创石津灌区新局面。

栉风沐雨气象新　兴水利民筑丰碑

——写在新中国成立75周年暨东雷抽黄工程通水45周年之际

姜　钊

陕西省渭南市东雷抽黄工程管理中心

初秋的东雷抽黄灌区，苹果笑红了脸，谷穗压弯了腰，玉米犹如青纱帐，处处一派丰收的景象。

“黄河入海不复还，幸有人工巧扬鞭。巨龙引来满眼绿，旱塬岁岁是丰收。”这首在东雷抽黄灌区广为传诵的打油诗是灌区百姓对抽黄工程驭龙治水、兴利除害，灌溉旱塬、滋润民心的由衷礼赞。东雷抽黄工程建成运行45年来，历代东雷人以兴水富民为己任，秉持水利精神，求实创新，艰苦奋斗，不断开创抽黄灌溉发展的新局面。

千年古国存浩气，万里黄河起壮图
东雷抽黄工程建设开全国高扬程大型水利工程之先河

“宁给一个馍，不给半碗水。”“男儿娶不起，女儿不愿嫁。”“吃水都要从很远的沟里挑水。一家人洗脸用一盆水，用完还舍不得倒。”……出生在20世纪五六十年代的东雷抽黄灌区群众现在依然记得小时候吃水难的艰辛。

1975年，面对千百年缺水的困局，陕西省关中东部抽黄灌溉工程（简称东雷抽黄工程）开始筹建，当时无人（全部为借调人员由原单位发工资）、无钱、无场地。所有人员报到后先到附近生产队的场里撸一把麦草回来，铺在地上，就算安了家。

困境挡不住眺望的目光，重负压不垮强者的脊梁。面对艰难困苦，各级干部自力更生不畏难，勇于奋斗有担当，千万民工吃苦受累有盼头，流血流汗不流泪。甚至喊出了“砸锅卖铁干抽黄”“风梳头，雨洗脸，水不上塬不回家”的口号。

“那时候合阳、澄城、大荔3县齐动员，最多上劳达13万人，开展了为期

2个月的总干渠建设大会战。”回忆起1976年“三夏”结束后在黄河边修干渠的情景，合阳县黑池镇申庄村79岁的村民孙有运老人依然历历在目。当时总干渠沿线用白塑料布搭建的简易帐篷成片相连，野炊锅灶随处可见，夫妻、父子、兄妹，一家几口大干抽黄，男女老少齐上阵的情况比比皆是。

功夫不负苦心人。历经4年艰苦奋斗，东雷抽黄工程于1979年起各系统陆续灌溉受益，1988年9月通过竣工验收，塬上系统交付使用。

千年古国存浩气，万里黄河起壮图。东雷抽黄工程建设开全国高扬程大型水利工程之先河。如果把东雷抽黄比喻为大名，那么“高大新”就是她的昵称。

高，即扬程高。建成后的东雷抽黄工程共建各级抽水站28座，最多9级提水，累计最高扬程311m，加权平均扬程214m，全国罕见；大，即流量大、容量大，总装机容量达11.56万kW，总干渠过水能力达120m^3/s，枢纽一级站最大引水60m^3/s；新，即泵站设备新，尤其是东雷、新民、乌牛三座二级站安装的8台黄河牌系列水泵，唯东雷抽黄工程所独有。尤其是，东雷二级站单机设计流量为2.24m^3/s，扬程225m，至今仍为亚洲同类工程之最。

黄河水沿着水渠所到之处，地辉塬润，生机盎然，“东西处处人拉水栽树，远近家家修渠引水浇地。”

河图新展苍生愿，禹绩重光旷世功
渭北旱塬上抒写砥砺奋进的华章

一路向北，从大荔到澄城、合阳，一路上条条交错纵横的渠道横贯南北，里面饱含着数万名参建者和管理人员的青春、理想、智慧以及对这片土地刻骨铭心的热爱。

奔腾的黄河千曲百折，前进的道路也总会有沟沟坎坎。东雷抽黄工程交付使用后，遇到了水利事业从未有过的难题。由于多级提水，电能消耗大，运行管理人员多，水费成本高。有的群众最初只浇救命水，不浇丰产水，有的甚至水地旱作，等天靠雨。

在这关乎高扬程水利事业生存与发展的严峻挑战面前，东雷抽黄人开拓创新，不断在认识上找突破，在管理上寻出路，率先在全国灌区推行斗口用水明示牌制度，提出走农水结合的路子。

“其实就是水搭台子农唱戏，农水结合唱大戏。”东雷抽黄冲破水利单位只抓供水、不问农事的老框框，发展种植示范户，建立种植示范村，无偿向群众提供玉米、大豆、油菜、棉花等优质作物品种，聘请农业专家解决群众在农业生产中遇到的各种难题，加快了灌区产业结构调整升级，拓宽了用水市场，提高了农民收入。灌溉时，各斗渠一律插牌，对行水流量、水价、责任人及监督电话等进行全要素公布，增强群众的监督意识和监督能力，走出了高扬程灌溉事业发展的新路子。

如今，灌区粮食年均亩产由受益前的120kg增加到1280kg。经济作物产业更是“百花齐放”，大棚樱桃、冬枣、脆瓜等水果每亩年可收入7万～10万元，大荔冬枣、澄城樱桃、高石甜瓜、合阳红提葡萄等成为国家地理认证商标。

九曲黄河万里沙。如果说治理黄河泥沙是世界级难题，那么减少泥沙对工程设施设备的破坏就是东雷抽黄工程面临的长期课题。

面对世界级难题，东雷抽黄人坚信实践出真知，一线出智慧，科学技术是打开高扬程水利事业发展的金钥匙。他们组织职工搞科研，与科研院所、生产厂家联合搞攻关，采取拦、排、沉、抗等综合措施，在进水闸前安装叠梁坎，阻挡黄河粗颗粒泥沙进站；在总干渠群英洞出口修建排沙闸，灌溉前用大水冲排，减少泥沙淤积，提高输水能力；利用渠首盐碱滩涂修建沉砂池，让黄河水既浇地又造田，化害为利，变废为宝，先后将2700亩盐碱滩涂变成良田。利用非金属抗磨材料喷涂泵体、叶轮，延长了水泵的使用寿命，降低了水费成本，该成果获陕西省水利科技进步二等奖。

向科技要效益是灌区的主旋律。东雷抽黄灌区针对黄河多泥沙水质的特点，以灌区自动化建设为目标，多途径开展科技攻关，取得了丰硕成果。其中，路井泵站监控及灌溉运行调度自动化系统应用、一级站轴流泵技术改造两项实验研究成果获陕西省科技二等奖，“一种自排沙廊道”排沙技术、南乌牛泵站基于Web的分层分布式计算机监控系统应用两项试验研究成果获陕西省科技三等奖，水泵用纳米塑料合金密封环应用试验研究成果获渭南市科技三等奖。

一张张金色奖牌无言而立，正是东雷抽黄人在渭北旱塬上谱写的最美华章。

大旱何须望云至，自有长虹带雨来
浸润秦东半壁河山的流动丰碑

东雷抽黄工程运行后，创造了巨大的社会效益和生态效益。但是进入21世纪，自身发展遇到更大的挑战和难题。

由于30多年的运行，加之长期抽引多泥沙水质，工程老化、渠道破损，

设备磨蚀、技术性能降低，造成安全隐患不断，严重影响工程效益。

筚路蓝缕启山林。为了补短板、强弱项，东雷抽黄因势而动，顺势而为，抢抓续建配套项目节水改造和泵站更新改造项目机遇，建立争资、设计、实施、验收、储备“五轮驱动”的项目建设思路和上有项目领导小组宏观控制，中有项目办统揽全局，下有招标、设计、技术、财务等8个专业组具体实施的项目管理体制，先后完成泵站改造21座，干支渠道改造372km。同时坚持建管并重，以“6S”管理创新落实标准化管理，提高了设施设备完好率，增强了灌区抗大旱能力。

尤其是近5年来，东雷抽黄以建设节水、生态、智慧、人文“四个灌区”为战略，以建设黄河流域高质量发展现代化示范灌区为目标，以信息化、数字化为战术，为灌区发展插上了腾飞的翅膀，再次焕发青春和活力。灌区年均斗口引水翻倍增长，两次改写历史纪录，由4300万m^3提高到近5年的1.05亿m^3，在高质量发展的赛道上跑出了“加速度”。

——节水灌区促节水减民负。“三改两全”灌溉模式普遍落实，“清水上塬”工程变黄河泥沙水灌溉为“清水”灌溉，节水高效粮食品种和喷灌、管灌等现代节水灌溉技术示范应用，灌溉亩均用水量下降10m^3，全灌区年均节水1800万m^3、节约群众水费支出700多万元。

——生态灌区拓发展换新颜。开通合阳县城北供水业务，惠及6镇（办）12万人口，灌区逐步实现农业、生态、工业等多元化供水。春、夏两季检修与冬季“三修两清”提升工程形象面貌，渠长制引领美丽乡村建设，一座泵站一个景点，一条渠道一道风景，一处设施一个景观。

——智慧灌区强管理降成本。搭建灌区现代化管理平台，建成机关信息调度指挥中心及基层6个信息分中心，初步构建起天空地一体化立体感知体系，实现闸门远程控制、泵站远程开机及雨情、墒情、工情、水情等自动监测，群众水费结算、收缴手机App办理，提高了工作效率，降低了运行成本，斗口单方水耗电量下降至1.17kW·h，年均节电2100万kW·h。

——人文灌区惠民生利长远。在村镇建立永久性水价公示栏，中心、处、站、段斗开通监督举报电话，成立水费廉政巡查组，深入田间地头，查配水、查收费、查服务，规范用水秩序，净化用水市场，让群众真正用上明白水、放心水、幸福水。建成东雷抽黄工程展览馆，让群众共享治水成果，让水文化更加贴近群众，推进人与自然、人与水和谐相处。

45年栉风沐雨，45年励精图治。东雷抽黄工程累计斗口引水25.67亿m^3，灌溉农田3453万亩次，创造社会效益226亿元。如今的灌区粮丰林茂，百姓安居乐业。群众心里都明白：“没有新中国就没有东雷抽黄工程，没有东雷抽黄工程就没有黄河救命水、致富水。”

水流之处，便是丰饶。从天空俯瞰广袤的秦东大地，东雷抽黄工程纵横南北，扶摇西上，犹如一条条“生态动脉”，将奔流千载，生生不息。

风雨兼程五十载　聚力突破启新程

冯彦红　廖宏伟

汉中市石门水库管理局

悠悠岁月，千古石门；澄澄褒水，润泽天汉。自 1934 年近代著名水利科学家李仪祉提议修建褒惠渠，至 1946 年工程竣工，1971 年褒惠渠老灌区划归石门水库灌区。新灌区由东、西干渠灌区组成，1969 年东、西干渠先后开工建设，东、西干渠缘秦岭南麓蜿蜒东西，横穿汉中北部丘陵，逢山打隧洞，遇水架渡槽，自渠首依山傍水而行。1972 年东、西干渠通水，1975 年竣工验收。石门水库灌区对改变汉中市丘陵地区的农业生产基本条件发挥了重要作用。昔日广袤的“红苕坡”变成了旱涝保收的“米粮川”，百姓缺粮的现象得到根本改善，老百姓亲切地称石门水库为“母亲库”。

一、灌区概况

石门水库灌区是国家大型灌区，设计灌溉面积 51.5 万亩，有效灌溉面积 40.2 万亩，灌区分为东、西、南 3 个独立灌溉系统，灌溉汉台、城固、勉县、汉中经济开发区 4 县区 20 个乡镇（办事处）232 个行政村受益人口超过 62 万人。

石门水库灌区是陕西省最大的水稻灌区，位于中国南北地理分界线秦岭淮河一线以南的秦岭南麓，盆地丘陵地貌特征显著。灌区有 3 条干渠、21 条支渠、418 条斗渠、2769 座渠系建筑物。受地形地貌影响，灌区各级渠道由高到低沿坡而建。

灌区属于亚热带季风气候区，四季分明，夏无酷暑，冬无严寒。水肥条件优越，一年两熟，水旱轮作，水稻、小麦、油菜、柑橘、杂粮等亚热带经济作物均适宜生长。作物南北兼有，“北麦南稻”特点鲜明。灌区灌溉面积约占汉中全市耕地面积的 1/9，年粮食总产量 32.4 万 t，约占全市粮食总产量的 1/4，是汉中粮油生产的重要基地。

二、发展历程

石门水库灌区建成投运50年，已经历了3个发展阶段，具体如下。

（一）第一阶段（1975—1999年）

1975年4月，褒河渠道工程指挥部与褒惠渠管理局合并成石门水库管理局。灌区下设11个基层管理站，灌区基层管理以“斗委会/联斗委员会”进行，灌区第一代基层水利人“斗干部”受管理站和大队（村）双重领导，灌区管理靠天等雨、靠人靠腿。

（二）第二阶段（2000—2014年）

灌区平稳运行20多年，2000年灌区节水改造全面铺开。2002年灌区推动水利工程产权制度改革，在南干二支金华、南干四支试点探索农民用水者协会为主的管理体制改革，相继成立农民用水者协会13个，采取农民用水者协会和经营人相结合，全面推行“按量计费、开票到户”的农业水价改革，执行“斗口计量、按亩分摊”。

（三）第三阶段（2015—2021年）

2015年灌区推行灌区基层管理体系改革，建立“管理局-管理站-片区长-经营人-放水员”五级管理体系，建立了相对专职、专业的基层水管队伍，全面参与灌区管理服务工作。灌区农业水价综合改革“2018年先行试点、2019年全面铺开、2020年深化推进”，实行“总量控制、定额管理”和“斗口计量”。2020年试点开发南干一支全渠系闸门一体化改造，开发智慧灌溉-巡查管理系统。2021年6月灌区农业水价综合改革市级验收通过。2021年11月灌区标准化规范化省级验收通过。

三、发展措施及成效

石门水库灌区在50年的发展进程中，经历了从无到有、从人工向信息化的逐步转变，为灌区后续发展和信息化建设奠定了基础。从2022年开始，灌区高质量发展全面提速。

（一）更新灌区发展新理念

随着社会经济现代化发展节奏加快，灌区功能从满足农田灌溉促进农村经济发展为主，逐渐向多样化、经济化和生态化转型。灌区在2021年之前主要保障灌区40.2万亩农田灌溉用水，2021年5月石门水库生态流量正式下泄，10月东干上游石门水厂正式引水投产，2021年汉中国卫复审3条干渠向灌区进行生态补水，灌区内56座小水库和664口陂塘长期依靠3条干渠蓄水补水。灌区以灌溉、防汛为主，逐步转向城市供水、生态用水、农业生态环境改善。

“节水优先、空间均衡、系统治理、两手发力”的治水思路赋予了新时期治水的新内涵、新要求、新任务，为水利工作提供了清晰的思想指导和遵循。灌区紧跟社会主义现代化国家的发展步伐，加快推进灌区现代化建设进程。

（二）建设水资源高效利用灌区

（1）严格落实“三条红线”“四项制度”，加大水资源管理和保护力度，强化取水许可管理，严控取水总量和灌溉定额。

（2）优化水资源配置与调度，坚持计划优先，合理编制用水计划，以计划控制水量，以计划指导调度。

（3）按照“全面动员，水权集中，科学调配，精细管理”原则，规范取用水流程，加强组织管理、用水管理和工程管理，注重计划落实，提升管理效能。

（4）做好两结合，统筹农田灌溉与城市供水：一是水库防汛调蓄和灌溉用水相结合，二是干渠引水与城市供水相结合，综合利用石门水厂富余水量和生产弃水进行农田灌溉。

（5）充分发挥市场在水资源管理中的作用，提高现有水资源的综合利用和多元化发展，提高水的经济效益，做好城市供水，景观供水，提前规划工业供水，让水的商品价值在管理中得到体现并提高，促进灌区经济可持续发展。

近年来，石门水库灌区年灌溉引水总量已由3.4亿m^3逐步降低到2.8亿m^3，城市供水年均2450万m^3，塘库景观供水累计达4000万m^3。

（三）建设供水保障有力灌区

生态流量是国家大政，粮食安全是国之大者，城市供水是民生之本。在现有水资源总量不变的情况下，提高灌区用水保障率和管理水平。

（1）灌区用水调度实行联调联动综合管理。在不超水库汛限水位的前提下，合理调蓄，争取多蓄，保证生态流量和城市供水，尽量为农业灌溉储备充足的水量。同时，合理确定开灌时间，做到引水最合理、灌水最高效、水量不浪费、作物最高产。通过综合措施进行调度管理，达到均衡受水不失灌，灌区用水有保障。

（2）充分发挥现有的水雨情监测系统、灌区自动化监测系统、超短波水位遥测站、多普勒流速剖面仪等仪器设备的作用，适时监测流域来水、干渠引水、段间交水和灌溉进度，促进灌区合理用水、均衡用水，秩序用水，安全用水，提高用水管理效能。

（四）建设安全保障灌区

灌区是一个综合性的社会单元，灌区安全涉及供水、工程运行、粮食生产、环境污染、人身伤害和财产损失等具体内容。

（1）供水安全主要包含供水保障安全、水质安全和因供水水质引发的环境安全。灌区供水安全关系汉中城市居民生活用水正常稳定，关系灌区 40.2 万亩农田 62 万名群众农业生产和灌溉用水，牵一发而动全身。加强水资源调度管理，提高供水安全保障，保障社会安全稳定；加强水源地和灌区水质检测，确保水质优良，保障沿渠群众农业用水安全。

（2）加大投资力度，提高水工程设施保障能力，将始建于 20 世纪六七十年代的干、支渠骨干渠段重点渠系建筑物和高大填方进行彻底的重建和改建，解决骨干工程的堵点，消除工程安全隐患。严格按照《石门水库灌区水工程设施巡回检查制度》，对灌区内各级水工程设施进行安全巡查，对安全隐患早发现、早预警、早防范、早治理，严防水工程突发性安全事故，确保水工程设施运行安全。

（3）粮稳天下安。粮食安全是国家长治久安的根本，灌区是粮食安全生产的基础。灌区以供水安全保障农业生产，保障粮食生产，实现粮食生产稳产、高产和丰产、丰收，建设粮安民稳灌区。灌区已连续 5 个年度粮食获得丰收。

（4）高度重视防汛抗旱工作，防患于未然，立足防汛抗旱，切实做好监测和预报预警，做好水旱灾害防御各项准备工作，全力保障灌区群众生命和财产安全。同时，加强对水工程管理人员的安全教育和管理，做到人人懂安全，个个会应急，保障从业人员人身和财产安全。

（五）建设节水高效灌区

“水是万物之源”，水资源是不可替代的重要资源。2024 年《节约用水条例》颁布，为“促进全社会节约用水，保障国家水安全，推进生态文明建设，推动高质量发展”提供法治保障。灌区对保护水资源、节约用水有着义不容辞的责任。

（1）在保障灌区农田灌溉的基础上，科学合理、最大限度地利用现有的水资源，把节水作为缓解水资源供需矛盾的重要举措，贯穿于灌区经济社会发展的全过程和全领域，不断提高用水效率和效益，最大限度地节约农田灌溉用水量。

（2）找准重点，综合施策，推行全面节水：①继续争取项目资金扩大节水改造工程建设，提高渠道防渗面积，力争全灌区骨干渠道防渗率达到90%以上；②加强组织管理，加强用水秩序，科学合理调度，满足群众用水需求，杜绝大水漫灌、串灌，节约用水，减少浪费；③广泛推广水稻“地池”两段育秧、水稻旱直播种植、水稻“浅-湿-干”间歇控制灌溉技术等，灌溉定额下降至840m^3/亩，年均降幅超过2%，灌溉水利用系数稳步提高。

（3）充分利用政策性投资，从高效灌溉、农业技术推广、土地综合开发、高标准农田建设等入手，全面推动灌区节水工作。

（六）建设生态美丽灌区

近年来，石门水库灌区在建设美丽乡村、生态旅游建设、改善生态环境等方面进行了积极的探索。

（1）在满足干渠输水功能和安全运行的前提下，在东干渠石门水厂上游将原梯形明渠改建为矩形箱涵，支持了花果农业生态旅游规模化发展，该段渠道两侧绿树成荫，亭台桥栈相连，夜晚灯光璀璨，已成为生态旅游的核心景观和汉中的“网红打卡地”，社会反响良好。

（2）在国道316南干宗营镇上段建设藤本月季与隔离栏杆，形成数百米的“花墙”，见花不见渠；下段干渠绿道和亲水步道沿堤而建，极具人文关怀，极大地改善了干渠水污染和居民生活环境，成为灌区的骨干示范工程；在骨干渠道安防工程建设中，广泛推广绿篱隔离警示、绿植划界防护、桂花护渠增香等措施，安全防护与生态建设相得益彰。

（3）灌区从过去专注引水灌溉和防汛抗旱向兼顾水景观、实现水生态和改善人居环境上转变：①保证灌区水质符合灌溉规范要求，减少水体污染，促进灌区生态农业发展；②及时向灌区塘库、自然沟道引水补水，保持灌区生态系统的多样性；③利用灌溉渠道、排水沟道将湖、库连通，储蓄水源，涵养生态；④结合乡村文明建设，建设亲水工程、亲水景观，配套台阶、桥栈、栏杆公共设施，美化灌区环境；⑤在项目设计和建设中，将工程建设与环境美化相结合，因地制宜地进行生态渠道、生态沟道建设，建一处工程留一处景观。灌区在保护生态环境、提高水资源利用效率的基础上，采取综合措施将灌区打造成“水清、岸绿、花艳、堤美”的现代化生态灌区。

（七）灌区建设成就

近年来，石门灌区以农业水价综合改革为契机，抓住机遇，争创一流，管理局连续6年获得汉中市市直水利系统先进单位、区级文明单位；灌区古山河堰（南干渠）作为“汉中三堰”之一，成功入选2017年世界灌溉工程遗产名录；灌区节水续建配套改造工程被评为2020年汉中市优良工程；石门栈道风景区2016年成功创建4A级风景区，2017年荣获汉中市市长质量奖，2021年荣获第九届陕西省质量奖，2023年荣获国家水利风景区高质量发展标杆景区；2023年获评陕西省2022年度节水型灌区创建单位；2023年获评省级标准化管理示范灌区。

四、灌区现代化建设展望

2017年10月习近平总书记在党的十九大报告中提出“实施乡村振兴战略”“加快推进农业农村现代化”。2022年10月党的二十大报告作出了“全面推进乡村振兴”“加快建设农业强国”“全方位夯实粮食安全根基”等重要决策部署。灌区现代化是农业现代化和水利现代化的重要组成部分，是国家农业现代化建设的战略需求。

2020年石门水库灌区以南干一支为试点，探索进行现代化改造，开发石门水库智慧灌区管理平台，实行闸门自动控制和监控。2023年灌区实施骨干工程水价精准补贴项目，建设灌区调度视频监控中心，优化升级原智慧灌区系统，集成防汛、灌溉、城市供水视频监控平台，是灌区在现代化改造进程中的又一次探索和突破。

峥嵘岁月忆征程，波澜壮阔展宏图。2023年石门水库灌区编制续建配套与现代化改造规划，以新时期治水思路为指导，以服务灌区经济社会发展、生态文明建设和灌区能力建设为核心，为石门水库灌区建设“惠及民生、设施完善、管理科学、用水高效、生态健康”的现代化灌区绘制宏伟蓝图。同时，灌区工作人员主动学习先行先试灌区“数字孪生”建设经验，收集整理灌区全要素和运行管理全过程历史资料，为灌区现代化向数字化转型储能蓄力，全面加快灌区水利高质量发展。

灌 区 精 神

——东圳品格的时代烙印

何少钦　黄伊君

福建省莆田市水利局

引来东圳水，滋润万亩田，造福千万人。东圳灌区是福建省五大灌区之一，延绵数百里的东圳渠道如长虹贯日般横跨莆阳大地，滋养了广大界外旱地。东圳干渠从东圳水库输水涵洞出水口高程 38.033m 处开始，经大坝右侧天马山蜿蜒南行，绕过南山广化寺，跨过木兰溪，经过壶山山麓，直奔沿海。灌区工程于 1959 年 9 月动工兴建，1960 年 4 月竣工通水，1979 年进行渠系改造扩建。现有干渠 1 条 89km，渠首设计流量为 $30m^3/s$；支渠 24 条总长 242km，设计流量为 $0.3\sim16m^3/s$；分、斗、毛渠 1461 条总长 728km；支渠以上建筑物 4010 座。灌区工程的建成，不仅改变了灌区的灌溉条件，使得万亩旱地变良田，还极大促进了灌区社会经济的繁荣和发展。它就如同莆阳的生命血脉，源源不断地输送着甘甜的清泉。

东圳渠道是与东圳水库同期修建，是 1959 年的金秋全面开工，来自城郊、涵江、渠桥、华亭、黄石、笏石、埭头、忠门、北高等地的 9 支民工队伍，在党和政府的领导下，按有关公社军事化组成 9 个民工团（后改为工段）。其中，生产大队为民工营，生产队为民工连。7.6 万民兵如同九条巨龙，分段并进，誓要将每一寸土地变为沃野千里，从此水旱从人、时无荒年。开灌以来，东圳渠道工程既传承了“团结协作、艰苦奋斗、无私奉献”的东圳品格，更融合了“人民至上、科学决策、生态优先、久久为功、实事求是、共建共享”的木兰溪治理精神，是莆阳儿女“大团结、大协作、大合作”的精神坐标。

一颗丹心聚群力

中华人民共和国成立初期的莆田，水资源时空分布不均，沿海地带水源匮乏，平原地区则饱受洪涝之苦。1956 年莆田县遭受台风暴雨袭击，96h 内降雨量达 302mm，又遇农历八月大潮，木兰陂洪水高出陂顶 4.77m，平原地区受淹三昼夜，死亡 5 人，伤 41 人，农作物受淹面积达 21.6 万亩，房屋倒塌 13000 多间，海堤崩溃 400 处，其他水利工程被冲坏 580 多处，损失严重。这场特大水灾，如同一场噩梦，让人们深刻意识到根治水患的紧迫性。在绝望与重生的十字路口，县委、县人委坚持以人民利益为重，毅然决定兴建东圳水库，并通过长渠贯通莆阳，输送“甘泉”到沿海地区，变害为利，造福人民。

在那个年代，大工程几乎是动员全县之力，每个乡镇都派人来工地帮忙，千万劳工集体作业。1958 年 6 月，莆田县东圳渠道工程指挥部筹建初期，为了解决“三缺”问题（缺人、缺钱、缺工具），决定召集 7.6 万民兵建设队伍。来自部队、工人、生产队、教师、学生等不同行业不同部门的同志，自带口粮、自创工具，日战工地、夜宿工棚，不分昼夜、不顾晴雨，于 1959 年的 9 月开工建设渠系工程。但由于莆田市处闽中沿海山地、丘陵带，全长 89km 干渠要绕过巍峨的天马山、跨过奔腾不息的木兰溪，沿线荆棘丛生、坟墓耸立，平整土地的任务已经十分艰巨，还要修隧道、架排架。面对重重困难，建设者们发扬自力更生、艰苦奋斗的创业精神，肩扛手挑，披星戴月，誓在崇山峻岭间开辟出生命之渠。建设期间，民兵队伍甚至还在这条“长藤”上“结出瓜果”——建成红山水库。当时，只要一听到出工的哨声，即使是三更半夜，大家也会自发地从被窝里钻出来，争先恐后地前往工地，民间更是传出“英雄挑下千山石，一片丹心砌石渠”的美谈。历经八个月的艰苦奋战，乘着 1960 年的春风，东圳水库 176km 长的干支渠工程全面完成并竣工通水，清澈的水流沿着蜿蜒的渠道，奔向远方，滋润着干涸的土地，也滋润了人们的心田。

可以说，东圳灌区的建设承载着几代莆田人的集体记忆，是党始终与人民想在一起、干在一起的真实写照。全长 89km 干渠完成后，还新开泗华、寺山、锦亭、溪北、溪南、龙泉、红山、东郊、东埔、梅山、岭下、东峤、古汀、灵川等 14 条支渠，长 91.5km，以及超过 1000km 的分斗毛渠，并在渠顶以上高地安装 26 台 980 匹马力抽水机，使灌溉面积逐年增加，最高时灌溉面积达到 26 万亩，城郊、渠桥、黄石、笏石、北高、东峤、埭头、平海、忠门、东庄等 10 个乡镇的 225 个行政村受益。建成后的灌区工程如同一条生命之脉连接着 14 条细密的毛细血管分布在莆阳大地上，将生命之水输送到每一个角落。这使得它不仅是一项水利工程，更是一幅壮丽的自然与人文和谐共生的画卷。

一片赤诚显担当

东圳灌区工程建设不但凝结了建设大军的汗水，更是饱含水利工程技术人员无限的工程创意与智慧。他们倾授自己的学识，深入建设实地，用技术守护民生事业，把情怀建在水之畔、渠之岸，以一种饱含家国情怀、脚踏实地的浪漫，践行着“水之情怀”。

在项目建设过程中，除了要解决“三缺”问题（缺人、缺钱、缺工具），工程师们还要解决缺材料这一关键性问题，他们甚至把贝壳等磨成粉末当水泥用，在修建东湖肋拱渡槽时为了节省木材用土做拱架，还采用钢木龙门架土法吊装，有些地区甚至直接采用“木龙门架”土法吊装。在技术短缺的年代，技术人员和群众一同劳作、共克时艰，在项目建设中凝结出诸多东圳灌渠特色施工做法，极大地振奋了建设者的士气。

重走渠系沿岸，沿线矗立的各式各样建筑物，或大或小，或古朴或现代，共同构成了东圳灌区一道独特的风景线。下林、山牌渡槽，如同巨龙凌空，横跨山谷，将水流从高处引至低处；木兰倒虹吸管，以其独特的木质结构，横跨木兰溪，见证了岁月的变迁与技术的进步；红山水库、东湖、上营边的倒虹吸管等，更是以它们各自独特的方式，诉说着这一水利工程无限往事。

特别是木兰倒虹吸管，作为莆田北水南调的咽喉，它引东圳渠水进木兰灌区，使东圳水库的水飞渡木兰溪，奔流沿海，是东圳水库渠道上最大型建筑物。工程初建时为木质结构，双管并列，横跨木兰溪，全长356.3m，架设在22个跨溪排架上，其气势之恢宏，令人叹为观止。然而，随着时间的流逝，木管逐渐腐烂，无法再承担输水的重任。于是，为了有效利用非汛期施工黄金时段保障春季用水，工程施工选择在1973年的冬天，开始一场轰轰烈烈的改建工程。水利工程技术人员和工人们不畏严寒，加班加点，一锄一锄地凿、一担一担地挑、一斗一斗地运，最终将木兰倒虹吸管改建为钢筋混凝土结构，水管内径增至2.4m，不仅提高了输水效率，更确保了工程的安全与稳定。这一变迁，不仅是技术的飞跃，更是对“质量至上、安全第一”理念的坚守。

1978年，一场来自河南的特大洪水灾害给全国的水利工程敲响了警钟。为进一步稳固工程，提升幸福家园建设，当年县委县政府决定正式启动东圳水库干支渠扩建工程。灌区的扩建，不仅是对原有渠道的延伸与拓宽，更是对水利技术的全面升级。渠三面皆用石块浆砌防渗，大大提高了水的利用率。5万多名技工冒严寒、顶风雨，奋战在扩渠工地上，他们大胆革新，创新试用板砖砌坡，甚至就地培训技工，与生产队的同志们一同劳作。那时的渠道上下，浩浩荡荡、人海如潮，热烈的场面时至今日依然让当年的参与者心潮澎湃。经过紧张的施工，干渠 1 条、支渠 23 条，总长达到 259km 的扩建工程于 1980 年春竣工。干支渠全面扩宽和石渠化工程竣工，有效地减少渠道渗漏损失，增强输水能力，缩短流程 4h 以上。

同年冬天，筱南隧洞工程也紧锣密鼓地展开了。这条长达 318m、宽高各 6m 的隧洞，如同一条地下长龙，穿山越岭，将水流输送到更远的地方。隧洞的建成，不仅缩短了输水距离，提高了输水效率，更展现了人类与自然和谐共生的智慧。隧洞内，灯光通明，水声潺潺，宛如一首悠扬的乐章，在黑暗中奏响了对未来的期许与梦想。1991 年干支渠长度达到 243.2km，分斗毛渠计 1461 条，长 1059.9km，有大中小建筑物共 1923 座，形成较为完整的渠道网络，灌区 26 多万亩农田得到灌溉，保障了农业生产快速稳定发展。

在整个灌区建设中，水利建设者们以“有诺必践的政治品格、敢于负责的担当精神、严谨务实的科学态度”丰富并充盈了东圳品格，激励莆田人民不断攻坚克难，锐意进取。

一往无前奋征程

经历了“千万投入、万人协作”的“大团结、大协作、大合作”，东圳灌区最终取得“万亩惠及、万人受益”。1990 年，东圳水库灌区获得全国先进灌区、排灌泵站。1991 年，获评全国水利管理先进单位。2003 年，东圳水库管理局获评全国大型灌区精神文明建设先进单位。2007 年，为秉承可持续发展的理念，不断探索新的发展模式，水利部与国家发展改革委携手，以高瞻远瞩的战略眼光，为莆田市的东圳灌区量身定制了一场绿色革命——续建配套与节水改造工程，旨在满足灌区日益增长的社会经济发展需求，让每一滴水都焕发出最大的生命力。

该项目于 2007—2012 年开工建设，分三期实施，工程完成总投资 1.3 亿元。项目旨在通过工程建设实施，解决渠道漏水问题，大大提升水源的利用率，有效缓解水资源供需矛盾，切实有效地推进莆田市节水型社会建设。同时，进一步对灌区工程老化失修进行彻底治理，消除工程的险工隐患问题，使灌区渠系能安全高效运行。

新起点上，灌区水利工作者们秉承东圳品格，坚持群策群力、科学施工，以敢抓、敢管、敢治的工作作风持续推进灌区改造，用无私、无悔、无怨的汗水浇筑现代化灌区的成长。东圳管理局及全段 8 个所部干部职工同心协力、昼夜赶工，既做到了依靠科学权威，又能主动听取群众意见，使得项目推进稳步高效，创造了水利项目东圳“速度”。

伴随着总长度149.92km的灌区续建配套与节水改造工程的顺利竣工，其中完成渠道建筑物193座、水源1座、骨干排水沟2.94km，灌溉面积不仅得以恢复，更新增了4.2万亩的沃土，让希望的种子在这片土地上生根发芽，茁壮成长。灌溉水利用系数从0.42跃升至0.60，每一滴珍贵的水资源都被更加高效、合理地利用，减少了浪费，提升了效益。更令人欣喜的是，亩均灌溉用水量从昔日的1210m^3降至855m^3，年可节约灌溉用水高达5980万m^3，这些水资源得以保留，为未来的可持续发展提供了坚实的保障。同时，灌区续建配套工程配套还为灌区建设渠道管理房18座、10689.87m^2，搭建起了灌区管理信息化系统，使得东圳灌区成功迭代升级，展现出了现代化发展动力和新时代发展活力。得益于工程的建设，东圳水库灌区成了一方生态与经济并重的典范之地。参与建设东圳灌区的莆田人民更是有效继承并发扬了“团结协作、艰苦奋斗、无私奉献”的东圳品格，从建设之初的直面自然灾害的勇气和担当到建设过程中面对难题时的大胆创新和不言放弃，再到建设之后新问题的逐一突破，可谓是把东圳品格展现得淋漓尽致。

今日灌区，秉承科学、求实、创新、担当精神，现代水利人继续弘扬东圳品格，推动水利新质生产力建设，积极开展渠道全年常态化管养，推动干渠全线89km常态化保洁养护，开展渠内垃圾清运、水毁除险、闸墩养护、清淤清障、锄草保洁等工作，解决渠道原有维修养护短板，实现各渠段渠内垃圾、淤泥得到彻底性清理。通过2022—2023年试运行，渠道管养从探索、尝试向成熟、推广逐步迈进，促进水源向精细化管理。新时代，东圳灌区将坚定不移加强水资源管理和保护，引入先进的监测技术和智能化管理系统，不断探索和实践水利新质生产力，持续推动水资源精准调度与高效利用，让每一滴水都发挥出最大的生态效益与经济效益。同时，践行节水护渠行动，加强公众水渠及水资源保护意识，形成全社会共同参与东圳灌区这一“人民财富”的共享与保护，切实将时代精神烙印深深地拓印在人们心中。让子孙后代共同守护好这一可敬、可歌、可颂的供水血脉。

以新发展理念为引领　全面打造现代化灌区

——引汉灌区发展纪实

郭丹丹

天门市引汉灌区工程管理处

天门市引汉灌区工程管理处位于汉江下游江汉平原北部，是国家重点大（1）型灌区，自然面积2288km^2，设计灌溉面积160万亩（实灌耕地面积195万亩），设计引水流量120m^3/s。引汉灌区工程始建于1959年，经过60多年的不断建设，形成了以汉江重要引水闸—罗汉寺闸为龙头，以天南总干渠（全长102.3km），天北、何山、中岭、青沙、长虹、永新等6条干渠（全长217.21km）为骨干，以136条重要支渠（全长601.1km）、816座大中小型涵闸为脉络的灌排网络体系。工程投入使用后，结束了之前“盼水水不来、恨水水连天”的历史，使得天门市195万亩农田得以灌溉，作为天门市一江三河水系连通的重要纽带，引汉灌区兼具河湖生态补水、济航发电、排涝等功能，效益范围涵盖天门市、汉川市、省监狱管理局部分农场，是天门市农业灌溉、生活用水、生态补水、养殖业用水、工业用水最重要的水源。

近年来，引汉灌区坚持以习近平新时代中国特色社会主义思想为指导，深入践行习近平总书记“节水优先、空间均衡、系统治理、两手发力”的治水思路，坚持用高质量党建引领灌区建设，统筹发展与安全，用现代化制度提升灌区管理水平，以灌区建设管理新成效积极服务生产发展，认真贯彻落实最严格水资源管理制度，以推进全面节水、提高农业用水效率、促进农田高质量发展为目标，积极创建节水型灌区，为保障粮食安全提供了坚强的水利支撑。

一、擦亮党建底色，着力绘就水利最美风景

近年来，引汉灌区工程管理处按照“以点带面、循序渐进、全面覆盖”的思路，坚持党建与业务工作同谋划、同部署、同落实，聚焦防汛抗旱、供水服务、项目建设、水费征收、水政执法、渠堤绿化等各项任务，加强基层

党组织功能发挥，扎实开展基层党建示范点建设，不断推动提升基层党建工作水平。

以清廉文化为引领，打造风清气正的氛围。党总支坚持以党建为引领，树品牌、强建设、优作风。以河渠治理为主线，以农业灌溉保障为主业，将党建红嵌入河渠绿，以“党建示范林”为抓手，在七大干渠沿线种植经济林、特色林，建设水清、岸绿、景美的体验式景观带；以“党建示范渠”为重点，建设 80km 的节水、质优、高效的标准化渠道；以“党员示范岗”为依托，设岗定责，亮身份，践承诺，做到灌区的服务在哪里，党员干部的服务就在哪里。通过把党建工作与灌区发展深度融合，党总支（支部）战斗堡垒作用充分发挥，党员干部能力作风有效提升。

以制度机制为保障，构筑清廉的四梁八柱。严肃党内生活，明确党建目标任务，坚持“总支统一领导，班子齐抓＋共管，支部各负其责，群众踊跃参与”的领导机制与工作格局，强化领导干部“一岗双责”，保障党风廉政建设“两个责任”层层传导和工作落实，各项工作的规范化程度大大提高，职工干部的工作效率和服务质量也得到了显著提升。

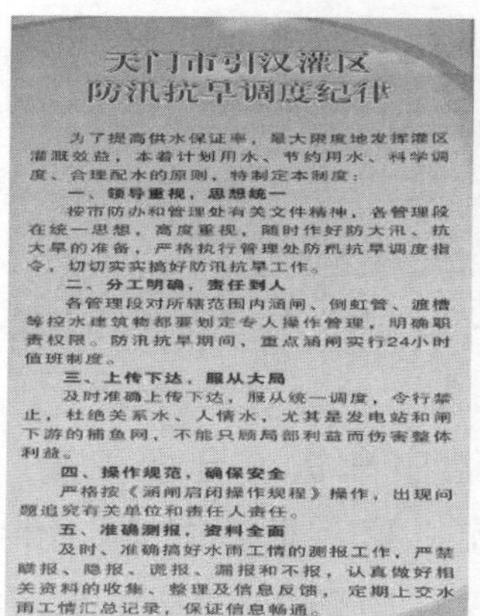

天门市引汉灌区
防汛抗旱调度纪律

为了提高供水保证率，最大限度地发挥灌区灌溉效益，本着计划用水、节约用水、科学调度、合理配水的原则，特制定本制度：

一、领导重视，思想统一

按市防办和管理处有关文件精神，各管理段在统一思想，高度重视，随时作好防大汛、抗大旱的准备，严格执行管理处防汛抗旱调度指令，切切实实搞好防汛抗旱工作。

二、分工明确，责任到人

各管理段对所辖范围内涵闸、倒虹管、渡槽等控水建筑物都要划定专人操作管理，明确职责权限。防汛抗旱期间，重点涵闸实行24小时值班制度。

三、上传下达，服从大局

及时准确上传下达，服从统一调度，令行禁止，杜绝关系水、人情水，尤其是发电站和闸下游的捕鱼网，不能只顾局部利益而伤害整体利益。

四、操作规范，确保安全

严格按《涵闸启闭操作规程》操作，出现问题追究有关单位和责任人责任。

五、准确测报，资料全面

及时、准确搞好水雨工情的测报工作，严禁瞒报、隐报、谎报、漏报和不报，认真做好相关资料的收集、整理及信息反馈，定期上交水雨工情汇总记录，保证信息畅通。

天门市引汉灌区防汛抗旱预案

第一章 总 则

第二章 基本情况

第三章 组织指挥体系及职责

第四章 抗旱应急响应措施

第五章 防汛应急响应措施

二、聚焦工程建设，提质增效筑牢水利根基

强化科学管理体系，筑牢安全生产防线。构建领导体系，落实安全责任，落实防汛抗旱责任制，严格执行24h值班制度和领导带班制度，决不允许擅离职守；深化防御体系，狠抓隐患排查，每月底在安全信息平台进行填报安全隐患排查情况并建立安全隐患台账，逐一进行销号，开展防汛抗旱安全大检查，仔细摸排所辖渠道、建筑物，针对发现的安全隐患，及时建立台账，加强应急体系，提升处置能力。

完善工程管理体系，持续推动续建配套与节水改造。远谋近施、落子精准，工作举措实、力度大、亮点多、成效好。自20世纪90年代启动续建配套与节水改造以来，历经25年建设，引汉灌区共完成七条干渠渠道整治314.68km，支渠整治25.1km，完成涵闸、直灌口、倒虹管、机耕桥等渠系建筑物整治807座，共完成投资87920.77万元（中央投资63758万元、地方配套24162.77万元），完成投资占实施方案批复投资比例为91.95%。经过10期的续建配套与节水改造项目建设，灌区工程设施得到切实改善，改善灌溉面积160万亩，恢复灌溉面积29.6万亩，有效灌溉面积从1998年的105万亩提高到2020年的143万亩。项目完成后，灌区严重病险、“卡脖子”工程基本得到改造，骨干工程配套率和设施完好率明显提高，灌区灌排基础设施薄弱、灌溉效益衰减的状况得到有效改善，促进了灌区农业产业结构调整，提高了农作物的产量和品质，有力地促进了农业节水增产和农民增收，对粮食核心区建设提供了强有力的支撑，为灌区农业生产奠定了坚实基础，取得了显著的经济、社会和生态效益。

完善灌溉管理体系，围绕资源节约打造节水型灌区。项目实施后，极大改善了灌区的灌排系统，灌区骨干渠道引输水能力得到明显提高，工程状况得到了极大的改善，渠系水利用系数由改造前的0.4提高到改造后的0.56，灌溉水利用系数由改造前的0.37提高到0.53，年节水23200万m^3，每年可

以新增直接经济效益6543.50万元。灌区渠系水利用率大大提高，新增并改善了农业灌溉面积，推动农业生产条件得到显著提升，工程效益日益显现。改造后的灌区的灌溉周期由原来的14d缩短到现在的5～7d，极大地缓解了下游边远、死角地区的缺水矛盾，全市粮食作物、油料、蔬菜种植面积及总产值都得到了较大提高。“虾稻共作”模式发展迅速，“虾稻共作”总面积约30万亩。优质的供水，良好的服务，促进了该市农业产业结构持续优化，有力地保障了该市的粮食生产安全，取得了良好的经济效益、社会效益和生态效益。

聚焦信息化建设，打造灌区信息化推动数字赋能。近年来，引汉灌区加快信息化软硬件建设力度。2019年7月开始启动信息化建设，目前灌区信息网络已基本形成。完成信息化软件3套，总控制中心1处，分中心站8处，水位雨量监测站35处，闸控站13处，流量站26处，墒情站1处，视频监测点65处。7个干渠口（多宝节制闸、天北进水闸、河山进水闸、友谊进水闸、永新进水闸、中岭节制闸、青沙进水闸）安装了全自动化在线计量设施，在主要支渠口安装了量测水设施，实现了部分支渠口计量，初步建成了自动量测、数据采集和用水分析自动化基础设施。自信息化管理系统运行以来，及时准确调节渠系流量，有效地快速执行配水任务，同时，远程操作方便快捷，大大降低了人力。信息化的运用，使互联网更好作用于水利工作，进一步提升了灌区现代化管理水平。

三、立足生态良好，着力建设绿色生态灌区

立足生态良好，保护灌区生态环境。2023年以来，引汉灌区对渠堤重点段面绿化进行谋划，开展天南总干渠、天北干渠等重点渠堤段面复绿工作，

采取栽种经济林、特色林等多种植物护坡等方式，因地制宜，加强渠道两侧景观绿化，在天北干渠、河山干渠、中岭干渠等重点渠堤段面，栽植绿化树7600余棵，生态修复渠堤近20km；种植白杨树60000余棵，长度36.5km，植树造林面积1206亩。在满足防洪、灌溉的前提下，恢复渠堤自然生态，营造错落有致的景观空间，打造集生态、观光于一体的生态长廊，建设生态良好的绿色灌区。

守护河湖安澜，加强水政执法工作。常态化开展河渠“清四乱”，严厉打击各类水事违法行为，紧盯重要时间节点、重点领域、区域及重要水务工程等，对侵占河湖、妨害行洪、破坏水工程以及违法取水、排水等违法行为的加大打击力度，依托“河长制”加强与政府各执法部门间联动协作，严厉打击各类水事违法行为，维护正常水事秩序，保证渠道畅通。

一渠清水既是丰收之源，也是生态之源。引汉灌区工程管理处穿越悠悠岁月，浇灌沃野千里，承载着历史，润泽着未来。

"寻美"大圳灌区

李　闯

湖南省邵阳市大圳灌区管理局

壮哉大圳！坐卧高台，形似游龙，神若走云。浮岚暖翠，展瑶乡之风情；清泉流响，纳山川之秀灵。垒石成坝，永驻一方荡漾；凿山为渠，常留万般旖旎。

大圳灌区位于扶夷水与赧水之间的高台地带，是历史上有名的"衡邵干旱走廊"的一部分。经过灌区几代人的努力建设，如今的灌区"蓄得到水，灌得了田，上得了山"，一座座水利工程拔地而起，生态型灌区风貌悄然上妆，历久弥新的大圳精神再赋新义！

殊不知，大圳灌区大部分地区地处崇山峻岭间，人迹罕至，"藏在深宫人未知"，其美奈何？不妨跟随笔君携手一寻大圳灌区的绝美素颜……

人文之美：新安飞虹的蜕变

碧水泱泱，绿木苍苍；巍巍倒虹，凌空横渡架长廊。新安飞虹（大圳灌区新安铺倒虹吸管），一个专属于大圳灌区的"咽喉"工程、省级文物保护单位。这里拥有闻名遐迩的倒虹吸管，独享"亚洲第一"的美誉！如今，它借着"十四五"规划的东风，以示范工程建设为平台，"内外"皆发生了质的变化……

"诗仙"李白曾著诗云："君不见，黄河之水天上来""飞流直下三千尺，疑是银河落九天"，皆在印证水往低处流这一基本物理常识，然新安飞虹却成功建成了独具特色的倒虹吸工程，曾被列入清华大学水利系教材。

它"遗世而独立"般驻足于山巅处，一边牵着规模宏大的倒虹吸管，一边怀抱着沧桑斑驳的渡槽，携上而顾下，又将那蜿蜒的渠道渐渐隐匿于自然风光之中，宁静而又清幽！

盛名已负，可见新安飞虹也是网红达人打卡的绝好去处。来新安飞虹打卡，登塔顶观光、走渠道、览渡槽、解密倒虹吸原理皆是必不可少的攻略。

“一日之计在于晨”，清晨去新安飞虹塔顶观光，你会看到雾海云山集于一色，云蒸霞蔚不见天际。山与天相接处，被那缭绕的雾气涂抹得看不到一点儿缝隙，随着时间的推移，一片红光刺穿云墙，均匀地洒在波光粼粼的渠道里，为那清澈透凉渠水装扮上了轻薄的彩衣，静谧而壮丽。目之所及处，犹如国画般渲染得形神兼备，让人尽享无限的视觉盛宴。

午后行走在新安飞虹，狭长平整的柏油路沿渠道曲延而行，碧草繁花默默地守护着渠堤，纯洁憨厚的水利人为了灌区事业日复一日地守着时光……让这个行走在山脊上的水利工程充满了生机和传奇。倘若你恰好携带了一台相机，你可以在渡槽边拍一组悠哉的写真，与最治愈的渠道风景线来一场邂逅。

傍晚最是骑行的好时光，这时不冷不热，微风习习，煞是心旷神怡！你可以顺着渠道一路骑行，从周家岭到黄安岭再到磨石岭。沿途你会看到夕阳洒落在渠水上，给冰冷的水儿增添了一抹暖色调；沿途你会体悟到水利工程的壮观，给历久弥新的大圳精神增添了几分新义；沿途你会领略到磨石岭难以逾越的“蜀道难”，给当年的知青前辈增添了些许敬意。

总之，新安飞虹作为大圳灌区示范工程建设改造后，凭借着其壮美的特质，更是骑行、跑步、游玩的好去处。沿着渠道置身于大自然之中，聆听鸟鸣虫叫，随手一拍便是绝美的佳作。

生态之美：生态灌区的出炉

生态兴则文明兴，生态衰则文明衰。如果说防汛、抗旱、灌溉是大圳灌区的主业，那么生态型灌区打造则是大圳灌区乐此不疲的追求……

美丽中国是人民的期盼。近年来，大圳灌区着重在水土相依、环境优美、生机盎然、水景交融等方面靶向发力。如果你想一睹大圳灌区的生态芳容，“走渠道”当是不二之选。择一个风和日丽的假期，来一场与大圳灌区的美好邂逅！

“走渠道”，当以大圳麻林总干渠为起点，沿麻林总干渠经新安飞虹终至大水江水库，首先映入眼帘的是巨石拍浪、潺潺细流，是天蓝水碧、小道清幽，是急流翻白浪、缓溪掩碧珠。驻足张目远望，又现渠堤高筑、雾海云山、林茂田丰、碧波荡漾的宏大场景！凭栏小憩，便觉清凉的山风轻轻拂面，清新的空气微微入心。蓦然回首间，只见得：蜿蜒曲折的渠道忽而环山卧水，忽而逆流倒虹，宛如一条江中舞动的飞龙，气势磅礴、蔚为壮观！让人震撼无余而又情不自禁陶醉于盎然美景的诗画中。

“问渠哪得清如许，为有源头活水来”。所谓连通是生命的律动。打通“任督二脉”，高台渠水滚滚来。要想充分了解大圳灌区的水网格局，执一架无人机高飞于大圳灌区上空，跟随无人机穿山越岭、览河观江的俯瞰视野，你会看到这样一幅雄伟壮观的图景：气势磅礴的大圳麻林总干渠水库引出清澈的渠水，顺着山脊的宽广渠道，蜿蜒向前延伸，穿过数千米长的条条隧洞，通过卧龙似的倒虹吸管和凌空飞架的座座渡槽，喷珠扬波，奔流直下。

待渠道走完、无人机降下，梳理一番，方知大圳灌区原来是以新安铺倒虹吸管把上部和下部连成一个整体，通过总长一千两百多公里的大小渠道，连接两百多座小型水库和二万五千多口山塘，形成一个“红线串珠，长藤结瓜，以蓄为主，远程引水”的水利网，控制灌溉 5 县（市）50 多万亩农田，实现了“引山区水灌丘陵地”。描绘出一幅水利工程与大自然相携相融，和而共生，山水相依，“到处皆诗境，随时有物华”的生态画卷。

看如今的大圳灌区，俨然正在逐步形成一个人与自然和谐共生、水土匹配合理、灌排功能健全、灌域水系连通、工程调控有序、管理科学规范、景观和谐自然的生态型灌区。

内核之美：大圳精神的传承

国无精神不强，人无精神不立。精神是一种力量，一种激情，一种自信。欲继承和发扬大圳精神，《大圳灌区志》当是不可或缺的参考题材。

寻一个晚风清爽的三夏之夜，将倦懒的身躯斜卧于阳台的长椅上，慢慢翻阅起《大圳灌区志》，只见一行行、一句句皆浸染着那一段可歌可泣的难忘岁月。为了造福当代，泽惠子孙，数万工程建设者发扬一心为民、无私奉献、敢想敢干、科学治水的精神，排除干扰，战胜困难，用钢筋铁骨般的身躯和双手，操着简陋的机械和工具，苦战 14 年，终使整个高台旱地变成“鱼米之乡”。

所谓“纸上得来终觉浅，绝知此事要躬行”，《大圳灌区志》所呈现的精神感染力，唯有走进大圳灌区，亲身感受！当你沿渠道一路前行，看到遇高山被凿穿的隧洞，在脑海里不禁呈现那个年代一幕幕开山凿洞、挥锹扬镐、搬土运石的壮观画面；看到逢峡谷被架起的一座座渡槽，在内心深处不禁惊叹那个年代敢闯难关的精神；看到过洼地被建起的一根根倒虹吸管，在灵魂深处不禁叹服那个年代攀登技术高峰的勇气。

“王屋太行何足论，挖山更待有传人。任凭寒暑银锄落，代代愚公始作真”。谈起大圳精神，知青精神是一个永恒的话题。1973 年，有这样一群平均年龄十七八岁的知识青年，他们离开自己长大的城市，阔别自己的父母兄弟，一路跋山涉水到磨石岭知青农场。面对恶劣的环境、艰苦的条件，知情前辈们没有选择退缩，而是激流勇进，提出“要叫荒山低头，乱石让路，用自己的双手，把磨石岭建成米粮仓”的口号，在大圳灌区建设历史上写下了浓墨重彩的辉煌一笔！

时光匆匆，又到笔君收笔时。且大圳灌区素颜之美，美得遍地开花，只待你，前来“寻”它！

泮头灌区 水润嘉禾

李灶辉

湖南省嘉禾县泮头水库

民以食为天，粮食是人类赖以生存的根本，而水利建设则是保障粮食安全生产的基础。农谚说："多收少收在于肥，有收无收在于水。"水利是农业的命脉，关系民生福祉，关系社会经济持续发展。习近平总书记强调："中国人的饭碗任何时候都要牢牢端在自己的手上。"保障粮食安全始终是国计民生的头等大事。而粮食丰收的背后，都离不开水利的重要支撑，灌区工程是发展农业灌溉、保障粮食生产的重要基础设施，畅通的渠系是灌区运行的基础。

新中国成立前，湖南省嘉禾县的水利基础设施严重缺乏，灌排能力严重不足，粮食生产能力低下。因为没有水，农民广种薄收，靠天吃饭。新中国成立后，为解决粮食短缺问题，全县人民掀起了农田水利建设高潮。

泮头水库位于嘉禾县袁家镇泮头村，上游集水面积 106.8km^2，泮头水库是嘉禾县兴建的第一座以灌溉为主，兼有防洪、发电、城镇供水等综合利用的中型水库。泮头灌区涉及袁家镇、龙潭镇、石桥镇、行廊镇、珠泉镇和坦坪镇等乡镇。区域面积 176.0km^2。泮头灌区的水渠源头没有大江大河，必须靠雨水多的季节把水存放在水库，在农田需要水的时候开闸放水通过水渠引流到田间地头。所以在泮头灌区，建设维护管理好水库枢纽工程和水渠都是非常重要的。泮头灌区骨干渠共计 5 条，分别为总干渠、东干渠、西干渠、左干渠及右干渠。

20 世纪 60 年代，人民群众发扬愚公移山精神，修建泮头水库。他们顶酷暑、冒严寒，肩挑手挖，夜以继日，用行动演绎着社会主义制度下集中力量办大事的壮丽篇章。他们坚守信念，风餐露宿，日夜奋战，用铁镐、锄头等简单工具，凭着一颗红心，一双巧手，谱写了许多可歌可泣的事迹。泮头水库于 1958 年 12 月动工兴建，1962 年竣工。

随着泮头水库枢纽工程和水渠的建成完工，泮头灌区的土地上，昔日的旱地变水田，农民忙着翻耕土地，脸上洋溢着丰收的喜悦。

泮头水库大坝坝顶有众多的车辆来来往往，随着时间的推移，坝顶出现了很多坑。为确保大坝安全，1999 年，泮头水库管理所向县政府申请资金，在大坝顶上铺设水泥路面。为了采购到质优价廉的水泥，时任所长李泽新和时任党支部书记刘诗和一起到各地考察、比选，最终确定在桂阳县的水泥厂购买水泥。他们安排时任副所长去采购河沙，该副所长采购的一车河沙太细，不太适合工程需要，刘诗和发现后对他进行了严厉批评。当时混凝土搅拌机放在大坝边上的管理所里面，当第一趟装着混凝土的车徐徐开往大坝顶上准备要浇筑时，大家都露出了开心的笑容。刘诗和、李泽新等人对工程质量非常重视，有一次，刘诗和从县城坐车到水库管理所，一下车，马上直奔工地现场查看，当他看到工人在浇筑混凝土时，钢筋没有放在合适的位置，于是他就大声批评工人们，要求他们立即改正过来。当刘诗和看到用拖斗拉满河沙的工人要从一个比较陡的斜坡上走起下时，便和蔼地提醒工人，一定要小心，慢慢走，要注意安全。经过大家共同努力，一条新的水泥路面展现在了大坝顶上。

泮头水库除险加固工程于 2005 年列入中华人民共和国水利部治理病险水库项目。主要工程内容：主坝坝基帷幕灌浆，坝体高喷和复合土工织物防渗处理；坝外坡修整草皮防护；排水棱体重修；副坝帷幕藻浆防渗处理；溢洪道改造加固；防汛交通；启闭塔及闸门维修加固等。该工程自 2005 年 12 月开工，2006 年主体工程完工，累计完成投资 1072 万元。项目完成后，进一步提高水库蓄水和防洪能力，确保下游人民群众的生命财产安全。

泮头水库灌区因建设年代久远、暴雨山洪侵袭等原因，干渠险工险段增多，渠系建筑物日益老化，渠道淤积和漏水现象严重，存在诸多安全隐患，灌溉面积日益萎缩。为此，泮头水库管理所紧跟上级项目动态，抢抓发展机遇，通过不懈努力，成功挤入国家农业综合开发中型灌区节水配套改造 2015 年实施计划。农业综合开发泮头水库灌区节水配套改造项目经国家农业综合开发办及湖南省水利厅批准立项，项目概算总投资 1528.67 万元。

项目主要建设内容：泮头灌区干渠防治 13.296km；干渠险工险段加固 2 处 795m；干渠建筑物除险加固 36 处；西干渠张家渡槽改线长 1000m；总干危房改造一处 500m^2，水土保持及环境保护等。项目自 2015 年 11 月开工建设后，各方人员采取多开工作面、抽调专业施工队伍、加强施工进度和质量管理力度，工程进度较快，工程质量得到有效保证。该项目实施后，可恢复灌溉面积 0.72 万亩，改善灌溉面积 2.3 万亩，社会效益和经济效益显著。

近年来，泮头灌区持续筹措清淤资金，组织对水渠高标准清淤扫障，全面疏通了淤塞较为严重的水渠。另外，投入资金用于涵闸维护、险工险段处理等，为农田灌溉用水及防汛抗旱工作的顺利实施提供了保障。

多年来，因年久失修及老化等原因，泮头灌区部分渠道存在损毁漏水严重，沟渠淤积严重，清淤工程量大，部分渠段甚至完全堵死。渠道大多未衬砌、灌区效益发挥不佳等问题。灌区干渠大多数为土渠，渠道基础不牢，边坡较陡，加上夯压不密实，当洪水冲刷时，渠堤及渠底漏水、边坡崩塌。部分渠道杂草丛生，影响农田正常灌溉。随着经济社会的快速发展，地减、水缺的矛盾日益突出。如何在维护社会和谐发展的同时继续保持粮食稳产增收？根本出路在于节水。2014 年，习近平总书记关于保障国家水安全的重要讲话中，把节水优先放在新时期治水思路的首要位置，指明了发展高效节水灌溉的努力方向。

泮头灌区于 2023 年 9 月起实施续建配套与节水改造工程。开工就是决战，起步就是冲刺。泮头水库管理所高度重视，进一步压实责任，全面加强建设管理，加快推进工程建设进度。上面各级领导多次莅临工程一线考察并现场解决问题，为项目建设保驾护航。各参建方抢时间、抓进度、保质量、守安全，全速推进工程建设。

在泮头灌区续建配套与节水改造工程建设中，各施工单位严把工程质量关，抓牢项目建设各个环节，对施工方案、安全专项方案等进行认真评审。泮头水库的施工人员夏天顶着烈日，冬天冒着严寒，不论天气如何，依然坚守在工地一线，做好施工，把好质量关。

水利基础设施的完善，除了建设维护，更重要在于管理。泮头水库管理所落实岗位责任主体和管理人员工作职责，做到责任落实到位，制度执行有力，避免出现“重建轻管”的情况，建立行之有效的长效运行管理机制。

近年来，泮头水库灌区着力提升水旱灾害防御能力，强化水资源优化配置。积极创建“学习型、节约型、服务型、创新型”团队。大力弘扬新时代水利精神，营造忠诚、干净、担当，科学、求实、创新的良好氛围。加强人才队伍建设，确保灌区管理人员素质满足岗位管理需求。加强相关法律法规、工程维护和安全的宣传教育。对重要工程设施、重要维护地段，设置安全警示标志。落实安全生产责任制，建立事故报告和应急响应机制，按要求开展防汛抢险、抗旱救灾培训和演练。建立健全巡查及维修养护制度，确保工程设施与设备状态完好。密切监测雨情水情变化，科学研判汛情、旱情发展趋势，及时研究提出应对措施。聚焦重点区域、突出问题和薄弱环节，充分考虑可能出现的极端情况，提出具有针对性和可操作性的措施和手段。坚持防汛抗旱“两手抓”，为粮食稳产奠定坚实基础，不断完善抗旱工作体系。认真贯彻落实习近平总书记重要指示精神，按照“节水优先、空间均衡、系统治理、两手发力”的新时期治水思路，大力推进农业节水控水工作。本着“总量控制、定额管理、统筹调度、上下联动”的原则，统一安排好需水高峰期水量配置，避免产生用水矛盾。

2022 年，湖南省嘉禾县出现严重干旱。嘉禾县泮头水库管理所未雨绸缪，提前实地考察，了解渠道存在的隐患和问题，在 6 月底基本完成了渠道清淤、砍青、防渗及除障等维修养护工作，确保干渠顺畅通水。充分发挥“长藤结瓜”联调联用水资源的优势，科学蓄水保水，提升灌溉基础水源抗旱能力。积极与所辖区各乡镇对接会商，指导乡镇采取“蓄、引、拦、提”等措施，引水入塘入库，做好蓄水保水，该所从 7 月下旬起停止下游电站发电，按照年初制定的抗旱工作预案优先保障灌区灌溉用水。派出工作人员对过水渠段进行不间断巡渠，发现堵水、漏水、用水矛盾等问题，及时处置到位。按照“按亩配水，流量包段，上送下接，节约用水”的管水方针，实行“灌 5 间 7”的轮灌和间灌管理办法，实行“一把锄头”管水，让有限的水资源发挥最大功效。管理人员上渠道、下田间，变“坐着服务”为“走着服务”，精准对接灌区范围内耕地灌溉需求。指导乡镇做好用水管理，合理处理水事纠纷，同时加强节水宣传，提高灌区群众节水意识。从四月初启动春灌至八月底，泮头水库共向灌区放水达七百余万立方米，确保灌区烤烟田顺利插下晚稻，基本满足了灌区已播种农田的正常用水需求，水库最远可向灌区尾端的石桥镇南岸村输送源水。整个抗旱灌溉期间，大家奋战在渠道沿线、村庄地头，查渠险、跟水头，调闸门，加强抗旱灌溉统一管理、科学调度、高效供水，发挥最大的抗旱效益，将大旱带来的损失降到最低，确保泮头灌区大旱之年粮食获得丰收。

泮头灌区的田野里，稻浪缱绻，烟叶飘香，展现出乡村振兴的秀美画卷，老百姓牢牢端稳自己的饭碗。此外，在保障粮食安全前提下，引导灌区用水户合理规划调整作物种植结构，减少高耗水作物种植，切实保障水资源节约集约高效利用。全面掌握灌溉范围农业种植结构和种植计划，科学制订年度灌区配水计划和灌溉方案，合理调配水量。

泮头水库第二次除险加固工程于 2024 年 4 月启动实施，工程内容主要包括主坝加固处理、副坝加固处理、溢洪道加固处理等。各参建方保质量、守安全，着力打造“一流工程、一流管理、一流服务、一流效益”，全速推进工程建设。泮头水库管理所业务骨干现场蹲点提供技术保障和服务，全力、高效推进工程建设。7 月 23 日，郴州市副市长、嘉禾县委书记等一行领导到工程现场指导工作。该工程概算总投资 3214.31 万元，计划 2024 年 12 月完工。项目完成后，将摘除泮头水库“三类坝”的帽子，更进一步提高水库的蓄水和防洪能力，确保下游人民群众生命财产安全，确保泮头灌区人民群众的粮食安全。

今后，泮头灌区工作人员将更进一步立足岗位，不忘初心，积极投身灌区水旱灾害防御、工程建设维护、灌溉管理等工作，践行习近平总书记“节水优先、空间均衡、系统治理、两手发力”新时期治水思路，踏上灌区建设维护管理的新征程，续写新篇章！

从“心”到“新” 东风渠践行服务三农“大担当”

尹 程

宜昌市东风渠灌区管理局

湖北省宜昌市东南部，有着这样一个灌区：它以黄柏河东支为水源，以各级渠系为纽带，以中小型水库、塘堰为水仓的蓄、引、提相结合，形成长藤节瓜式灌区。它覆盖当阳、枝江、夷陵、猇亭及高新区等市（区）22 个乡镇、441 个行政村，承担着宜东片区 200 万人的安全饮水、100 万亩农田灌溉、100km 河道的生态补水等任务，保障着宜昌粮食安全、供水安全、防洪安全、生态安全。它就是宜昌市东风渠灌区。

“水网建设起来，会是中华民族在治水历程中又一个世纪画卷，会载入千秋史册。”新时代，习近平总书记亲自擘画、亲自部署、亲自推动治水事业，谋划了国家水网等重大水利工程。

逢山开路，遇水架桥。东风渠灌区活力十足，奋跃而上；忙碌的身影干劲满满，马不停蹄。灌区的建设如火如荼，发展的脉动蓬勃有力，奋力推进东风渠灌区现代化的万千气象和奋斗图景，正在宜东地区铺展开来。

紧跟时代，在统筹全局上“扣扣子”

习近平总书记指出，“推进中国式现代化，要把水资源问题考虑进去”。水资源是经济社会发展的基础性、先导性、控制性要素，推进中国式现代化，离不开强有力的水支撑。

1999—2019 年，东风渠灌区先后实施了十二期续建配套与节水改造建设项目，累计完成投资 6.5 亿元。完成 32 条 342.36km 渠道整治，拆建和加固渡槽 34 座，隧洞 112 处，农桥 901 座，涵闸 373 座，其他建筑物配套 1400 处。灌区重大病险工程基本改造，工程设施体系配套基本完善，现代化管理水平显著提高，极大地提高了灌区人民群众的幸福生活指数。

“十四五”期间，开展工程设施达标改造，骨干工程全面消除安全隐患；

分水闸、刭闸配套齐全，配水口实现信息化控制；排水设施健全，行洪能力明显提升；节水减排措施完善，水生态保护有效推进；直管干渠渠顶道路通达，工程维养交通便捷；重要断面计量设施配备齐全，与各用水户水费结算点实现精准计量。水价形成机制完善、落地，工程维修养护经费足额到位，水费足额收缴；标准化规范化管理扎实推进，信息化覆盖度达到80%，用水调度和工程设施管护实现信息化管理。至此，集“安全灌区、生态灌区、智慧灌区、旅游灌区”于一体的东风渠现代化灌区效果初显。

稳打稳扎，在服务“三农”上“担担子”

习近平总书记强调，“优化基础设施布局、结构、功能和发展模式，构建现代化基础设施体系，为全面建设社会主义现代化国家打下坚实基础”。

东风渠灌区始终把项目建设作为“保供水、促发展、兴灌区”的立足点和着力点来抓，高起点抓项目规划、高质量抓项目建设、高标准抓项目监管，推动灌区全面发展。2023年以来，东风渠灌区又锚定标准化规范化建设标准，以官庄水库管理处为试点，积极创建国家级标准化水管单位。

在项目推进中，东风渠灌区按工程状况、安全管理、运行管护、管理保障和信息化建设等5方面细化分解，按照评价及赋分标准将31项工作的内容、标准、责任主体和时间节点，分解到人、责任主体明确，定期开展动态纠偏，把控工作完成进度和成效。同时，将标准化创建作为对工程管理复核工作的检验与提升，结合标准化管理要求对工程管理内业资料进行全面梳理与提高，组织修订技术管理细则、管理标准、管理制度、工作流程等。更新完善公示牌、宣传牌和安全警示牌等，为日常管理工作奠定良好的基础。积极开展水环境保护措施，配合宜昌市生态环境局长期开展水质在线监测和人工监测，官庄水库始终保持Ⅱ类以上饮用水标准，水利工程生态底色也越来越鲜明。

通过一系列扎实有效的提档升级工作，2023年11月14—15日，官庄水库顺利通过了水利部专家组评价验收工作，成为达到国家级标准的湖北省首座市管中型水库。

履职尽责，在工作落实上“钉钉子”

习近平总书记指出：“保障水安全，关键要转变治水思路，按照‘节水优先、空间均衡、系统治理、两手发力’的思路治水，统筹做好水灾害防治、水资源节约、水生态保护修复、水环境治理。”

作为全国百万亩以上大型灌区的东风渠灌区，致力于服务“三农”和城镇供水，坚持灌区现代化建设和可持续发展的正确方向；突出项目建设，提高灌区灌溉和供水的保障能力；抓好生产发展，增加经营收入，增强灌区自我造血功能；加强环境保护，提升水质，推进生态灌区建设，确保灌区“粮食安全、饮水安全、生态安全、生命财产安全”，在服务地方经济社会发展中发挥了重要的作用。

近年来，灌区实施水利工程项目20余个，争取中央和地方财政投资20亿多元，有效解决工程“补短板”“卡脖子”和“肠梗阻”的问题。实施的大中型工程项目中，有2个工程项目获得“省级文明工地”称号，6个工程项目被省水利厅评为优良工程，4个工程项目获得“江汉杯”，其中普溪河渡槽拆除重建工程喜获宜昌水利农水项目第一个“大禹奖”。

从“心”到“新”，昂扬奋发的时代画卷里，“每一个平凡的人都做出了不平凡的贡献”。向着目标进发，朝着梦想奔跑，东风渠灌区新的答卷正在书写。

水乡新灌区　渠水惠百姓

——湖北省洪湖市下内荆河灌区走笔

陆　剑　李　禾

湖北省洪湖市水利和湖泊局

初夏时节，站在长江岸畔，举目眺望建设中的湖北省洪湖市下内荆河灌区，那一座座耸立于下内荆河、洪排河、东荆河境内而新建的排灌泵站，轰鸣运行的机组吐放出奔流的河水，顺着渠道流向农田；那映着蓝天白云倒影的沟渠，把翠绿的禾苗、清香的碧莲分隔得整整齐齐；田间的白鹭嬉戏追逐，或缓缓飞过眼前，或展翅逸向水云间，与蓝天白云、稻田沟渠组成一幅色彩靓丽的动态水墨丹青……这是湖北省洪湖市下内荆河灌区呈现在人们眼前的情形。

"建"字上谋方略　灌区引水保粮安

近年来，湖北省洪湖市积极践行"节水优先、空间均衡、系统治理、两手发力"治水思路，切实扛牢"守护好一江碧水、保护好渠畅河通"政治责任，以灌区建设为载体，走生态优先、绿色发展的治水之路。

湖北省洪湖市下内荆河灌区地处"四湖"流域下游，洪湖市东部，以洪湖为主要水源。洪湖是湖北省最大的天然湖泊，湖泊面积 427km^2，总库容 10 亿 m^3。作为"四湖"流域容积最大、调蓄能力最强的湖泊，可同时承接四湖总干渠和长江的来水，通过自身调蓄后经渠首工程小港湖闸和张大口闸至下内荆河进行灌溉；同时灌区通过长江干堤 7 座引水闸和东荆河堤 5 座引水闸引长江水和东荆河水作为补充水源引水灌溉。灌区内现有灌溉渠道 349 条，全长 1424km，排水渠道 64 条，全长 209km，灌溉泵站 62 座，排涝泵站 30 座，灌溉涵闸 783 座，排涝涵闸 129 座，这些渠、站、闸工程的建设，初步形成了以下内荆河为骨干，中、小型水利设施为基础，沿江河提灌站作补充的大、中、小相结合，蓄、引、输、提相配合的水利工程灌溉网，成为洪湖人民的幸福渠、丰收闸站。灌区设计灌溉面积 81.4 万亩，耕地面积 87.77 万亩，灌区总人口 36.4 万人，是湖北省农产品的重要生产基地，是洪湖市农作物的主要产区。这可谓：灌水流农田地生金，渠利润百姓笑满盈。

“抓”字上下大力 建设水乡新灌区

湖北省洪湖市下内荆河灌区建设中在抓字上下力，确保高质量高标准建设。

一是抓项目纳入，建生态灌区。湖北省洪湖市下内荆河灌区 2021 年底被正式纳入国家 2021—2025 年重点推进的“十四五”重大水利工程建设计划。该灌区建设涉及 12 个乡镇办，灌区设计灌溉面积 81.4 万亩，项目总投资 5.27 亿元，建设工期为五年。2021 年 11 月 20 日正式开工，2022 年完成工程投资 1.89 亿元，2023 年计划完成投资 1.1 亿元。湖北省洪湖市下内荆河灌区建设在解决辖区农田排灌引水抗旱的基础上，着力打造洪湖水乡生态灌区，建设成具有水文化特色的水利工程景点，成为农村居民观光休闲、陶冶性情、怡悦心情、鉴赏自然、享受生活情趣的好去处。

二是抓目标任务，挂施工战牌。湖北省洪湖市下内荆河灌区建设实行挂牌施工，制定全年目标任务，并将目标任务下达至施工单位，分解到各工区、各班组、各责任人。2022 年 6 月，建设者们发扬“竭诚服务，取信于民”的灌区精神和“忠诚、干净、担当，科学、求实、创新”的新时代水利精神，科学思维、系统思维、统筹思维，压紧压实责任体系和链条，拿出“而今迈步从头越”的豪情，激扬“事事争当一流”的斗志，振奋“不用扬鞭自奋蹄”的干劲，以壮士断腕的决心，克服重大疫情和历史罕见高温的不利影响，顶着炎炎烈日，打好 40℃高温的交叉仗，迎着早上的晨曦，守着晚上的清凉，加班加点日夜奋战，全年完成 1.89 亿元工程量。2023 年 4 月，阴雨连绵，晴少雨多。建设者们精心策划，组织大干，保重点，攻难点，上设备，上人员，立足于“早”，在早谋划、早布置、早行动、早落实上下真功；着力于“快”，做到工作快上手、项目快推进、目标快完成；干在于“实”，对定下来的事情扭住不放、盯住不让、一抓到底。在建的窑沟泵站、老湾泵站 2 座泵站拆除重建工地车来人往，机器轰鸣。建设者们不分日夜、不分雨雪、不分节假日，连续 24 小时不停工，保安全、保质量，抢在 5 月底前满足通水要求，确保农田灌溉不受影响。2024 年 3 月，面对雨雪冰冻极端天气，建设负责人与施工方坚守工地，调整施工方案，将天气影响降至最低；冻雨结束后，建设者们不分日夜，轮班制施工，抢时间、抢进度，确保不误农时，确保渠区工程安全度汛，确保渠道按时通水灌溉农田，赢得了老百姓的拍掌称赞。

三是抓安全生产，拧紧安全绳。湖北省洪湖市下内荆河灌区工程建设在安全生产方面，健全制度，压实责任，筑牢安全生产思想防线。建立一级抓一级、层层抓落实的安全生产责任网格管理，并将安全生产经费纳入全年预算，每年安排预算资金 10 万元，安排全市“五统一”泵站涵闸维修资金 300 余万元，解决水利工程设施、设备维修保养问题，消除安全隐患，确保安全运行。认真开展“消除事故隐患，筑牢安全防线”为主题的水利“安全生产月”和“安全生产楚天行”宣教活动，组织泵站技术人员和安全生产管理人员培训，扎实开展水利建设项目安全生产工作，全面落实项目法人、勘察设计、监理、施工、供货等单位安全生产主体责任，制定规章制度，组建机构，形成齐抓共管、失职追责的安全生产责任体系，绷紧安全弦，拧紧安全绳，确保安全施工，实现了工地安全、人员安全和工程安全。

四是抓数字孪生建设，打造灌区信息化。湖北省洪湖市下内荆河灌区针对信息化服务覆盖度低、信息化设施不够完善的实情，以数字化改革为契机，按照“数字孪生、提升能力”要求，建立灌区排灌监测系统、泵站安全自动监测系统等，构建“数字灌区”，打造信息化管理系统平台，实行一体化监管网，适时监控农田取用水状况，及时掌握水量、水域面积变化情况，推动河湖灌区整体智治、协同高效、共享共治。这正是：抓出渠水润农田，抓出灌区繁花锦。

“管”字上做文章 凸显灌区高效益

湖北省洪湖市下内荆河灌区紧扣“管”字做文章。

一是建立组织管理体系。湖北省洪湖市下内荆河灌区积极推进管理机构的制度改革，完善岗位责任主体和管理职责，形成规范化的管理体系。按照大中型灌区标准化规范化工作方案，通过实施灌区水利工程标准化管理“五个一”措施，即制定一套标准、编制一本手册、修订一批制度、建立一个平台、落实一方责任，达到灌区水利工程管理责任明细化、管理工作制度化、管理人员专业化、管理范围界定化、管理运行安全化、管理经费预算化、管理活动日常化、管理过程信息化、管理环境美观化、管理考核规范化等“管理十化”要求。

二是完善工程管理体系。湖北省洪湖市下内荆河灌区明确工程管护主体，界定工程管理及保护范围，完成管理范围的测量和权责划定，设置范围界桩、水法规宣传牌、水安全警示牌等，做到界限明确、界桩明晰、标示明显。强化工程度汛安全、运行安全责任，全面落实涉及公共安全的水利工程定期安全评估制度和应急预案制度，按照设计标准进一步完善主体工程、安全监测和运行管理等设施设备，做到设施齐全正常、安全有监控预报、应急有预案。加强灌区工程管理范围内环境整治，加强水环境监管与保护，推进水文化建设，做到环境优美、美观整洁、舒适宜人。

三是健全灌溉管理体系。湖北省洪湖市下内荆河灌区管理部门根据灌区所在地区的种植模式和当地丰产灌溉的经验，制订各种作物的灌溉制度，建立健全用水管理组织和制度，推广田间节水技术，及时定额征收水费。通过对灌区各种工程设施的控制、调度、运用，合理分配与使用水源的水量，结合水源可供给的水量、作物种植面积、气象条件、工程条件等，制定灌水次数、灌水定额、每次灌水所需的时间及灌水周期、灌水秩序、计划安排等，并在田间推行科学的灌溉制度和灌水方法，以达到充分发挥工程作用，合理利用水资源，促进农业高产稳产和获得较高的经济效益的目的。资料显示，2023年灌区水稻660平方的亩平单产达1600余斤，创洪湖市水稻亩产历史新高。

四是促进人与自然和谐共生。湖北省洪湖市下内荆河灌区疏挖渠道36条，总长度193.09km，成功减少水道堵塞，防止淤积泥沙堆积，保持水体的流动性，有效改善水质；铺设草皮护坡167万m^2，植草砖9.6万m^2，植草3.2万m^2，防止水土流失，提高灌区绿化率，打造生态灌区；开展灌区面貌治理行动，清除渠道两岸堆放的垃圾、杂物，提高环境质量，打造灌溉幽雅水环境，让“水清、渠畅、岸绿、景美”的洪湖水乡灌区——下内荆河灌区惠泽沿区人民群众。这恰是：管得碧水长流，管得水利粮丰。

为了大地的丰收

——以工代赈示范工程王蜂腰灌区建设走笔

王小占[1]　张　舒[2]　冯　鑫[2]

1. 湖北省水利水电规划勘测设计院有限公司；

2. 湖北省水利厅

仲春时节，油菜花开，水稻拔节生长，小麦开始孕穗，江汉平原一片绿意盎然。走在石首市高陵镇茅草村的田间地头、沟渠岸边，新修的生产桥、生产路、碎石路，维修的泵站、涵闸，新建的一条条U形槽……我们每实地查看一处，都身临其境地感受着湖北灌区建设与管理发展成就的“脉动”。

习近平总书记强调，“中国人的饭碗任何时候都要牢牢端在自己的手上”。聊起灌区近年来的发展变化，茅草村的乡亲们脸上洋溢着喜悦的笑容，话语间流露着大家对党的好政策以及水利惠民项目的感谢。

农谚说：“多收少收在于肥，有收无收在于水。”粮食安全是“国之大者”，离不开水利的重要支撑。灌区作为守住国家粮食安全的“主战场”，一头连着国家粮仓，一头连着百姓生计。湖北又是水利大省，江汉平原是全国粮食主产区之一，全力推进新时代灌区建设意义重大。我们走访的王蜂腰灌区续建配套与节水改造工程，属于湖北省2023年水利领域以工代赈重点示范项目，是水利领域落实省委关于美好环境与幸福生活共同缔造活动的有效载体和强力抓手。该项目位于石首市王蜂腰灌区（中型灌区），设计灌溉面积10万亩，耕地面积12.87万亩（国土三调含水浇地）。项目实施后，将改善灌溉面积2.8万亩，年新增节水能力347万m^3，年新增粮食生产30万kg。

石首市水利和湖泊局有关负责人介绍，作为水利领域的以工代赈项目，王蜂腰灌区配套设施建设2023年以工代赈示范工程吸纳农村劳动力约87人，年度累计发放劳务报酬约186万元。随着项目启动，当地上有老、下有小的留守老弱劳动力，实现了在家门口有事干、有钱赚，有钱花、有期待。特别对近年外出务工遇到暂时困难而返乡的群众而言，就近参建水利以工代赈项目，心里踏实，钱包“瓷实”，幸福感也足够“坚实”。

值得一提的是，采取以工代赈方式推进灌区项目建设，不仅让一方百姓通过劳动致富。更为重要的是，随着灌区配套设施的建设，引来的一渠渠源头活水灌溉润泽了禾田，实现了“稻花香里说丰年”。以下是王蜂腰灌区续建配套与节水改造工程的建设成效。

一、切实提升群众就近务工的幸福感

在湖北省广大农村地区，除了外出务工，普通农户的收入主要来源是个体农业生产，“靠山吃山、靠水吃水、靠地吃地”，还要承受自然灾害等不可抗力因素影响，存在“靠天吃饭”现象。王蜂腰灌区续建配套工程项目，通过项目共建、过程共管、成果共享，组织带动当地群众共同参与灌区新建和改造项目，实现了在家门口有活干、有钱赚，共同缔造幸福生活。

项目实施中，为务工群众集中进行岗前体检、配发防护用品和药品、开展安全教育等，为群众安全作业、幸福生活创造良好条件。同时，在工程后期管护中，水利厅还积极协调设置公益岗位，解决低收入群众长期就业。

二、有力保障了农村劳动者的切身利益

农民工工资发放关乎群众切身利益和社会稳定。在王蜂腰灌区以工代赈项目建设中，施工方严格按照劳务报酬占投资比例要求，结合当地收入水平，签订劳动合同，进行实名制管理。同时，设立工资发放专管员和专门台账，全过程跟踪监督农民工工资发放流程。

石首市水利和湖泊局积极探索建立“项目管理方、项目所在地村级组织和施工单位”三方劳务沟通协调机制，既督促施工单位与劳务群众签订劳务合同，又及时协调、共同处理各类矛盾纠纷，确保公开、足额、及时发放劳务报酬。

三、共同促进了地方经济社会发展

王蜂腰灌区配套新建的生产桥、生产路、U形渡槽以及开展的沟渠清理工作，为当地田间灌溉开辟出了一条“绿色通道”，实现打通农田灌溉“最后一公里”，农田水利基础设施得到完善，灌排能力得到显著提升，2.8万亩农田的灌溉用水得到有效保障。同时，项目辐射的高陵镇、团山寺镇的人居和生产生活环境实现“旧貌换新颜”——道路硬化、岸坡绿化、环境美化。更为重要的是，方便了农产品种植、收割和外运，为乡镇发展虾稻、果蔬、观光等新型特色产业，打造水生态景观、引进文旅融合项目均发挥了积极作用，

促进了幸福生活共同缔造，助力乡村振兴和县域经济发展。

住在高陵镇茅草村河道旁的邬姓村民说：“以前出门，一些生活垃圾堆满河道，臭气熏天。现在清淤疏通后，水变清了，没有臭味了，心情好多了！”围过来的村民也纷纷感叹，“这座生产桥修得好，扩至5m宽了，播种收割机可以开到田里了！”“那条‘断头路’打通了，以后打药再也不绕道了”“碎石路也铺好了，之前那是晴天一身灰、雨天一身泥……”

老百姓的声声话语，温暖着更激励着我们水利人，心里要时刻装着老百姓。

四、大幅增加了农村劳动力工资性收入

按照水利部水总〔2014〕429号文颁发的《水利工程设计概（估）算编制规定》，其中工长为11.55元/工时，高级工10.67元/工时，中级工8.90元/工时，初级工6.13元/工时。王蜂腰灌区以工代赈项目，农村务工人员人均工资水平按照工种、岗位不同，分为大工和小工。大工工种主要是具有一定专业技能和操作经验的模板工、钢筋工、混凝土工、架子工、油漆工、防水工、挖掘操作工等；小工工种主要是从事项目现场安全护栏安装、卫生清洁、垃圾清运、食堂勤杂，以及在渠道清淤泥、除杂草、清碎石等。大家平均日工作时长约7～10h，大工日工资水平在300～350元/d（封闭工地含食宿）、小工日工资水平在150～200元/d（不吃住追加30元，最高领取230元），其薪资待遇水平均在当地处于中等偏上的水平。“普通工种一天一结，不管午餐、每天200元。技术工种不管午餐、每天270元。一天干活8h、午餐20元标准。”谈起王蜂腰灌区以工代赈项目，石首市金厦建筑工程公司负责人陈恩江算了一笔账：“当地的老弱劳动力农闲时来项目干个轻活杂活，一个月就能挣6000元左右，一年这样的活计差不多能干6个月，仅这份家门口的零工就能挣3万多元”。

5月，是收获的季节。荆楚大地上的一个个灌区，犹如大自然壮丽地挥毫泼墨，又似飘逸多彩的玉带，舞动着湖北水利高质量发展的乐章，更诉说着中国式现代化湖北实践的水利贡献。

朋友，当你徜徉于江汉平原，听到布谷声声、闻到稻香麦香，那就预示着王蜂腰灌区又将迎来新的丰收、新的希望！

为瑶乡贯通“血脉”

——记通城县东冲灌区续建配套与节水改造项目部

吴义明

通城县水利和湖泊局

这条“血脉”，维系着全县两大百亿支柱产业——大坪乡药姑山健康科技产业园，石南纱布小镇。高质量打造“中部地区绿色发展先行区和制造业强县”的愿景，离不开“血脉”的源源滋养。

这条“血脉”，支撑着4.2万亩农田和油茶、中药材等经济林，关系着老百姓的“米袋子”“钱袋子”。

药姑山，位于湘鄂二省交界的通城县，幕阜山余脉，瑶族发祥地，这条“血脉”的源头——东冲中型灌区。历经近三十年的闲置、废弃甚至损毁，东冲灌区已饱经沧桑，面目全非。而今，东冲灌区续建配套与节水改造项目的全面实施，通过一群水利人汗水和智慧的点化，正贯通血脉，让这片瑶乡大地通经活络，为兴业富民注入源源希望。

效益渠：踏尽崎岖水欢流

“走这条小路，平整些。”万召武提醒。“不会吧？我经常在这一带跑。”同行的当地人说。半信半疑中，钻树林，拨荆棘，穿墓地，众人很快来到山顶的渠道前。“确实路又近又好走。”同行者叹服。

这轻车熟路、了然于心的功夫，是靠无数次穿林渡水摸索出来的。

工程效益、工程质量始于设计，让设计更接地气、切实际、贴民心，工夫只有下在现场。全面深入细致踏勘，是摸清底数、校正设计、把脉需求的唯一门道。

万召武，通城县水利和湖泊局党组成员，全国农村安全饮水脱贫攻坚先进个人，东冲灌续建配套与节水改造项目法人，带领团队，开始一场“踏尽崎岖路自通”的勘测之行。

随着近年来生态的恢复，山间植被茂盛，真是道阻且长。钻密林，爬陡坡。“不是手上在流血，就是脚上破了皮，衣服挂穿了洞。”项目部工作人员吴建国说。而年近六旬，2024 年 8 月即将退休的万召武，总是走在踏勘队伍的前面。

通城县灌溉工程都是在 20 世纪 70 年代初完建，灌溉格局相对分散，灌溉面积碎片化严重，农业供水能力不足，而灌区建设标准低、运行时间久、历史欠账多、设施老化、灌排能力下降等因素，造成塌方、淤积、渗漏，更让灌区疾病缠身。2022 年，通城遭遇百年大旱，农业灌溉经受严峻考验。

而产业与田地布局的调整，渠道必须顺势而变。这支踏勘队伍，一点点修正、调整设计路线。

“国家投资这么多钱，修一次渠道不容易啊。让它创造出最大的效益，才能投资有所值。”每次将渠道设计路线拨回到“正轨”，万召武就满心欣慰。

110 余公里干渠、支渠的踏勘，10 多件划烂的衣服，项目团队将脚印坚实地印在山间田野。60 余处设计修正，让灌溉水有效利用系数一点点提高。

“双脚磨破，干脆再让夕阳涂抹小路；双手划烂，索性就让荆棘变成杜鹃。”不惧山高路远，项目部以水利人的担当和对这片家园的挚爱，为建设“水尽其用”的效益之渠打下坚实基础。

和谐渠：齐心引得水畅流

“一渠水这下可以跑得更快了。”望着渠道灰白的弧形曲线，一路流畅地滑向远方，项目团队既欣慰又感慨。

因历史和地势原因，东冲灌区渠道一度曲似九回肠。而疏于管护，导致部分渠道被堵塞、填埋。为渠道让道，让水畅流，与当地群众做好沟通协调，一度耗费了项目建设专班的大量精力。

“从你家田边上扯直，渠道跑起来方便，你们灌溉也方便多了。”2024 年 3 月的一天，项目部再次来到大坪乡花墩村的农户胡爹家中做工作。“都是为大家利益，我理解。可是我家田地本来就少，现在又占去几分，今后吃饭怎么办呢?”胡爹愁眉紧锁。

灌区建设本为公益，可是不兼顾多方利益，渠道建设就不和谐，必然阻力重重。项目部几次沟通，难有进展。“一条渠道像水蛇过港一样，看得入眼吗？水不畅，容易损毁，也不好维护。”万召武与项目部分析后，下定决心，要让渠道顺顺畅畅地跑起来。

屋场组长、老党员、村干部、乡政府，逐个沟通，开座谈会，宣讲政策，分析形势，讲清大局，展望长远，一点点寻求共识，凳子越坐越拢，心越靠越近。以村里的公共山地作为补偿，胡爹爽快答应了，渠道笔直地向远方延伸了。

110余处裁弯取直，200余户农户协调，磨破嘴皮，磨穿鞋底，一家家上门。白天农户要劳作，项目部就晚上去，扯着手谈心。“国家这样好的政策，水引到门口，今后作田种地几方便？我们要支持。”“千事万事吃饭的大事，政府考虑得长远啦，我们捏锄头把的，能尽一份力算一份。”农民道出了心里话。

心通了，情融了，认识上来了，渠道得以快速向两个乡镇21个村延伸。

“现在修路、建工业园，协调老百姓的用地问题，精力投入总是很大。东冲灌区建设，项目部扎实开展群众工作，让我们可省了不少事。”大坪乡党委书记刘海军感叹。而更让他心里踏实的，是这条畅通的“血脉”，让全乡的粮食安全和产业发展有了源源不竭的滋养。

优质渠：严谨保障水长流

灌溉率低，渠系水利用系数只有0.4，一渠哗哗流淌的水，大半会悄无声息地消失；渠道及渠系建筑物完好率只有45%——超过半个世纪的风雨侵袭和人为损毁，这条一度被人们视作命根子的渠道，已千疮百孔。

要水长流，质量是保障，必须建成优质工程。

“只差一厘米，不会漏水的。重新翻建，要影响进度啊。”施工方用恳求的目光，投向巡查的项目部。

“半厘米都不行！这是经过反复修改完善的设计，综合考虑各方面因素才确定的。怎么说改就改呢?”项目部技术负责人黎飞语气严厉，没有半点商量余地。

挖出底部，清除混凝土，重新浇筑，施工方在监理的督促下，严格按要求整改到位。两天后，黎飞带领项目部技术员，再次到现场检测，达到要求。

眼睛盯住过程，功夫下在现场。项目部牢牢守住质量这道防线，40余处拆掉重建，60余处整改，为这条渠道不断强身健体，对施工方与监理反复“敲打”，让警钟长鸣。“修一处工程，树一个品牌，惠一方百姓。”项目部践行水利精神，为这一理念提供了生动的注脚。

有效改善大坪、石南两个乡镇灌溉面积1.2万亩，恢复灌溉面积3万亩，每年可减少渗漏水损失264.7万m^3，新增灌溉效益800余万元（投资近5000万元），通城首个全线贯通，首个运用现代信息技术进行管理，具有开拓意义的东冲灌区续建配套与节水改造项目，将以自身的担当，为瑶乡大地谱写华章：

4 万余亩水稻，有了这渠水，将稻浪起伏、稻花香里说丰年；

万亩油茶基地，有了这渠水，将绿意葱茏、硕果累累；

千亩金刚藤、鞘蕊苏药材基地，有了这渠水，将药香浓郁、丰收有望；

千亩茶园，有了这渠水，将翠叶溢彩、满园流金。

望着如血管一样向瑶乡大地延伸的渠道，通城县作协采风团曾集体赋诗一首感怀：沟渠纵横成经纬，绘就瑶乡新图景。引得活水润百业，十万工农尽欢颜。

第二部分　工程篇

数字孪生赋能灌区
漳河开启“智水”新时代

高梦婷　鄢　伟

湖北省漳河工程管理局

漳河流淌在荆楚大地上，滋养着襄阳、荆门、宜昌、荆州数百万人民，漳河灌区作为湖北省管最大灌区，灌溉着260万亩的良田土地，确保了“鱼米之乡”江汉平原农田的旱涝保收。然而随着时代的进步和科技的发展，传统的灌溉已经无法满足现代农业生产的需要，乘着“十四五”加快智慧水利建设的东风，漳河灌区以数字化、网络化、智能化赋能，打造数字孪生灌区。

1　按需配置打造数字孪生漳河

抢抓机遇，整合资源，打造数字孪生漳河。漳河局成立数字孪生漳河先行先试建设领导小组和工作专班，抢抓水利部启动数字孪生流域先行先试工作的机遇，依托漳河水库除险加固和漳河灌区现代化改造信息化建设项目，按照“需求牵引、应用至上、数字赋能、提升能力”要求，以灌区业务为核心，以预报、预警、预演、预案“四预”功能为主线，以“数据＋知识＋模型”为驱动，充分利用新一代信息技术，统筹整合原有水利信息化成果和水利信息化新建项目内容，打造数字孪生漳河。

相关方各取所长，密切配合。信息化技术支撑单位是数据孪生灌区建设成功与否的关键技术保障，水利专业支撑单位支撑灌区核心业务功能的实现，工程运行管理单位根据实际工作提出相应需求，三方各取所长、紧密配合、协调一致。建设过程中，漳河局不断加深对数字孪生漳河建设的认识，建立“一把手”亲自抓、分管领导直接抓、一级抓一级、层层抓落实的工作推进机制，各业务科室、工程管理单位根据实际工作提出了具体的建设需求，积极参与开发设计、建设、调试全过程。

强调以用户需求为中心，实现千人千面。通过业务重组、按需配置，打破业务缠绕、业务壁垒，实现功能模块单元灵活配置、友好交互，提高整个系统运行效益和便捷管理。通过深度梳理科室业务和管理目标，识别业务场景，融合应用服务各项功能，以业务平台为各场景业务流呈现载体，满足各科室、业务部门的业务需求。通过对业务流程、对不同服务对象各自职能进行分析，理清数字孪生各业务之间的底层逻辑，对功能模块进行抽取、重组、集成融合，打开属于自己的界面，显示自己关心的信息，并解决碎片化问题。

采用统一接口，实现应用系统便捷操作。重视系统内部模型、业务平台、硬件软件数据传输及后续功能升级的需求，统一接口及通信传输标准，提高效率。前端监测设备和模型软件之间的通信传输方式采用统一标准，确保数据实时推送，实现真数真算。模型与业务平台之间采用 API 标准化接口，模型开发封装为标准化模块，并衔接好上下游模型间数据输入和输出的关系。

2　夯实基础打造漳河灌区物理水网

天上地下构建灌区感知体系。补充建设水雨情、安全监测、智能视频监控及预警广播、量测水、闸门控制等。利用卫星遥感影像，提取灌区各级渠系下的灌溉面积、种植结构及中小水库、塘堰等水面面积，并按照指定边界进行统计，为灌区用水决策提供支持。

云上云下保障灌区网络安全。以租用湖北省楚天云为基础，提供运行环境及网络安全，实现省市之间数据打通，内外网之间业务安全访问。同时在漳河工程管理局向总干渠、一干渠、二干渠、三干渠等进行网络延伸，打通渠道最后 1 公里安全通信。

建立了全新的现代化量测水体系。利用时差法流量计等在线设备实现重要节点的全部覆盖、实时感知、精准测流。创新研发了便携式量测水设备，通过短距离通信技术与 App 连接，布控灌区小型口门，实现了从田间到云端的量水信息快速互通融合。传统量测水手段与新兴的物联网技术结合，在线与准在线互补，解决量测水成本敏感性和环境适应性问题，基本实现量测水全覆盖。

3　提升“2＋N”业务智能化水平

以专业模型知识为核心，驱动灌区“四预”精准化决策。按需构建了模型库、知识库，奠定数字孪生漳河的智慧核心。覆盖全业务链条——水源、各级渠道和田间，全方位满足漳河灌区多方面业务需求。全面汇集水利、气象、水文等多部门数据，打造跨区域（上游襄阳、下游荆州）、跨部门（气象、水文等）、跨业务（气象预报-洪水预报-水库洪水演进-工程安全-灌溉调度–风险研判一体化）的多跨应用场景，构建了雨水情监测预报“三道防线”，通过“工作基础从图上来，工作过程以图协同，工作结果到图上去”，做到业务有迹可循、数据有源可溯、工作有图可依，实现了防洪管理、水资源调度、大坝安全监测“四预”及工程标准化管理的智能化，打造国内首批数字孪生灌区试点示范区。

以三维双引擎集合为驱动，强化三维孪生场景仿真渲染。根据业务应用场景需求，基于同一套数据和服务底座，采用 GIS 引擎支撑大中小场景及调度模型推演结果可视化，采用高保真引擎实现重点工程区域高逼真场景及工程调度可视化，实现从宏观到微观的可视化管理。

创新运维、整合队伍，推进数字孪生工程可持续良性运转。与传统基建工程相比，数字孪生工程运维的专业性强、技术更新快，一个节点出现故障就可能影响整个系统的运行，漳河局探索了自建队伍＋物业托管＋专业团队运维模式，确保数字孪生漳河可持续良性运转。自建队伍负责日常监控、跟踪流程，核实事件信息、处理；物业托管负责基础资源的管理，如网络、存储、系统、数据库、中间件、云平台等资源的维护；专业团队负责系统模型、业务应用体系的维护和迭代升级，各负其责，相互配合，保证数字孪生的全生命周期的运维。

在漳河灌区的智慧水利实践中，数字孪生技术应用取得了显著成效，灌区运行安全得到有效保障，水资源利用效率极大提高，粮食产量不断提升。漳河灌区开启了从“治水”到“智水”的新跨越。未来，随着技术的不断进步和应用范围的扩大，数字孪生灌区将实现更加智能化、精细化的管理，从而为漳河灌区经济社会发展提供更加可靠、高效的服务。

簸箕李数字孪生灌区建设思路与框架初探

刘洪玲　张　双　商学营　王　静

滨州市引黄灌溉服务中心

1　背景及意义

数字孪生灌区建设是智慧水利建设的重要内容，是提升灌区建设管理水平的有效手段。在现代信息技术的推动下，信息化建设已逐步成为提升灌区水资源配置能力的重要手段，能有效提升灌区管理质量和服务水平。目前，我国数字孪生灌区建设工作尚处于起步阶段，同时灌区类型多样，功能多样，既具备灌溉供水、防汛抗旱排涝等功能，又兼具流域、水网和水利工程的特性。灌区迫切需要统筹解决供用水管理。数字孪生灌区是以物理灌区为单元、时空数据为底座、数学模型为核心、水利知识为驱动，对物理灌区全要素和建设运行全过程进行数字映射、智能模拟、前瞻预演，与物理灌区同步仿真运行、虚实交互、迭代优化，实现对物理灌区的实时监控、发现问题、优化调度的新型基础设施。通过建立与实际水利系统相对应的数值模型，数字孪生技术可以模拟和预测实际系统的运行情况，帮助决策者作出最佳的调度决策。目前国内外对于数字孪生灌区的研究已有了部分成果。各学者分别从数字孪生灌区发展思考、建设架构、关键技术等方面开展了研究。郑习武提出利用大数据技术建立灌区全范围覆盖的信息化管理系统，对所有管理流程的安全与连贯进行保障。但姜明梁等指出，目前灌区信息化建设仅实现了基础性建设，对于深度利用和共享能力还很薄弱，如何将信息资源应用于灌区运行决策的研究和应用较少。

2　簸箕李灌区基本情况

2.1　地理位置

簸箕李引黄灌区位于山东省北部的滨州市最西部，东与白龙湾、小开河灌区相邻；西与济南、德州市接壤；南起黄河，北以漳卫新河为界，与河北省海兴县隔河相望。地理坐标为东经 117°14′37″～117°58′44″，北纬 37°07′41″～38°14′57″，南北长 130km，东西平均宽 17km，总面积 2243km。灌区涉及惠民、阳信、无棣三县 26 个乡镇，控制土地面积 336.5 万亩，灌区设计灌溉面积 90 万亩。

2.2 信息化建设现状

簸箕李灌区信息化建设始于 2018 年，根据提升灌区供水、配水管理需要，结合灌区续建配套与节水改造工程开展灌区信息化建设。已完成的信息化建设内容包括：建设灌区信息调度中心多媒体会议室、安装水库引水一体化智能测流设施、安装渠首实时测水量水水文监测设施、购置水质、砂粒径颗分、含沙量等实验仪器。共建设了 19 处流量监测点，采用高精度霍尔浮子水位计计量水位；闸门远程控制 5 处，采用太阳能直驱技术实现 10～15t 闸门的远程自动控制和本地遥控；在沙河枢纽，安装闸门本地遥控 21 孔；实现 6 座水库水位监测；对簸箕李 19 处测流断面实现实时流量监测。

已完成的信息化建设容可以实现对孙武湖、幸福、仙鹤湖、月湖、三角洼水库 5 座水库进水闸的远程全自动控制，水库水位监测，大幅度提升水库调水的灵活度和计量的准确度，提高簸箕李灌区城镇供水的保证度。建成的信息调度中心实现重要取水口、测流站和数据采集点的信息采集与调度。

2.3 存在的问题与不足

一是由于灌区农业供需矛盾突出，灌区水资源虽然能勉强保证小麦春灌和水库用水，但存在上下游、工农业之间的用水不均问题，需要对有限的水资源在上下游和不同行业之间进行合理地分配。二是灌区渠线长，分水口多，现有的供水方式仍然遵循的是从上游到下游的传统配水方式，从而导致配水总时间过长、输水损失大等问题，渠系配水方式和供水顺序存在优化的潜力。三是目前渠道运行管理仍是凭经验开展调度，闸群优化调度和智慧决策建设尚未开展，如何结合水资源配置和渠系配水优化成果，实现科学的闸群联合调度，从而保障灌区不同用户之间的用水公平、提升渠道配水水平、提高闸门及灌区运行效率是灌区水资源调度实现智慧化的迫切需求。四是灌区信息化建设取得显著进展，但量测水设施布设不足、通信网络覆盖面不够、数字化与智慧化管理模型有待开发，业务管理软件系统有待提高完善，需要通过应用信息化、数字化、智慧化和自动化技术提高灌区水资源和工程设施的管理水平、供水服务水平，实现高效节水、精准管理、安全运行、节省管理用工、降低运行成本。

3　簸箕李数字孪生灌区建设思路与总体框架

3.1　数字孪生灌区建设思路

簸箕李引黄灌区隶属于滨州市引黄灌溉服务中心，被列入水利部数字孪生灌区先行先试试点，计划2023—2025年，用3年时间构建形成完整的立体感知体系、自动控制体系、支撑保障体系、数字孪生平台、业务应用平台、网络安全体系，形成有效的数字孪生灌区运维管理体系。数字孪生灌区建设的总体思路是：需求牵引，应用至上；统一规划，分步实施；统一整合，信息共享；统一平台，兼顾特点；统一标准，便于维护。在系统设计与建设上兼顾适用性、前瞻性、拓展性、先进性，以及需求的多元性、渐进性和复杂性，逐步建设成为具有预报、预警、预演、预案“四预”功能的现代化数字孪生灌区。

3.2　数字孪生灌区建设的总体框架

数字孪生灌区建设包括信息化基础设施、数字孪生平台、业务应用平台、网络安全体系、运行维护体系等。数字孪生灌区总体架构如图1所示。

图1　数字孪生灌区总体架构图

簸箕李灌区按照需求建设立体感知体系和自动控制系统；建设统一的数字孪生平台、业务应用平台、支撑保障体系、网络安全体系。总体框架为从物理灌区，信息化基础设施，数字孪生平台，业务应用平台和系统用户权限、功能等方面进行布局建设。

3.3　立体感知体系建设

3.3.1　水情监测

在已经建设完成并可以发挥作用的水情监测设施的基础上，按照对水源工程、引水工程、输配水渠道、排（退）水沟（渠）及其控制建筑物处水情进行全面监测的需求布设水情监测设施。

3.3.2　工情监测

按照对工程的运行信息、安全信息等要素进行全面监测的要求，拟采用视频融合系统开展工情监测。视频融合系统为利用摄像头视频信号的动态融合技术，完整、连续地监测和展示灌区骨干渠道的工情和水情实际场景，突破无法全面监控和展示骨干全渠道的限制。

3.3.3　农情监测

在灌区布设土壤墒情监测设备，结合利用无人机、卫星遥感信息技术实现对包括对种植结构、作物需耗水、灌溉面积、土壤墒情或田间水层、作物长势等要素的农情的监测。

3.3.4　气象监测

主要利用灌区内各县的气象监测站，对包括降雨量、温度、相对湿度、大气压强、风向风速和太阳辐射等要素的监测或数据共享，加强灌区灌溉试验站的气象数据监测能力建设。

3.4　自动控制系统建设

3.4.1　取水与输配水自动控制系统

利用自动化控制技术对支渠口以上的取（引）水、输配水、排（退）水系统涉及的水泵、水闸、阀门等进行自动控制，对于没有供电系统的控制设施利用太阳能闸门控制技术进行自动化控制。

闸门控制系统通过移动无线网络传输设备，从簸箕李信息管理平台获得闸门运行计划，闸门控制器现场环境和闸门运行计划，自动控制闸门启闭，将闸门运行的各类工况、运行参数传输到信息管理平台；测控一体化闸门是采用堰闸形式门体的具备测流能力的一体化闸门，其优势在于结构上具备操作灵活，安全，不易被杂物卡滞，一般无须动力电源，具备渠系闸群联动能力。

3.4.2　田间自动灌溉控制系统

田间灌溉自动控制系统建设将结合感知流量、土壤水分、农作物生长信息、气象信息等进行水、土环境因子监测信息，通过模型模拟优化灌溉制度，利用自动化控制技术控制地块上的灌水设备，实现田间自动灌溉，达到对作物按需灌溉的精准灌溉和节水节肥等目标。

3.5　数字孪生平台建设

3.5.1　数据底板

根据簸箕李灌区的实际情况建设数据底板，集成包括基础数据、监测数据、空间数据、业务数据、专题数据、共享数据的相关数据库。

基础数据库用于存储灌区组织机构及灌区内的河流、渠系、测站、水库、渠系建筑物、泵站等水利对象基础信息数据；监测数据库用于存储灌区对水文、水资源、水生态环境、水灾害、水利工程、水土保持等水利业务的实时监测数据；空间数据库对灌区基础地理数据、水利空间数据，按照灌区渠系、河流、水库、水闸、泵站、测站、农田等对象空间数据及空间关系进行整合；业务数据库按照灌区水资源配置与水量调度、防洪调度、水利工程管理、水利公众服务等主要业务工作对已建设业务系统数据进行整合，并进行补充完善建设；专题数据库针对灌区某一阶段或时期的重点工作或长期的中心工作，可以有针对性地制定专题数据库，实现跨业务部门的、以中心工作为核心的专题化表达；共享数据库除了补充建设相关的水文、水质、墒情的监测站，充分借助共享灌区管理单位以外其他单位或互联网数据，全面提升灌区透彻感知的能力。

3.5.2　模型库建设

为了实现水资源和输配水的精准高效管理，依据灌区实际工作经验，从作物需水-土壤水分运移开始，涵盖全过程-全要素水循环过程开发模型库，数字孪生灌区模型库建设内容包含：需水预测分析模型、供水预报分析模型、水资源优化配置模型、渠系输配水优化调度模型、渠道水力仿真模型、渠系自动化调度模型、灌区产汇流水文模型、灌区水旱灾害分析模型、大数据应用及效果分析评价模型。数字灌区模型平台组成图如图 2 所示。

3.5.3　知识库建设

灌区知识库建设内容包括：收集灌区工程风险隐患、隐患事故案例、事件处置案例、工程安全鉴定、工程运行管理经验、水资源配置经验、干旱与洪涝事件管理、专家经验、相关标准规范、技术文件等在内的知识库。利用

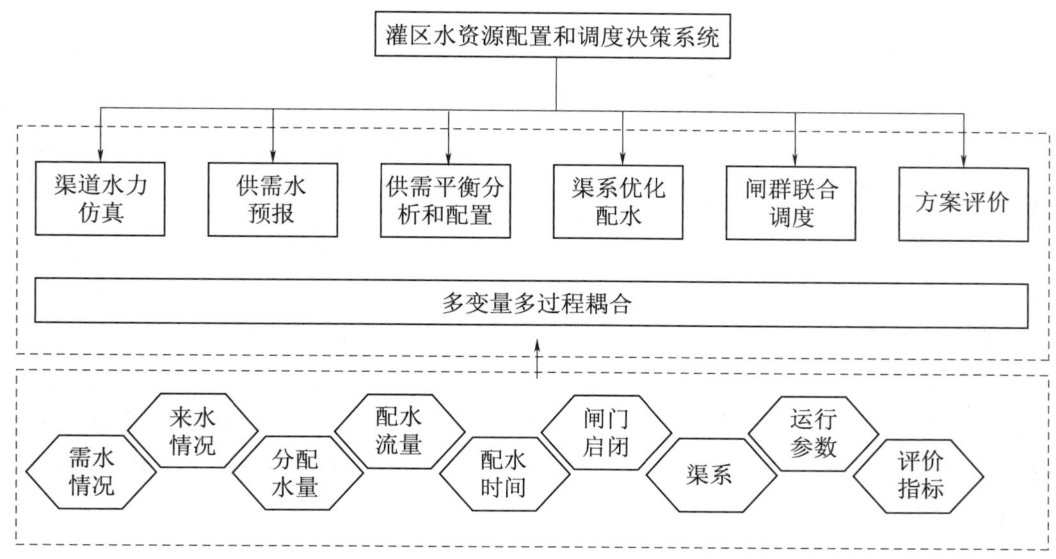

图 2　数字灌区模型平台组成图

知识图谱和机器学习等技术实现对灌区对象关联关系和规律等知识的抽取、管理和组合应用，为数字孪生灌区提供智能内核，支撑正向智能推理和反向溯因分析，主要包括水利知识和水利知识引擎。

3.6　业务应用平台建设

3.6.1　供需水感知与预报

供需水感知模块以数据底板为基础为簸箕李灌区提供水情感知数据的查询包括渠道流量、闸门过闸流量和开度、水库水位、建筑物工情、视频监控、作物种植结构、土壤墒情、作物耗需水等数据查询功能；供需水预报模块可提供降水预报、黄河来水预报、灌区可供水量预报，通过需水预报模型运算结果可提供灌区作物需水预报、水库需水预报。

3.6.2　水资源配置与供用水调度

模型库中水资源优化配置模型可为簸箕李灌区进行水资源供需平衡分析，为灌区农业用水、生活用水、工业用水、生态用水提供水资源的优化配置方案。

模型库中渠系调度模型可为簸箕李灌区提供不同配水方案情况下灌区各节制闸、分水闸的过闸流量和闸门开度的时间过程曲线。渠道水力仿真模型可为灌区提供不同配水方案在执行前的仿真模拟，实现调度方案的实时动态调整。对预演生成的众多方案进行影响评估并进行优化，确定最优预案。形成渠系、闸群和泵站等工程设施的运行调度预案。

3.6.3　水旱灾害防御

模型库中供需水预报模型可为灌区提供农田缺水及干旱预警、渠道和水库水位超安全水位预警。通过灌区水旱灾害分析模型可以分析预报水旱灾害范围和程度及应对策略，分析评估水旱灾害损失。灌区可根据实际情况提前做出灾害防御预案，实现抗旱和防汛智能调度。

3.6.4　工程管理

工程管理模块包括工程规划计划管理、工程建设过程管理、工程运行维护管理等子模块。工程规划计划管理子模块具有工程规划管理、工程计划管理、工程统计管理等功能；工程建设过程管理子模块具有对“设计、招标、监理、进度、施工、质量、资金、变更、合同、验收”等关键环节的管理、分析、应用等功能；工程运行维护管理子模块具有工程台账、工程监测、工程巡检、安全监测、工程维护等功能。

3.6.5　量水与水费计收

量水与水费计收模块可包括灌溉用水管理、城乡用水管理以及用水效果评估等子模块。灌溉用水管理子模块具有灌溉用水计量、水费计收、智能报表、水质监测预警等功能；城乡用水管理子模块具有城乡用水计量、水费收缴、水质监测预警等功能；用水效果评估子模块宜具有用水效率评价和用水效益评价等功能。

3.6.6　水公共服务

水公共服务模块可包括办公 OA、移动应用等子模块。办公 OA 子模块具有公文管理、公文流转、车辆管理、固定资产管理、会议管理等功能；移动应用可包括移动 App、微信公众号等。

3.6.7　灌区一张图管理

灌区一张图模块具有基于二、三维电子地图对工程基本信息、监测信息、巡检信息，配水调度、水量计量、水费计收、水旱灾害防御等信息管理功能，详细论述各模块采取的技术方案及具体功能。可查询地理信息、工程信息、感知信息，完成各个业务功能，如需水分析、来水分析、渠系水流衍进、渠系配水调度、渠系输水状况查询、灌区效果评价等智慧灌区的业务功能。

3.7　支撑保障体系建设

3.7.1　应用支撑平台

应用支撑平台包括地理信息、数据库等基础软件以及物联网平台等。灌区地理信息采用三维地球 GIS 引擎，通过二、三维动态展示灌区渠系模型数据。数据库采用关系型数据库 SQLServer，系统数据库管理软件支持多用户并发访问，提供T级数据的存储空间，支持数据冗余备份等功能。建设支持多网络多协议接入的物联网平台，提供从设备接入数据推送全流程能力。

3.7.2 通信网络

通信网络建设包括测站与分中心（或中心）、分中心与中心之间的通信网络。灌区专用光纤网络的数据，在各个管理科管理范围内数据向管理科汇集，进入管理科内网后通过管理科的路由器经过互联网向滨州市引黄灌溉服务中心的信息中心汇集。

3.7.3 计算存储

计算存储包括基础计算与存储等计算资源与环境。灌区建立统一编码、高效属性识别的数据库，灌区数据库设计与开发应符合SL/T 213、SL/T 809相关规定。计算存储根据灌区场景需求配备包括地理信息系统服务器、应用数据存储服务器和业务应用系统服务器3套计算资源与环境。

3.7.4 调度中心

调度中心包括会商中心（包括视频会商系统）、数据机房、安全设施等。滨州引黄灌溉服务中心的信息中心机房，布置了各类服务器，网络接入设备等，需进行网络等保建设。

3.8 网络安全体系建设

网络安全体系的建设内容包括组织管理、安全技术、安全运营、监督检查、数据安全等。组织管理包括网络安全管理、供应链安全管理等方面；安全技术包括网络安全等级保护、网络安全监测预警能力、网络安全应急决策处理能力等方面；安全运营主要考虑用户应用操作时确保用户的合法性，通过统一用户及授权、系统监控实现；监督检查包括系统安全检测评估、网络安全监督检查等方面；数据安全包括数据分类分级、密码技术、数据交换共享过程安全、数据备份等方面。

4 数字孪生灌区建设的思考与建议

（1）按照要实现的目标开展好顶层设计，在灌区信息化建设基础上，充分利用智慧水利建设现有成果，强化信息感知、资源共享、决策支持、泛在服务等体系构建，提高灌区“四预”能力，动态优化灌区水资源调度，充分发挥灌区综合效益。

（2）数字孪生灌区建设和应用需要较长时间，要坚持需求牵引应用至上分步实施，做到先进实用，解决水资源优化配置和精准管理及高效利用中的问题，提高管理效率，降低管理成本。

（3）工程设施改造与现代化管理技术应用相结合，学习国外先进理念和技术，把工程设施改造与数字化管理技术相结合，硬件建设与软件建设相结合，提高投资效益，加快目标实现。

（4）水利专业与信息化专业相结合，建设过程中坚持把水利专用技术与计算机和信息化、自动化专业技术相结合，做到系统建设符合应用实际需求，解决灌区管理中的专业技术问题。

（5）自主管理与委托专业化管理相结合，坚持把灌区自主管理与专业化的运维管理相结合，做到系统建得好、管得好、用得了、节成本、长受益。

5　结论

针对簸箕李灌区在水资源科学调配、渠系配水优化等方面存在的问题，本文以实现灌区水资源配置、水旱灾害防御智慧化和现代化管理为目标，初步提出了簸箕李数字孪生灌区的建设思路与总体框架，按照需求牵引、应用至上的原则，初步探索了簸箕李灌区的立体感知体系、自动控制系统、数字孪生平台、业务应用平台、支撑保障体系、网络安全体系的建设框架，提出了可行性的意见和建议。

参考文献

[1]　李敏，郭英武，张宏图. 陆浑灌区信息化系统设计与实现 [J]. 河南水利与南水北调，2021，50（9）：93－94.

[2]　崔静. 智能灌区信息化解决方案 [J]. 新疆农机化，2019（5）：30－32.

[3]　边晓南，张雨，张洪亮，等. 基于数字孪生技术的德州市水资源应用前景研究 [J]. 水利水电技术（中英文），2022，53（6）：79－90.

[4]　马宏伟. 数字孪生技术在水库大坝及灌区信息化建设中的应用 [J]. 现代工业经济和信息化，2023，13（1）：163－165.

[5]　尹红. 铁力市北关灌区数字孪生灌区先行先试建设研究 [J]. 东北水利水电，2023，41（6）：65－67.

[6]　TIAN Y，XU Y P，YANG Z，et al. Integration of a Parsimonious Hydrological Model with Recurrent Neural Networks for Improved Streamflow Forecasting [J]. Water，2018，10（11）：49－63.

[7]　郑习武. 大数据时代灌区信息化管理系统开发与应用 [J]. 灌溉排水学报，2021，40（9）：160.

[8]　姜明梁，邓忠. 我国灌区信息化建设现状与发展对策 [J]. 中国农村水利水电，2019（10）：132－133，138.

浅谈河套灌区水利工程现代化与精细化管理取得的成效

董　枝

内蒙古河套灌区水利发展中心总干渠分中心

1　导言

河套灌区位于黄河“几”字弯最北端，是全国最大的一首制自流引水灌区，也是中国最古老的超大型千万亩灌区之一，被中国气象局认证为“黄金农业种植带”，2019 年入选世界灌溉工程遗产名录。河套灌区作为国家重要的粮油生产基地，对社会经济发展和国家粮食安全具有十分重要的作用。而水利工程是兴水利、除水害、保安全的重要物质基础，是国民经济基础设施的重要组成部分，保障水利工程安全关乎人民群众基本利益、关乎经济社会高质量发展。河套灌区沟渠纵横，从 20 世纪 90 年代开始，国家对灌区水利工程建设投资加大，重大水利工程建设近年更是加快推进，取得了显著成效，基本建成较为完善的防洪、灌排等水利基础设施体系，有力支撑了岁稔年丰、百姓安居、经济发展。目前，灌区水利工程安全水平较高，但与高质量发展的要求相比，与落实总体国家安全观的要求相比，还存在短板和薄弱环节。灌区水利工程管理亟须进一步提档升级，灌区的统筹发展和安全，需要更加注重工程管理的质量和效益，依托水利工程提供更加丰富和优质的产品与服务，更好满足人民群众日益增长的涉水需求。加快构建现代化灌区运行管理矩阵，全面提升灌区运行管理精准化、信息化、现代化水平。

2　灌区水利工程现代化与精细化管理的意义

随着经济社会和科学技术的进步与发展，灌区水利工程传统的管理理念和方式已不适用于新发展阶段对水利工作的要求，影响了灌区水利工程效益的发挥与可靠性，因此必须建立起更加现代化和精细化的管理体系。在灌区水利工程现代化管理中，涉及的内容比较多，相对较为复杂，如人员管理、设备管理等，采用合理的管理对策，不但能够保证灌区水利工程建设工作的有序进行，也能挖掘各级人员工作潜力，优化灌区水利工程管理效率。因此要引进现代化管理思想，加强现代化管理体系建设，优化管理内容，提高管理人员职责意识，真正做到灌区水利工程动态化管理，提高灌区水利工程管理水平。在灌区水利工程管理中，精细化管理就是把管理内容和环节进行细化，对各个细节进行综合管理，保证每个环节都能接受高效化管理。通过采用精细化管理模式，可以提高灌区水利工程管理水平，保证管理效果。灌区水利工程精细化管理应做好两项工作：①根据相关标准，认真筹划水利工程管理内容，根据工程具体情况，实施分类管理，从而科学把控水利工程管理要点和环节，保证工程质量；②从细节入手，加强资金投放，节约水利工程管理成本，提高资源使用率。

3　灌区水利工程现代化与精细化管理取得的成效

3.1　加快了灌区水利工程内部管理体制改革力度

随着经济高速发展，国家对灌区水利工程建设的投资力度逐年加大，灌区水利工程管理的意义重大。同时，灌区对水利工程精细化管理的不足，重建不重管现象时有发生，致使水利资金投入没有发挥应有的作用。因此，灌区水行政主管部门和内蒙古河套灌区水利发展中心及其分中心为了实现灌区水利工程现代化与精细化管理目标，建立健全了水利工程建设管理制度，调整了相关机构设置及职责，与时俱进，推动了智慧水利事业的快速发展；建立健全了水利工程建设现代化管理体系，在标准化管理的基础上全方位实现水利工程建设精细化管理，加速推动了灌区水利工程内部管理体制改革力度。

3.2　促使灌区水利工作者树立了现代化、精细化管理意识

水利工程现代化、精细化管理是灌区水利事业发展的必然要求，是提高灌区水利工程管理水平和效益的关键。灌区各级水利部门充分认识到现代化、精细化管理的重要性，明确了灌区水利工程管理目标，建立了一套科学、规范、高效的管理制度和运行机制，灌区水利工程实现了全过程、全方位、全要素的现代化、精细化管理，促使灌区水利工作者树立了现代化、精细化管理意识，有效提高灌区水利工程管理水平，确保了灌区工程效益充分发挥。

3.3　促进了灌区水利工程建设管理人才培训工作

水利工程建设精细化和现代化管理，需要专业的管理人才，在灌区水利工程建设管理过程中，始终把培养人才和引进人才相结合，内外兼修，不仅

夯实了灌区水利工程建设管理工作的精细化和现代化管理基础，从而也促进了灌区水利工程建设管理人才培训工作，加强了管理人员的新理论、新技术、新工艺、新设备和智慧水利的技术培训，不断地更新科学技术理论知识，打造了一支高素质、高水平、高效益的精英团队，充分调动发挥团队的积极能动性，以此提升灌区水利工程建设精细化管理水平。灌区通过优秀管理队伍的建设，推动水利工程实现现代化、精细化管理，充分发挥工程效益。

3.4 推进了灌区智慧水利管理技术的应用

随着新时代科学技术飞速发展，大数据信息技术的推广普及，人工智能化高新技术在水利工程建设中也得到了广泛应用。灌区水利工程建设在精细化和现代化管理过程中，应用智慧水利管理技术，充分利用调配水资源和发挥水利工程效益，感知和探测各生产要素节点，收集、整理、分析关键点信息，并进行数据处理，帮助灌区决策管理者作出最佳决策，为水利建设管理提供指导意见。例如，灌区利用智能算法对水库和干支渠的水位进行实时调整，以适应不同的降雨情况和用水量需求；利用信息化技术平台对灌区全方位进行监测调控。现在智慧水利是灌区水利工程建设管理现代化的重要标志，它集水资源配置、防洪抗旱减灾调度、水土保持、水环境保护与水利工程建设管理于一体，形成了较为完善的信息化管理体系。灌区实施水利工程现代化与精细化管理，推进了灌区智慧水利管理技术的应用，更好地提高了水利工程建设管理的社会效益和经济效益。

3.5 加强了灌区水利工程建设管理参建各方有效协作

水利工程建设管理工作关系到建设、设计、监理、施工、运管、地方等多方利益，要把水利工程建设现代化和精细化管理落到实处，需要参建各方的协调和沟通。及时了解参建各方工作进展情况，掌握工程实施过程中的进度、质量、安全、投资完成等情况，针对发现的具体问题，及时准确地协调参建各方处理问题，明确处理方案方法、明确职责权限、明确解决问题时限，奖惩分明，确保工程顺利实施。在水利工程建设管理过程中，为实现现代化、精细化管理目标，从而也加强了灌区水利工程建设管理参建各方有效协作。

3.6 完善了灌区水利工程管理机制

科学完善的水利工程管理体系是确保水利工程顺利运行的关键因素。为了建立完善的管理体系，要对管理工作中存在问题的客观原因进行深入分析，以便真正体现现代化、精细化管理的理念。在灌区水利工程建设管理工作中，全面实施现代化和精细化管理，必须不断完善管理机制：①加强对工程建设的组织管理，加强参建各方沟通、协作工作，充分调动全员积极性和主观能动性，建立健全工程建设管理工作的各项规章制度，做到事事有法可依，杜绝工作中互相推诿、扯皮现象发生，确保水利工程建设顺利进行；②加强工程项目部日常管理，制定完善工程质量和安全事故应急措施，明确职责，奖罚分明；③加强建管一体化建设，三分建七分管，适时组建工程管理机构，依据精简、高效、实用原则，优化工程管理机构，避免建管分离、重建不重管现象发生，确保水利工程实施后发挥其经济效益；④建立完善运行管理体系，建立健全工程运行管理规章制度，把岗位职责层层分解到科室和个人，做好工程防护预案，发现问题并及时解决问题。

4　结束语

总之，水利工程管理现代化和精细化是当前水利行业发展的必然趋势。未来需要进一步加强河套灌区水利工程管理现代化建设，实现从传统管理模式向现代管理模式的转变；同时也需要在信息化建设、智能化管理、精细化运营等方面加强探索和实践，不断提高灌区水利工程管理的水平和效率。只有这样，才能更好地保障当地人民生命财产安全，促进水资源的可持续利用，推动灌区水利事业的转型升级。

参考文献

[1]　宋亮亮，张劲松，杜建波，等．基于云模型的水利工程运行安全韧性评价［J］．水资源保护，2023，39（2）：208－214．

[2]　高丽莎，高程程，汪涛．基于精细化河网水动力模型的长宁区除涝能力评估［J］．水资源保护，2021，37（5）：62－67．

[3]　张劲松．擘画新规划启航新征程奋力谱写新时代水利工程运行管理工作新篇章［J］．江苏水利，2021（增刊1）：5－9．

大型灌排泵站智能化改造探索与实践

匡　正　朱　宁　袁志波

江苏省江都水利工程管理处

1　引言

近年来，水利部印发了《加快推进智慧水利的指导意见》和《智慧水利总体方案》，明确提出要按照“需求牵引、应用至上、数字赋能、提升能力”的总要求，加快构建具有预报、预警、预演、预案功能的智慧水利体系。2023年，江苏省水利厅印发《关于推进厅属管理单位高质量发展建设方案》的通知，要求水管单位加强智慧赋能科技驱动，立足实际和需求、着眼智慧水利现代化目标，按照“需求牵引、急用先行，整体布局、体系设计，集成聚合、互联共享，立足自我、逐次推进”原则，科学编制智慧水利建设方案并积极探索应用。

江都四站是江都水利枢纽规模最大的单座泵站工程。泵站安装有7台ZLQ30－7.8型大型立式液压全调节轴流泵，叶轮直径2.9m，设计单机流量30m^3/s，设计扬程7.8m，配套为TL3400－40型3400kW同步电动机，总抽水能力210m^3/s。1999年4月水利部“94・8”项目之一的“大型泵站监控关键技术改造”在江都四站获得实施，也是全国第一座实现自动控制的大型泵站。近年来，江都四站坚持以先进技术应用推动管理的精细化发展，在自动监控、优化调度、智能告警、移动巡检等方面进行了积极探索实践，为泵站智能化建设积累了一定的经验，奠定了良好的基础。新时代水利现代化的背景下，借助云计算、大数据、物联网、移动互联、人工智能、数字孪生、可视化等先进技术，对江都四站进行智能化升级改造，研发泵站智能巡检、故障诊断、自动观测、在线监测等功能，构建实用安全、可靠先进的智能化体系，全面提高了泵站工程运行的安全性和高效性，着力把江都四站打造成“智能泵站”的示范工程。

2　当前泵站智能化建设的短板和弱项

在智能化建设方面，国内许多水电站建设了很多试点和典型案例，采用了先进的传感技术、自动控制系统以及人工智能等技术手段，应用三维可视化与仿真技术，建设水电站智能一体化平台，开展机器人巡检及智能预警，研究水电站状态检修、网络信息安全、调控一体化，实现了智能监测、数据分析与预测、自动控制、远程监控与管理等。电力行业也运用了先进的信息技术、控制技术、通信技术，建设智能化调度和控制系统，实现智能化监测和预警，减少设备故障和维护成本，提高运维效率和可靠性。

目前水利行业大部分泵站还主要依靠现场管理人员的经验和管理技术要求进行运行管理，现场人员巡查、养护和检修的劳动强度较大。泵站机组运行的效率和安全运行水平还有很大的提升空间。大多数泵站智能化建设的短板主要体现在以下几个方面。

（1）主机泵、主变压器、高低压电气设备、辅机及自控系统等未按照单元进行划分，前端设备智能化程度不高。

（2）泵站主机泵、高低压电气设备、辅机系统等设备状态监测感知不全面，电气监测和机械监测量不足，缺少声音、振动、脉动压力、流量、摆度等监测。

（3）泵站基础数据、运行数据、监测数据和管理数据未进行统一数据汇聚、梳理、分析和服务。

（4）泵站智能控制（一键顺控）、健康评价、优化调度、自动调整、自动跟踪和能源原理等模型研究不深，还主要依赖运行人员的经验来判断设备安全状态。

（5）泵站技术管理的知识还沉淀在手册和经验中，人机交互功能缺乏全面性和便捷性，对动态告警、故障预测的研究应用较少。

3　智能化改造技术路线

为实现“一键顺控”“自主运行”“无人值班”“少人值守”的智能化改造目标，江都四站优化网络分区、系统分层布局，将工程划分为110kV、6kV、主机泵、400V和辅机系统等多个单元，对各单元进行一体化设计和系统化集成，每个系统对本单元的所有设备进行全要素监测、全流程控制，实现数据共享和远程监控。试点应用国产化软件，对自动化系统升级更新，具有对泵站主机组、辅机、变配电设备等运行数据的采集、数据处理、数据存储、监视与报警、控制与调节、人机交互、系统自诊断与自恢复等功能。

设计总体框架由基础设施智能化改造、智能服务平台建设及智能业务系统运用 3 个部分组成。系统的功能架构如图 1 所示。

（1）基础设施智能化改造包括：增加主变、GIS 组合电器设备、主机泵、水工建筑物等监测系统，对 6kV 开关柜、0.4kV 开关柜、现场动力柜进行智能化升级改造，对自动化系统进行国产化升级改造，增加视频智能识别系统、扩容计算存储资源。

（2）智能服务平台包括：开展建设数字底板、数据引擎、模型库、知识库和可视化平台的建设。

（3）智能业务系统包括：在智能服务平台提供的数据、模型、知识的基础上，开发应用智能控制、健康评价、经济运行与优化调度和可视化展示等智能业务系统。

4 智能化改造具体内容

4.1 泵站基础设施智能化改造

1. 6kV 开关柜改造

对江都四站进线柜、消弧消谐柜、主机高压开关柜、站变高压柜进行智能化改造。采用集成智能断路器，集成保护、控制、电量测量、测温、行程传感器、带电显示、指示灯、分合闸按键等。智能断路器具备电动手车，电动地刀，电动接地刀闸位置的双视频监视，在线监测触头、母线和电缆温度，增设局放保护，电气特性和绝缘在线监测等功能。同时具备柔性分合闸、在线监测与诊断、多种通信结构和通信规约等智能化功能。功能器件数量减少 80％以上，柜内、柜外电缆大大减少，安全性和可靠性进一步提升。集成智能中压断路器性能如图 2 所示。多功能前置器实时显示测量、控制、保护、视频信息如图 3 所示。

2. 400V 开关柜改造

低压开关柜均采用智能化断路器、自动转换开关，具有遥控、遥测、遥信、遥调和网络通信等功能。一体机管理平台可以实现电能质量监测，能效管理（电能计量及统计分析），生命周期管理，事件报警等。采用 PC 级自动转换开关，200ms 内实现备用电源和站用电源切换；当触头和母排温度异常时推送告警，结合温度、电流策略，诊断分析异常原因并给出运维指导。智能低压设备应用情况如图 4 所示。低压系统监测界面如图 5 所示。

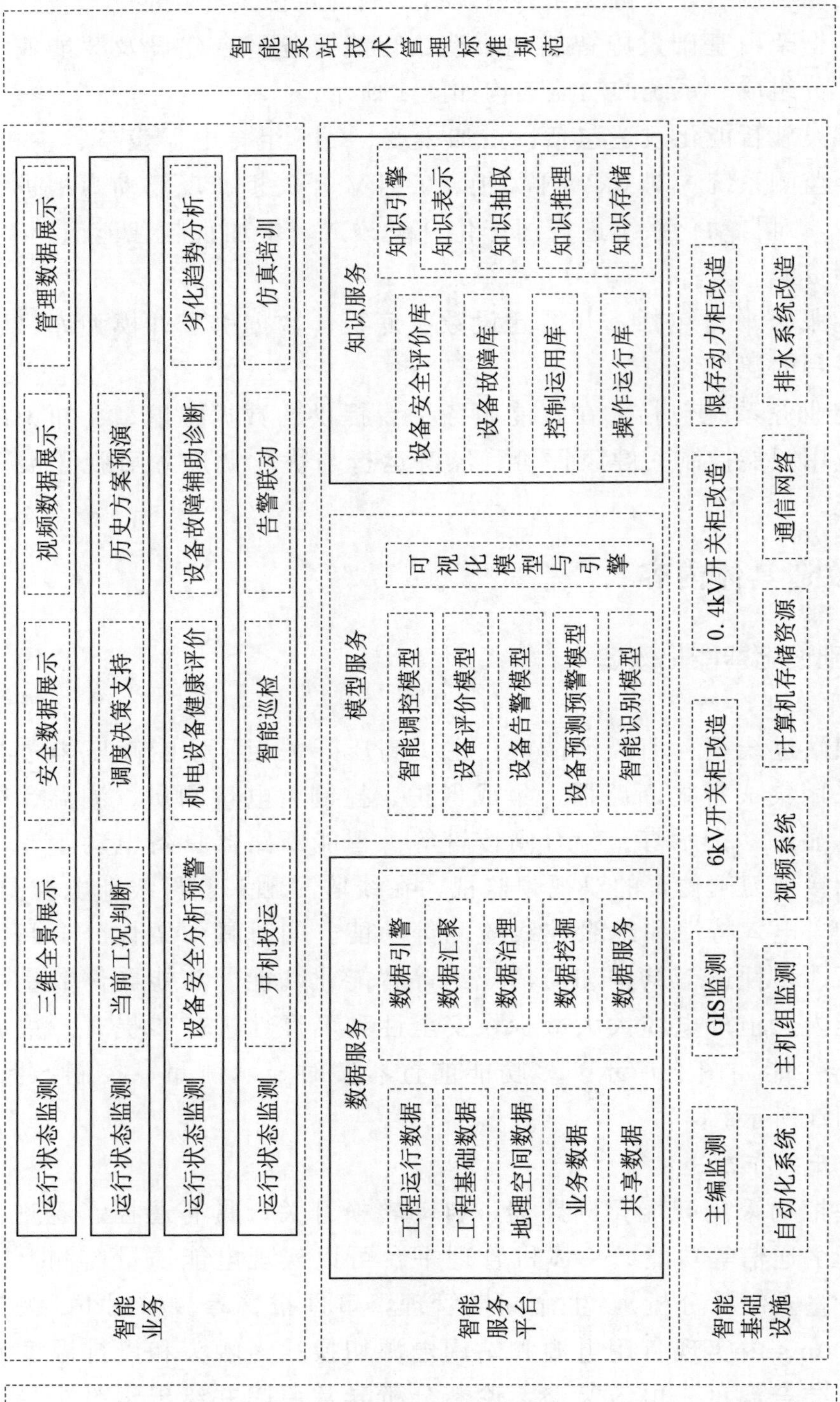

信息化和网络安全标准规范

智能业务

运行状态监测 | 三维全景展示 | 安全数据展示 | 视频数据展示 | 管理数据展示

运行状态监测 | 当前工况判断 | 调度决策支持 | 历史方案预演

运行状态监测 | 设备安全分析预警 | 机电设备健康评价 | 设备故障辅助诊断 | 劣化趋势分析

运行状态监测 | 开机投运 | 智能巡检 | 告警联动 | 仿真培训

智能服务平台

数据服务：工程运行数据、工程基础数据、地理空间数据、业务数据、共享数据；数据引擎：数据汇聚、数据治理、数据挖掘、数据服务

模型服务：智能调控模型、设备评价模型、设备告警模型、设备预测预警模型、智能识别模型；可视化模型与引擎

知识服务：设备安全评价库、设备故障库、控制运用库、操作运行库；知识引擎：知识表示、知识抽取、知识推理、知识存储

智能基础设施

主编监测 | GIS监测 | 6kV开关柜改造 | 0. 4kV开关柜改造 | 限存动力柜改造

自动化系统 | 主机组监测 | 视频系统 | 计算机存储资源 | 通信网络 | 排水系统改造

智能泵站技术管理标准规范

图 1 江都四站智能化改造系统架构图

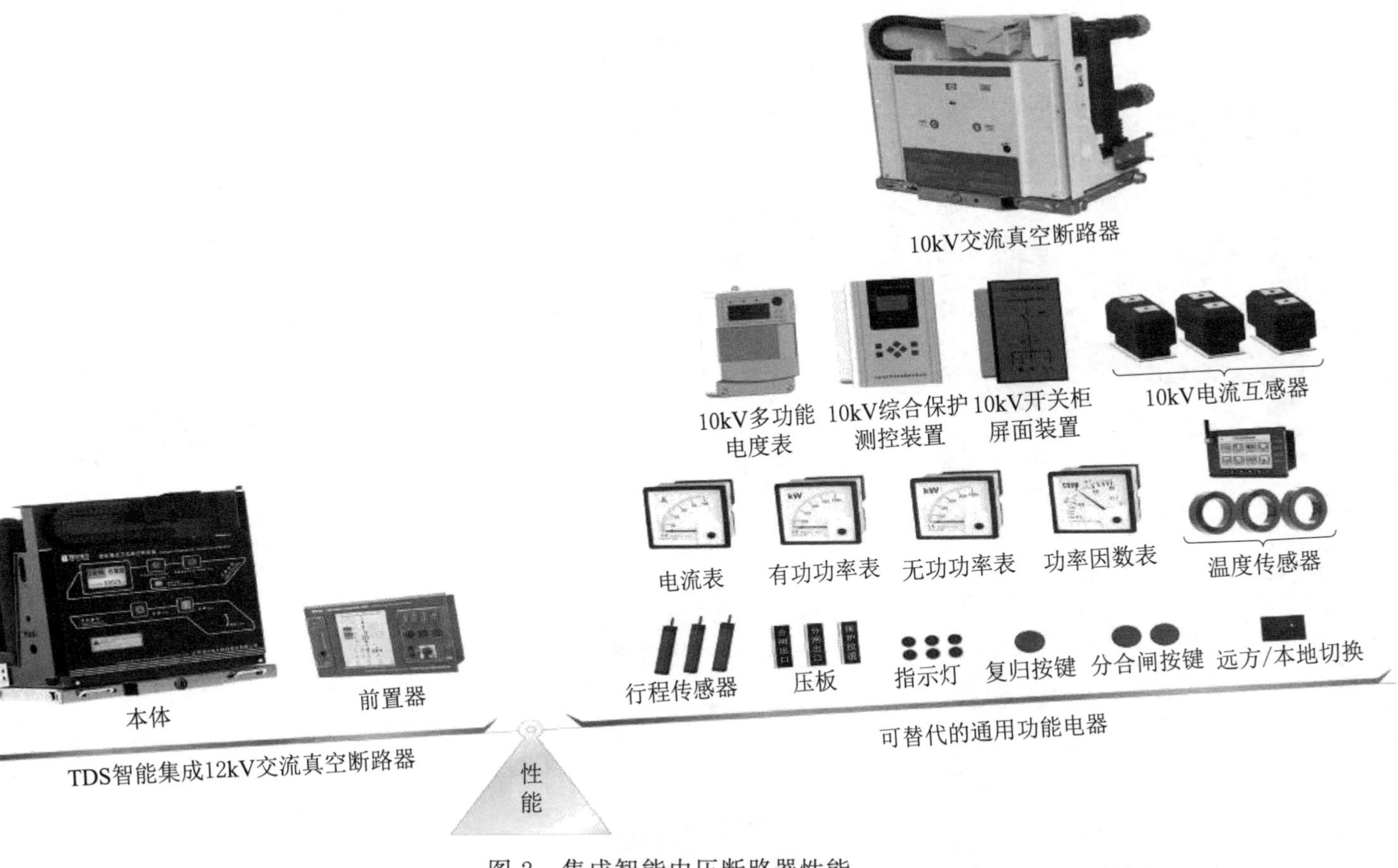

图 2 集成智能中压断路器性能

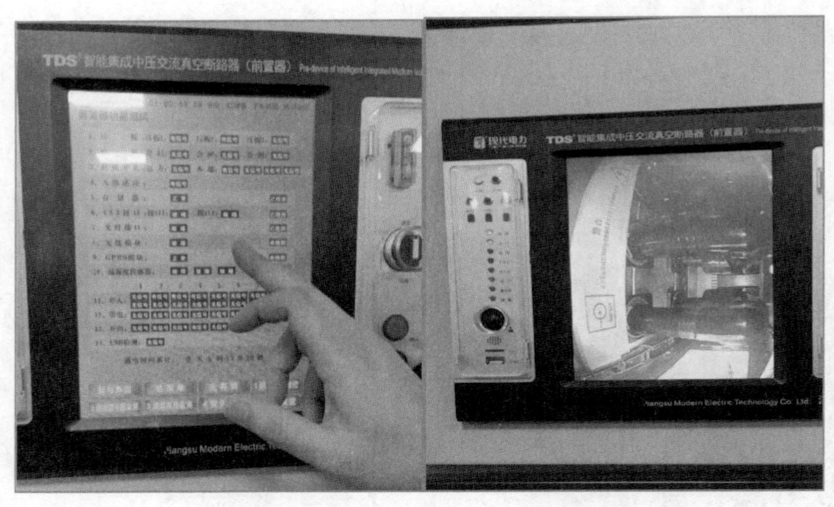

图 3　多功能前置器实时显示测量、控制、保护、视频信息

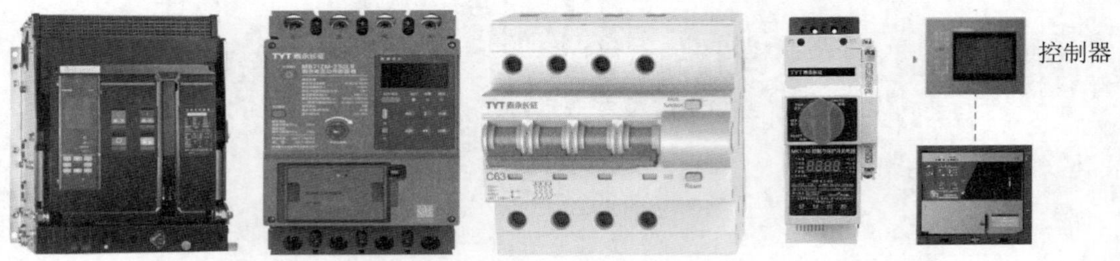

图 4　智能框架断路器、智能塑壳断路器、智能微型断路器、智能控制保护开关、智能双电源

图 5　低压系统监测界面示意图

3. GIS 组合电器设备与主变监测

加装主变压器综合在线监测装置传感器，可以进行实现振动、局放、铁芯接地、光纤测温等监测，进行数据采集传输及数据分析，实现变压器就地

数字化、智能化监控。变压器监测主界面如图 6 所示。

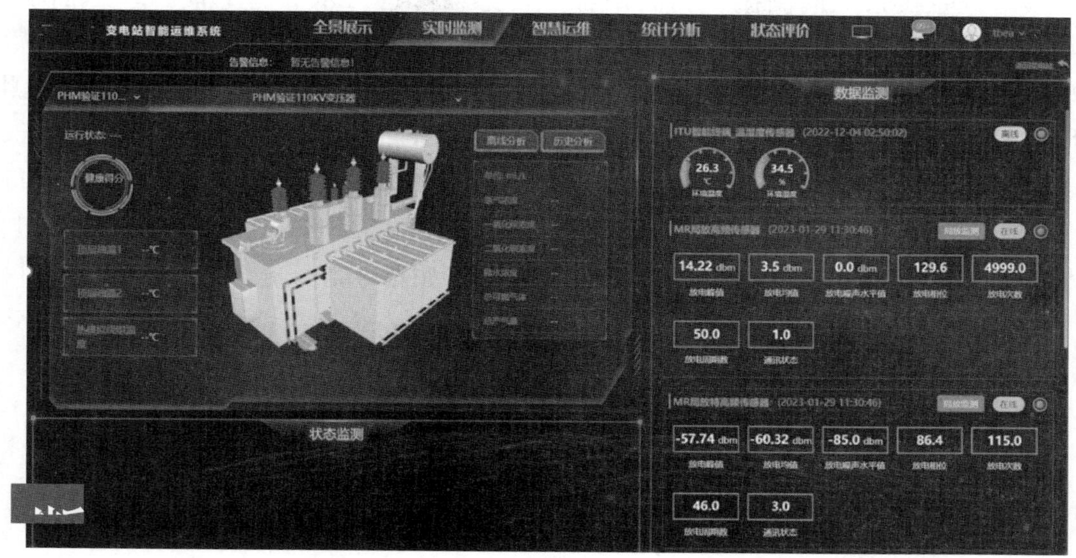

图 6　变压器监测主界面

进行 GIS 组合电气设备智能化改造，加装局部放电监测、SF_6 气体微水密度监测。开发应用高压监测健康管理软件，对故障位置进行判别和定位，应用四色报警机制预测数据变化，提前预知故障扩大。GIS 四色报警图如图 7 所示。

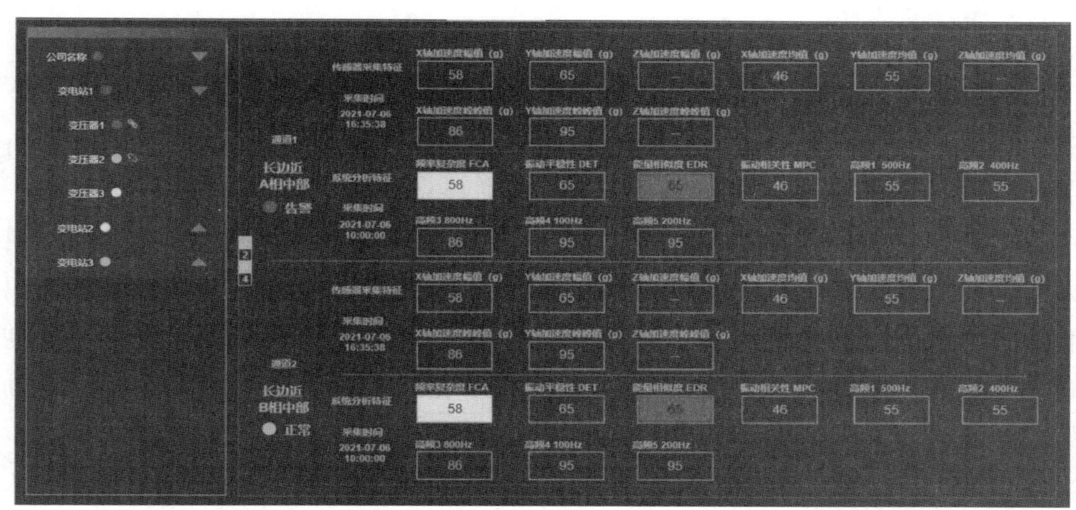

图 7　GIS 四色报警图

4. 主机组监测与故障诊断

增设主机泵三向测振、测温四合一传感器，进行水导、下油缸、上油缸、叶调机构振动监测。运用主机组故障预测和健康管理平台，实现设备信息管理、备件综合管理、效能指标管理、自主保修管理、计划维保管理以及预测性维护管理等。管理平台具备时域分析、频域分析、幅值域分析、阶次分析、声学分析、模态分析等多种分析功能，可以进行预测性维护、统计机组运行可能出现的各种故障，针对各种故障状态，研究故障形成机理，确定故障判断依据，提出检修建议。主机泵振动监测界面如图 8 所示。

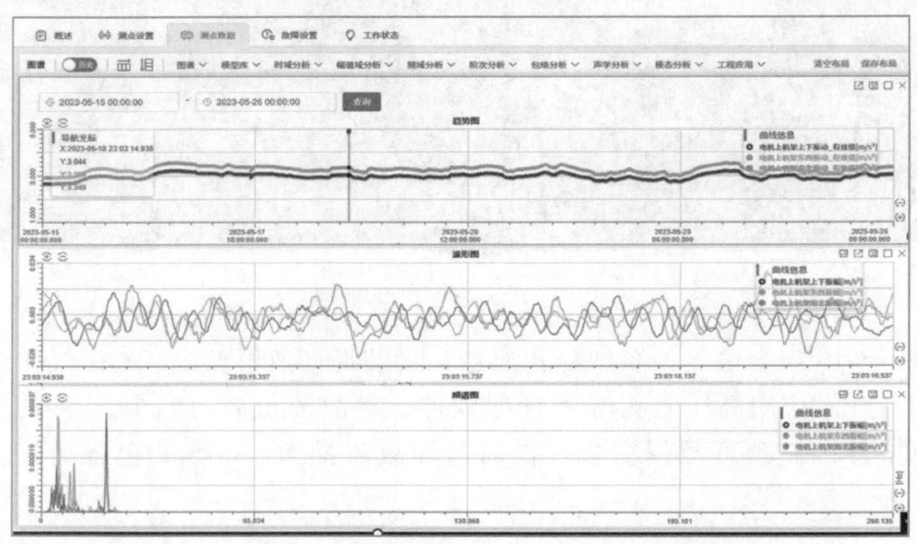

图 8　主机泵振动监测界面示意图

5. 安全监测体系建设

应用测量机器人对垂直位移及水平位移的观测点进行自动目标识别、自动目标跟踪、自动照准、自动测角与测距、自动记录等；实现高精度测量，自动完成三维空间绝对坐标的测算等。侧岸绕渗采用渗压计进行自动观测，采用三层套管式测压管，将内部测压管、过滤层、反滤料设计为整体可拔出的结构，当测压管发生堵塞时，将测压管主体结构直接拔出清洗或更换，彻底改变传统测压管易堵塞、难清洗的弊端。结构缝测量采用测缝计进行自动观测。河床断面采用无人船自动监测。

建设工程安全监测平台，包括人工监测和自动监测业务数据库，接入人工监测历史数据、自动设备监测数据，可进行精密监测数据的录入采集以及展示。精密监测主界面如图 9 所示。

图 9　精密监测主界面示意图

4.2　智能服务平台建设

1. 系统架构

建设数字底板，开发水工建筑物及机电设备的 BIM 模型，河道 DEM、DOM、三维倾斜摄影模型，在信息化管理平台上可视化呈现。开发数据引擎，实现数据标准、数据模型、元数据、主数据、数据质量、数据安全、数据价值以及数据共享的管理，为提升工程建设及运行管理数字化水平奠定基础。三维全景监控如图 10 所示。

图 10　三维全景监控

2. 模型库建设

建设经济运行调控和工程安全评价模型，接入实时数据，根据设定的优化目标生成对应的调度决策方案，给出分析结果。建设设备健康评价模型，对设备出现的状况提早进行预测，综合研判设备状态变化趋势，预测维护周期，做好预检准备。建立设备动态告警模型，结合阈值分析结果，形成越限告警、趋势告警、综合告警等不同逻辑组合方式的判定标准，通过对状态判断、关系判断、抖动过滤、延时判断等评判功能应用进行组合，设置多种告警源、多种评判方式的评判规则。

3. 知识库建设

建立设备安全健康评价清单库，明确评价设备对象，评价参数、评价指标、评价方法等；对接江都四站设备安全健康评价模型，共享设备全生命周期管理数据，通过专家经验及检查监测数据形成设备健康状态安全评价阈值，划分安全性指标等级，明确安全预警范围和预警方式，形成设备健康安全评价知识库。

4.3　智能业务应用开发

1. 经济运行与优化调度

建设长江潮位预测模型和优化运行模型，进行样本处理、算法选择、数理建模和模型精度分析。系统根据调水量、上下游水位、工程运行效率曲线等，自动确定不同工况下的最佳工作状态，降低能耗，实现工程的经济运行。此次经济运行与优化调度的开发创新性地引入了数据清洗加工、数据告警和数据修正等功能模块，有效提高了基础数据的质量控制水平。优化调度系统图如图 11 所示。

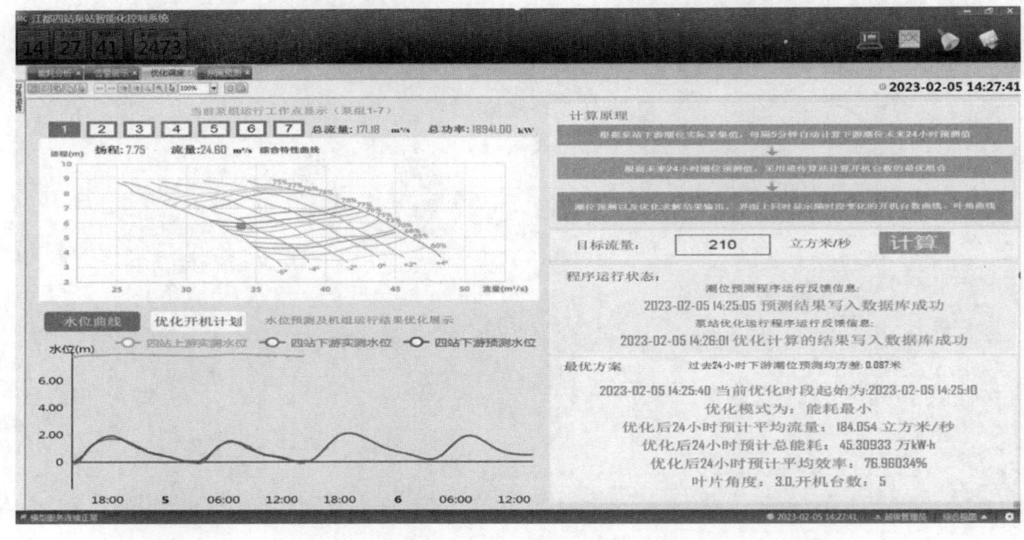

图 11　优化调度系统图

2. 设备安全健康管理

建设江都四站智能四色告警系统、故障诊断系统、设备安全分析预警、设备健康评价系统等，确保运行管理人员全面掌握机电设备的安全运行状态，为设备检修维护提供辅助决策。

5　智能化改造的创新点和先进性

通过对江都四站的智能化改造，与先前的传统泵站的先进性主要体现在以下几个方面。

（1）实现单元化设计全要素智能感知：采用数字化、网络化、智能化的智能设备和传感器，实现各系统的自感知、自控制、自保护、自诊断、自恢复、自交互等功能。

（2）实现集成自主化智能运行：建立各类模型，积极应用自动控制（一键顺控），实现优化运行、自动调整、自动跟踪等。

（3）实现设备全寿命智能监控：形成一体化、闭环化运维系统，实现设备闭环控制、数据的闭环处理、运维的闭环管理等功能。根据不同工况下各单元机电设备的实际运行数据，动态调整各运行参数的蓝色、黄色、橙色、红色四级告警的上下限值，实现设备状态的趋势预测、分级告警和健康评价。

（4）实现闭环化运维智能管理：搭建实时化、可视化、人性化交互平台，通过三维模型实时显示泵站运行的全过程、全要素信息，实现泵站设备信息的可视化、操作过程的可视化、设备状态的可视化、人机交互的可视化等功能。具体的功能对比如图 12 所示。

6　结语

江都四站智能化改造项目的实施为泵站运行管理提供了有力的信息技术支撑，基本能实现模式的优化、安全的提升、管理的便捷、工作强度的降低、运管模式的变化、运行效率的提升、成本的下降等。后续将做好以下几个方面探索与研究。

（1）不断总结、归纳、提炼智能化改造的成功经验，明确智能泵站建设的原则、技术目标、体系结构以及基础条件，规划智能泵站建设的业务管理、数据管理、网络安全防御、新技术应用等，力争形成一套智能泵站建设技术导则或标准。

（2）持续完善全要素监测体系，开展监测数据智能化分析，建设各设备故障库和动态化四色告警等。在主机组水下部件监测和辅机系统的智能调配

序号	对比内容	传统泵站	智能泵站
1	全面数字化感知	感知不全面，只有部分生产过程感知，无管理过程感知	实现对泵站生产全过程和管理各环节的监测与多种模式信息感知，实现泵站全寿命周期的信息采集与存储，从空间和时间两个维度，为泵站的生产运行与管理决策提供全面丰富的数字化信息资源
2	精准可靠控制运行	各类设备完全受控于一个系统	通过标准化的通信协议，实现泵站中设备与设备、设备与系统、系统与系统的交互，实现不同设备、系统间相互协同工作
3	可视化	自动化监控有部分系统图	通过可视化工程与设备建模，全面展示泵站运行数据、运行过程、“四预”成果，实现泵站的全面可视化
4	人机交互	运行管理人员只能接受少量固定展示的数据和系统图，无法进行问答等人机互动	高效的人机互动能力。支持可视化、消息推送等丰富的信息展示与发布功能，使运行和管理人员能够准确、及时地获取与理解需关注的信息。控制与管理系统准确、及时地解析与执行运行和管理人员以多种方式发出的指令
5	自学习自优化	无	分析与决策控制策略、方法、参数和管理模式

图 12 功能对比图

方面开展探索，建立监测数据分析应用机制，做好摄像头补盲，完善视频巡检。

（3）积极探索数字孪生泵站建设，梳理泵站运行管理等信息资源，规划统一数据接口，建设泵站数字底板，实现数据汇聚、存储、治理、共享等功能，建立规范化数据标准。开展智能业务应用研究，做好设备健康管理、经济运行、可视化展示及模拟仿真应用等。

（4）进一步深化精细化管理平台建设研究，将设备健康诊断、工程优化调度、知识平台的运用结果映射、应用到管理平台，并运行的动态告警等新增智能运用服务于枢纽所有工程，形成可复制、可推广的智能泵站建设与改造模式。

参考文献

［1］ 王江，王骏秋，王成，等. 南水北调东线源头江都第四抽水站流量关系曲线分析［J］. 江苏水利，2016（12）：27-31.

［2］ 唐鸿儒，赵林章，朱正伟，等. 智能泵站研究［J］. 中国农村水利水电，2022（8）：128-131.

［3］ 朱正伟，钱福军，赵林章，等. 泵站信息化技术研究与应用［J］. 人民长江，2016（8）：115-121.

[4] 杨亚龙，刘为，高格，等. 基于 EtherCAT 的 ITER 极向场电源现场层监控系统设计 [J]. 核聚变与等离子体物理，2019 (9)：55－59.
[5] 刘旭. 以信息化转型为核心的设备维护管理 [J]. 设备管理与维修，2020 (2)：33－39.

数字赋能“智”水有方
位山灌区高质量打造数字孪生
先行先试样板

孙　凯　马胜男

聊城市位山灌区管理服务中心

位山灌区地处山东省聊城市，是全国第五、黄河中下游最大的灌区，始建于1958年，1962年因涝碱停灌，1970年复灌。设计灌溉面积540万亩，占全市总耕地面积的65%，不仅保障了农业生产、沿线200万余城乡居民生活、工业企业生产和河湖水系生态用水，还担负引黄入冀（补白洋淀）跨流域调水任务。灌区投入运行以来，累计供水超过610亿m^3，创造经济效益610亿元以上，其中跨流域调水123亿m^3，为区域经济社会高质量发展和生态保护作出了重要贡献。

近年来，位山灌区坚持以增强国家粮食安全保障能力为目标，不断夯实灌排基础设施体系，加快推进信息化建设，积极构建1个数字孪生平台，突出“水资源优化调度、水旱灾害预警、输沙减淤”3项需求，强化N项业务应用的“1+3+N”数字孪生体系，推动实现“供水精准调度、水资源优化配置、工程智能调控、管理标准规范”，为智慧水利、数字聊城建设提供了强力支撑和科技驱动。2023年，成功举办全国数字孪生灌区现场会，列入全国加快省级水网建设现场推进会议观摩点，水利部部长李国英和副部长朱程清现场考察位山灌区并给予肯定。

1　坚持需求牵引，提升管理效能

以需求和问题为导向，高标准编制数字孪生灌区先行先试建设实施方案，总投资5800万元，着力打造“1+3+N”数字孪生体系，提升“四预”功能，解决灌区实际问题，全面提高现代化管理水平，实现了三个“转变”。

一是供用水管理由“粗放低效”向“节约集约”转变。在传统管理模式下，受水县申请农业生产用水计划，位山灌区管理服务中心统筹黄河来水、指标、墒情等因素，制定静态配水计划，根据降雨等情况进行调整，易出现配水不及时、调水不科学等问题。现在通过数字孪生技术，灌区建立起配水调度模型，帮助生成配水调度方案，利用水动力学仿真等手段进行预演，验证和调整配水方案，大大提高了水资源优化配置能力，使灌区供用水管理由经验决策变为智慧精准。经过2024年春灌试运行，配水调度精确度达到90%以上。

二是水旱灾害应对由“被动应对”向“主动预警”转变。聊城“十年九旱、旱涝急转”特点明显，降水时空分布极不均衡，位山灌区始终肩负抗长旱、抗大旱、保粮食安全的重任。过去感知网不完善、信息手段落后，通常是被动抗旱。通过预测预报和数字孪生，利用天空地感知网、旱情预报模型、灌溉需水预报系统等举措，结合墒情、气象、不同地域作物种类等，对灌区受旱状况进行模拟分析、预报预警，有效预留“提前量”，从而变被动抗旱到主动应对。

三是引黄泥沙治理由“淤积堵塞”向“输沙减淤”转变。泥沙是引黄灌区普遍治理难点。通过多年经验和数字孪生，利用泥沙动力学模型，探究不同工况下水流特性及泥沙淤积分布规律，结合群闸启闭、流量等调控，控制泥沙淤积的位置和体量，推进渠道泥沙淤积最优化调节，最终实现泥沙科学输送与处置。

2 完善五大要素，夯实“数字基底”

自2022年以来，灌区自筹资金3500万余元，整合已建平台、利用已有数据、推进模型建设，强化算据、算法、算力，启动三干渠数字孪生先行先试并建成以周店三干渠渠首及上下游渠道8km为区域的数字孪生试点，初见成效。

一是循序渐进，织密水利要素“感知网”。建成全自动缆道、轨道测流设施35套，水情监测站点1182处，实现灌区骨干渠道用水监测全覆盖。建成高清视频监控1077处，实现干渠工程监管全覆盖。沿渠敷设光缆247km，覆盖骨干渠道全线，实现业务数据稳定高效传输。建成13处大型节制闸和39处支渠闸远程控制系统，实现重点闸门远程自动化监控启闭。建成灌溉试验站，增设土壤墒情等监测设备148套，实现典型区域数据监测全覆盖。

二是需求导向，建设灌区业务“模型库”。聚焦水资源优化调度配置与泥沙科学处置，与中国水利水电科学研究院合作开发需水预测、配水调度、水动力仿真模型，推进水资源优化配置与“四预”功能提升；与黄河水利科学研究院合作研究灌区典型区域引黄水沙变化模型，支撑灌区水沙科学调度管理。

三是数据利用，构建灌区信息“知识库”。1982 年灌区开始水沙测验，经过 40 多年信息化运行和业务应用，形成了工情、水情、沙情、灌溉、水量调度等高质量数据库；灌溉试验站 2005 年以来形成近 20 年的通量观测数据，累计采集长序列监测数据达 2000 万条；共享了相关部门的水文、气象以及农情等数据，有效填充“知识库”，为模型完善提供数据支撑。

四是融合创新，绘制数字孪生“新地图”。集成已建水情、调控、量测、监控等系统，建成灌区配水调度平面概化图，一体化进行配水调度管理。升级灌区“一张图”，全面展示灌区工程分布、灌溉面积、堤防确权边界、管理范围等内容，打造管理与运行监控“一张图”。目前，灌区 285km 渠道、800 多处建筑物、4.63 万亩确权信息等要素，全部实现数字上图、一图管理。

五是打破壁垒，建设智慧管理“云大脑”。在前期建成的灌区 E 平台基础上，整合量测水、水量整编、闸门远程控制、视频监控、灌溉试验信息化管理等系统，升级形成统一的数字孪生平台。目前，建成了智慧调度中心 1 处，分中心 15 处。调度中心机房现有视频存储等各类服务器 17 台，配备安全边界设备和安全防御设备 14 台，支撑数字孪生平台安全高效运行。

3　突出业务应用，推进智慧治水

一是配水调度更科学。远程闸控、自动量测和智能整编系统的广泛应用，实现指令传达网络化、工程调控自动化、水情整编数字化、决策支持精准化。远程自动启闭闸门，每年节省人工 700 余工日、节水 800 万余 m^3；量水测水效率提高 50%，测验精度提高 3%；配水效率提高 11%。实现科学供水，促进稳产增效，灌区有效灌溉面积增加 10 万亩以上，位于灌区下游的高唐县琉璃寺镇、杨屯镇、临清市唐园镇耕地时隔十余年再次用上了黄河水。

二是供水服务更精准。加强灌区供水工程与高标准农田的配套衔接，90 余万亩农田顺利实现射频刷卡灌溉，以管灌、喷灌等形式，地表水和地下井渠并用、联合调度、一卡通用，为田间装上“自来水”，做到控制高效、精准计量，灌溉效率提高 20%以上，亩均用水量由 $170m^3$ 降为 $120m^3$。

三是渠道巡查更智能。配置多辆工程巡查专用车，依托车载感知设备，连通灌区感知网，打造“智能巡渠”场景，全天候监测灌区骨干渠道沿线，对堤防损坏、道路损毁、倾倒垃圾、戏水游泳等情况进行监控记录，通过手机终端实时上传问题，形成“水域岸线全监测、巡检轨迹实时查、异常情况随手拍、巡查资料网上管”的管理机制，变“人巡”为“技巡”。

四是部门协作更便捷。设立司法协作模块，建立水行政执法与司法协作机制，针对发现的河湖“四乱”问题，分类同步推送至公安局、检察院、法院及河湖长制信息平台协调处理，实现了“无人值守智获证据、协作流程数字可视、问题处置线上联动、网络确认闭环管理”。

4　强化数字赋能，促进长效发展

一是水资源利用更加节约。坚持总量控制、定额管理，构建管理、制度、数字、水价、宣传于一体的节水体系，切实提高供用水效率。近年来，灌区农业年引黄用水量由5.1亿m^3降为4.5亿m^3，节水6000万m^3。

二是粮食保障更加坚实。加强水资源的科学调度和优化配置，以占全国约0.2‰的水资源，灌溉了全国约2.7‰的耕地，生产了全国约5.8‰的粮食、4.6‰的蔬菜，确保了聊城粮食“二十一连丰”，保障了工业、生态、人饮用水安全和引黄入冀跨流域调水任务顺利完成。

三是现代水网加快构建。融入山东“国家省级水网先导区”建设实施大局，突出抓好大型灌区续建配套与现代化改造，基本建成“功能完整、节水显著、运行可靠、调控灵活”的骨干工程体系，工程完好率90%以上，水资源调配和水旱灾害防御能力大幅提升。

四是管理水平稳步提高。强化组织、安全、工程、节水供水、信息化、经济六大标准化管理，健全制度体系，实行差异化考核，实现管理更加精细、科学、高效。调水配水、水旱防御、运行管理、水费收支、考核评价、档案管理等业务在数字孪生灌区平台上实现数字化，提高运行管理效能。

某水库闸门应力监测与有限元分析研究

原　野

山西泵站现场测试中心

1　引言

水库闸门是水利工程中的关键控制设备，其安全性和可靠性直接影响水库的防洪、兴利功能。长期运行可能导致闸门结构疲劳和材料老化，因此对闸门进行应力监测和结构分析具有重要意义。本研究以某水库溢洪道闸门为研究对象，通过现场应力检测和有限元分析相结合的方法，全面评估闸门的结构性能和安全状况。研究旨在识别潜在的结构问题，为闸门的维护管理和性能优化提供科学依据，从而确保水库的长期安全运行。

2　工程概况

本文以某水库工程为案例，该水库坝址以上干流长 72.3km，控制流域面积 3176km^2。水库大坝于 1959 年 11 月动工兴建，1960 年 4 月竣工投入使用。1989 年 10 月—1995 年 6 月进行了全面除险加固改建。水库枢纽工程主要由大坝、溢洪道、泄水洞等组成。大坝全长 2514m，最高 22.5m。水库改建后总库容 4.273 亿 m^3，正常蓄水位 902.4m，设计洪水位 903.6m，校核洪水位 908.45m。溢洪道位于主坝右岸，宽 44m，长 314.0m，由护坦、铺盖、闸室段、陡槽段 1、转弯段、陡槽段 2、挑坎段组成，最大泄量 2100.0m^3/s。闸室设 4 孔潜孔式弧形工作闸门，孔口尺寸 9.2m×6.6m（宽×高），闸门底坎高程 897.0m。每扇工作闸门由 QHLY－2×400kN 液压启闭机控制，确保闸门的精确调节和快速响应。检修闸门布置在弧形工作闸门的上游侧，采用叠梁式平面滑动钢闸门，闸门共分 7 节，设计灵活，便于安装和维护。检修闸门配备一台 2×10t 抓梁行车，启闭机动力为 15kW 电机，可实现检修闸门的快速启闭。闸门和启闭设备的配置确保了泄水洞在不同工况下的可靠运行。因此，闸门进行应力检测和结构分析可以及时发现潜在问题，确保水库的安全运行。

3 闸门应力检测

3.1 检测方法与仪器设备

本次水库闸门应力检测采用应变片电测法，该方法具有测量精度高、适用范围广、频率响应快、机械滞后小等优点，适合在工程现场进行应力测试。检测仪器主要采用DH5922N动静态信号测试分析系统，该系统具有高精度、多通道、抗干扰能力强等特点，可同时采集多个测点的应变数据。应变片选用BE120－5AA（单向）和BE120－3CA（三向）型号，灵敏系数为（2.20±1)%，分辨率达1$\mu\varepsilon$，基本误差小于等于0.5%（满量程）。应变片的电阻值分别为（120.3±0.1)Ω（单向）和（120.2±0.3)Ω（三向），均为A级精度，能够满足高精度测量要求。

测点布置遵循以最少的测点达到足够真实地反映结构受力状态的原则。针对该水库溢洪道弧形工作闸门，在支臂、面板、主梁等关键部位布置了12个测点，溢洪道共有4个闸孔，每个闸孔设置一扇弧形工作闸门。本次检测选取了1号闸孔和2号闸孔的弧形工作闸门作为代表进行检测。检测过程中，首先进行静态应力测试，通过对比闸门从不挡水到挡水状态下的应力变化，评估闸门在正常水位下的受力情况。随后进行动态应力测试，模拟闸门启闭过程中的应力变化，包括不同开度下的应力状态。这种静动结合的测试方法可以全面反映闸门在各种工况下的受力特征。

3.2 检测结果

基于上述检测方法和仪器设备，对水库溢洪道1号和2号弧形工作闸门进行了全面的应力检测。检测结果包括静态应力和动态应力两个方面，以下是主要检测结果的分析。

表1　溢洪道弧形工作闸门静态和动态应力检测结果　单位：MPa

闸门	测点编号	位置	静态应力值	动态最大应力值
1号	1	支臂腹板	−3.94	−12.49
1号	2	支臂翼板	3.96	−10.64
1号	3	面板	2.66	8.99
1号	4	主梁	5.27	13.37
1号	5	纵梁	8.99	−12.93
1号	11	右下支臂腹板	−31.34	−61.12

续表

闸门	测点编号	位置	静态应力值	动态最大应力值
2号	1	支臂腹板	1.77	−14.99
2号	2	支臂翼板	10.02	−12.07
2号	3	面板	6.47	10.79
2号	4	主梁	23.51	16.04
2号	5	纵梁	2.12	−15.51
2号	11	右下支臂腹板	−23.71	−73.35

分析结果表明：静态应力方面，两个弧形工作闸门的最大应力值均未超过材料的许用应力。1号闸门的最大静应力为−31.34MPa，2号闸门为−23.71MPa，均出现在右下支臂腹板靠近闸门下主梁位置（测点11）。动态应力检测显示，闸门在启闭过程中应力变化明显。1号闸门的最大动应力为−61.12MPa，2号闸门为−73.35MPa，同样都出现在右下支臂腹板位置（测点11）。弧形工作闸门的应力分布较为复杂，支臂和主梁接合处是应力集中区域，需重点关注。特别是右下支臂腹板位置，无论是静态还是动态应力都达到最大值。1号闸门和2号闸门的应力分布模式相似，但2号闸门的动态应力略高于1号闸门。动态应力普遍高于静态应力，其中最大动态应力约为相应静态应力的2倍左右。测得的应力值均未超过闸门材料的许用应力，表明当前水位条件下，闸门结构总体安全可靠。

4 水库闸门有限元分析结果

4.1 有限元模型建立

深入分析水库溢洪道弧形工作闸门的结构性能，基于实际尺寸和检测数据，建立了详细的三维有限元模型。首先，利用UG10.0软件构建了精确的三维几何模型。闸门主要参数包括：尺寸9.2m×6.6m（宽×高），底坎高程897.0m，弧形半径6.3m，主梁间距2.2m，纵梁间距1.84m。模型涵盖了闸门的所有主要结构部件，如面板、主梁、纵梁、边梁和支臂等，特别注意了支臂与主梁连接处的细节建模，以确保应力集中区域的准确性（见图1）。

材料属性方面，主要采用Q345钢，其弹性模量为206GPa，泊松比0.3，密度7850kg/m^3，屈服强度345MPa。考虑到闸门长期运行可能导致的材料性能下降，根据相关规范，对许用应力进行了0.95的折减。在ABAQUS软件中，我们选用了S4R壳单元、C3D8R实体单元和C3D10四面体单元，共划分

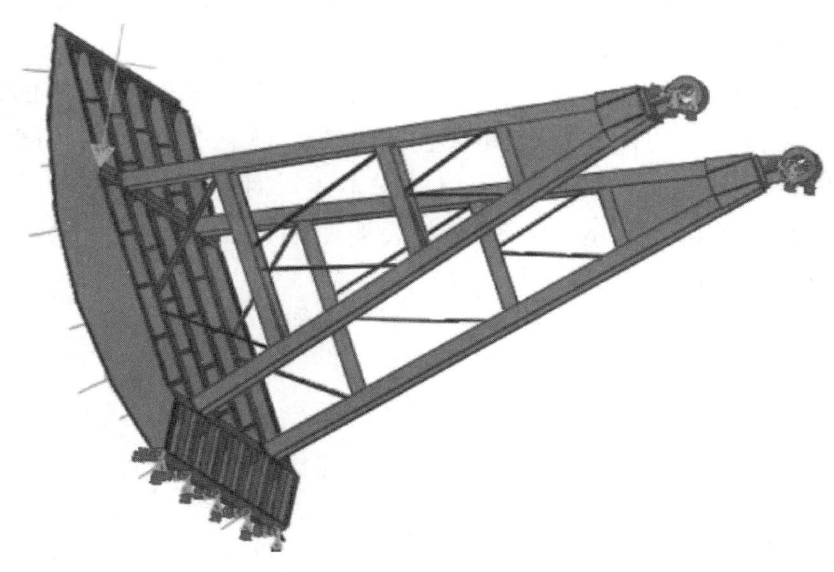

图 1 有限元模型构建

约 60 万个单元，以平衡模型精度和计算效率。

边界条件设置反映了闸门的实际工作状态：底部铰支座限制了竖直方向和水流方向的位移，侧向支承限制了垂直于水流方向的位移，顶部吊耳施加竖直向上的集中力模拟启闭机作用。载荷考虑了静水压力（按三角形分布规律施加于闸门迎水面）、自重（考虑重力加速度 $9.81m/s^2$）和启闭力（根据实测数据在吊耳处施加集中力）。静水压力计算采用设计水头 9m，对应于正常蓄水位 902.4m。有限元模型的构建，为后续的应力分析和结构优化提供了可靠的基础，有助于更准确地评估闸门的结构安全性和性能表现。

4.2 仿真结果及分析

基于前述建立的溢洪道弧形工作闸门有限元模型进行了全面的仿真分析，结果涵盖了应力分布、变形情况和动态响应等多个方面。在正常蓄水位条件下，静态分析结果显示闸门的最大应力为 55.4MPa，出现在主梁腹板位置。这一数值远低于 Q345 钢材的许用应力，表明闸门在静态条件下结构安全。各主要构件如面板、主梁、纵梁、边梁和支臂的最大应力值均在安全范围内，其中纵梁的应力水平相对较高，虽然仍在安全范围内，但需要在日常维护中重点关注。

变形分析显示，最大变形出现在闸门中部面板，变形量为 0.18mm，远小于规范允许的 $L/600$。主梁、纵梁和支臂的最大变形值均在可接受范围内，表明闸门刚度满足设计要求。这些结果证实了闸门在静态条件下的结构完整性和稳定性。动态分析模拟了闸门的启闭过程，结果表明最大应力出现在开度为60%时，位于右下支臂腹板与主梁连接处，最大 Von Mises 应力为117.4MPa，仍低于许用应力。应力随开度变化呈现先增加后减小的趋势，这一发现对于优化闸门的操作策略具有重要意义。模态分析得到了闸门的前五阶固有频率，范围从11.72Hz到34.18Hz不等，对应不同的振型特征。这些频率远高于水流可能引起的激振频率，表明闸门不太可能发生共振，进一步保证了结构的动态稳定性。

5 结论

本研究通过现场应力监测与有限元分析相结合的方法，对某水库溢洪道闸门进行了全面评估。研究结果表明，闸门结构总体安全可靠，在静态和动态工况下的最大应力均未超过材料许用应力。有限元分析结果与实测数据具有良好的一致性，验证了模型的可靠性，同时提供了更详细的应力分布和动态响应信息。研究发现右下支臂腹板与主梁连接处是应力集中区域，特别是在闸门启闭过程中，应重点关注。模态分析结果显示闸门的固有频率远高于可能的激振频率，降低了发生共振的风险。基于这些发现，建议在应力集中区域加强检查和维护，优化启闭操作策略，并考虑对纵梁进行局部加强，以进一步提高结构性能。本研究为水库闸门的安全评估和维护管理提供了科学依据，所采用的研究方法和分析框架可为类似水利工程结构的性能评估提供参考。未来研究可进一步考虑长期疲劳效应和极端工况下的结构响应，以更全面地评估闸门的使用寿命和安全性能，确保水库的长期安全运行。

参考文献

[1] 吴维欣，杨建贵，杨明强，等. 河口闸闸门失效模式分析和支铰在线监测研究 [J]. 淮阴工学院学报，2024，33 (2)：17-2286.

[2] 张聪，张钰奇，王童童，等. 露顶式弧形闸门静动态应力数值分析与试验验证 [J]. 人民黄河，2023，45 (3)：151-155160.

[3] 王超，黄铭. 考虑锈蚀形态的弧形闸门有限元分析 [J]. 水力发电，2016，42 (4)：72-76.

[4] 毕志刚，焦治豪，王晓卫. 邻近水库软弱围岩小净距隧道开挖方案优化研究 [J]. 浙江水利水电学院学报，2024，36 (2)：27-33.

[5] 刘明维，徐光亮，吴林键，等. 船闸运行状态下闸门及支承运转件敏感区应力关系研究 [J]. 水道港口，2021，42 (2)：220-228.

[6] 王姣，朱振寰，胡强. 锈蚀对弧形钢闸门静力性能的影响分析 [J]. 中国农村水利水电，2021 (11)：128-135.

浅谈泵站改造评价工作

王靖民　涂小强

山西泵站现场测试中心

泵站作为水利工程的重要组成部分，承担着水资源调配、防洪抗旱、灌溉供水等关键任务。我国泵站建设具有发展速度快、类型多、规模大、范围广的特点。我国拥有 48.5 万处固定机电灌溉排水泵站，其中大型灌溉排水泵站 550 处，中型灌溉排水泵站 3700 处，配套机井 418 万眼，各种农用水泵 593 万台，机电灌排动力保有量近 8000 万 kW，占全国农用总动力的 1/4。在 50 万座泵站中，登记在册并实行正规管理的有 33.5 万座，装机容量 2373.5 万 kW、机井装机 2370.6 万 kW。此外还有水轮泵站 2.15 万处、水轮泵 3.5 万台、喷灌机组 30 万台。

随着经济的发展和人口的增长，水资源的需求日益增加，原有的泵站设施可能无法满足当前的运行需求。此外，老旧泵站存在前期设计建设标准低、老化失修严重、技术落后，自动化程度低等方面诸多不足，亟须通过技术改造提升其性能和可靠性。泵站改造不仅能够提高水资源的利用效率，还能降低运营成本，符合可持续发展的要求。泵站改造评价工作是确保改造工程达到预期目标的关键环节，涉及改造方案的设计、施工过程的监控以及改造后运行效果的评估标准制定。

1　我国灌排泵站存在的主要问题

1.1　前期设计建设标准低

目前我国不少灌排泵站的进出水设计不合要求，部分工程属于“三边工程”，整体规划设计不合理，工程效益降低，泵站流量低，机泵效率不高等问题层出，特别是进水设计不规范，造成进水条件恶化，由此产生汽蚀、振动、漩涡，严重影响水泵正常运行效能，水泵效率和耐用性也随之急剧下降。

1.2　老化失修严重

泵站工程老化导致部分已达标的灌排面积的灌排标准逐年降低。建筑物工程年久失修，房屋开裂渗水、沉陷、破损严重，维修周期越来越短。金属结构设备闸阀、压力管道锈蚀、腐蚀严重，存在爆裂隐患，严重影响泵站安全运行和效益发挥。机电设备铭牌不清。上述隐患致使泵站运行效率下降，运营成本和风险隐患上升。

1.3　技术落后，自动化程度低

大多泵站缺少自动化监控设施和基本的信息化手段，仅靠简单的人工或部分关键数据检测，无法实现泵站机组运行状态多方位多参数的实时监控，缺乏可靠有效数据，难以评价机组运行性能，不能提供优化运行的科学数据支撑，无法实现优化运行，优化调度。

2　泵站改造评价的标准方法

依据 SL 316《泵站安全鉴定规程》、GB 50265《泵站设计标准》等相关要求，结合泵站实际状况，针对其主要特点进行改造评价。

2.1　设备性能评价

（1）泵的性能评价：主要从泵的流量、扬程、功率、效率等方面进行评价，以判断泵的工作性能是否满足设计要求。

（2）电机性能评价：主要从电机的额定功率、实际功率、效率等方面进行评价，以判断电机的工作性能是否满足设计要求。

（3）传动装置性能评价：主要从传动装置的传动效率、噪声、振动等方面进行评价，以判断传动装置的工作性能是否满足设计要求。

2.2　运行状况评价

（1）泵站流量评价：通过对泵站的实际流量与设计流量进行比较，分析泵站的运行状况，判断是否存在流量不足或过大的问题。

（2）泵站扬程评价：通过对泵站的实际扬程与设计扬程进行比较，分析泵站的运行状况，判断是否存在扬程不足或过大的问题。

（3）泵站功率消耗评价：通过对泵站的实际功率消耗与设计功率消耗进行比较，分析泵站的运行状况，判断是否存在功率消耗过大的问题。

2.3　安全性评价

（1）泵站结构安全性评价：主要从泵站的结构设计、施工质量、使用年限、存在问题等风险隐患影响因素等方面进行评价，以判断泵站的结构安全性。

（2）泵站电气安全性评价：主要从泵站的电气设备各项电气性能等方面

进行评价，以判断泵站的电气安全性。

（3）泵站防火安全性评价：主要从泵站的消防设施、防火间距、疏散通道等方面进行评价，以判断泵站的防火安全性。

2.4 环境影响评价

（1）泵站噪声污染评价：主要从泵站的噪声水平、传播范围等方面进行评价，以判断泵站的噪声污染程度。

（2）泵站振动污染评价：主要从泵站的振动水平、传播范围等方面进行评价，以判断泵站的振动污染程度。

（3）泵站废水排放评价：主要从泵站的废水排放量、排放标准等方面进行评价，以判断泵站的废水排放是否符合环保要求。

3 泵站评价的实施步骤

3.1 确定评价目标

根据泵站的实际情况和管理需求，确定评价的目标和范围。

3.2 收集资料

收集泵站的设计资料、运行记录、维修保养记录等相关资料，为评价提供依据。

3.3 现场调查

对泵站进行现场调查，了解泵站的实际运行状况、存在突出问题和实际需求，收集现场数据。

3.4 数据分析

对收集到的资料和现场数据进行分析、比对，找出泵站在运行过程中存在的问题。

3.5 制定改进措施

针对分析结果，结合泵站实际运行状况，制定相应的改进措施，提高泵站的运行效率和管理水平。

3.6 实施改进措施

按照制定的改进措施，精准实施，确保改进措施的有效实施。

3.7 跟踪评价

对改进措施的实施效果进行跟踪评价，并编写评价报告，总结改造成果，提出改进建议，确保泵站的运行状况得到持续改善。

4 案例分析

随着国家实施《中部四省大型排涝泵站更新改造项目》《全国大型泵站更新改造项目》以及全国中型泵站更新改造项目，由于改造前必须进行安全鉴定，作为水利部指定的检测机构，山西泵站现场测试中心承担了全国 17 个省（自治区、直辖市）1000 多座泵站的安全鉴定现场安全检测工作，对近 2000 座建筑物和近万台机组设备和电气设备进行现场检测，检测数据作为更新改造项目实施的支撑数据，为项目决策和资金使用提供基础数据。

5 结论与建议

泵站改造评价工作对于确保改造工程的成功至关重要。开展现场检测工作是水利事业现代化发展的需要，通过科学合理的评价，可以有效地指导改造方案的设计和实施，提高工程质量和运行效率。建议在未来的泵站改造项目中，采取现场大量实测数据用于提高工程质量、保障设备安全、实现优化调度，项目决策支撑、提高管理水平。在大型灌区由信息化向数字化再向智能化发展的现代化建设过程中，山西泵站现场测试中心将进一步创新发展理念，提升发展格局，在更高层面的发展领域和发展空间，为我国水利事业做出新的更大的贡献。

参考文献

[1] 刘梅清. 泵及泵站工程科技进步综述 [J]. 中国水利，2004，(10)：23-25.

[2] 唐鸿儒，赵林章，朱正伟，等. 智能泵站研究 [J]. 中国农村水利水电，2022 (8)：128-131.

[3] 钱光勇. 雅周镇农田灌溉泵站技术改造综述 [J]. 江苏水利，2015，(5)：44，46. DOI：10.16310/j.cnki.jssl.2015.05.019.

倾斜摄影技术在数字孪生灌区建设中的应用研究

韩　刚　张乐为　董森灿

河北省水务中心

1　引言

在现代农业中，数字孪生技术的应用正在迅速崛起，成为推动农业发展的新动力。这一技术为农业带来了前所未有的创新思路，特别是在灌溉管理方面，展现了巨大的潜力。在这一背景下，我们提出了一种倾斜摄影技术的数字孪生灌区模型。

倾斜摄影技术是通过无人机等空中平台，从多个角度对同一地区进行拍摄，生成全面且立体的图像数据。这种方法不仅能够捕捉到高精度的图像，还可以通过三维重构技术创建精准的地形地貌模型。这些模型能够真实地反映地表的细节，为农业管理提供了重要的参考。

在灌溉管理中，利用倾斜摄影技术，农业生产者可以实现对灌溉过程的精确监控。通过实时获取地块的水分状况和地形变化，生产者能够及时发现灌溉中的问题，并迅速进行调整和修正。这不仅提高了水资源的利用效率，降低了灌溉成本，还保障了作物的健康生长。

数字孪生灌区模式是一种全新的农业生产管理方式，它以立体感知体系为基础，综合应用数字孪生技术，对农业生产过程中的关键环节进行深入研究。通过动态监控和仿真模拟，数字孪生技术能够对灌溉调度过程进行全面分析和优化。这种方式不仅提高了灌溉系统的精度和效率，还为农业的可持续发展提供了坚实的技术支撑。

倾斜摄影技术与数字孪生的结合，为现代农业开辟了新的前景。这一创新模式不仅在灌溉管理中展现了巨大的优势，还为未来农业的智能化和精细化管理奠定了基础。通过这种技术手段，农业生产将变得更加高效和可持续。

2　倾斜摄影模型构建

2.1　数据采集

倾斜摄影技术是一种通过无人机或飞艇等设备，结合 GPS、北斗和 INS 等高精度卫星数据，对拍摄目标进行精准跟踪的技术。在数据采集阶段，需要先设定飞行路线、飞行高度及摄像机参数，摄像机会按照预定视角连续拍摄，获取大量高清图像。然后，将惯导技术获取的航迹信息与相机拍摄的图像输入到数据分析设备中，通过多视角和多时间序列的图像信息进行融合处理，最后实现高精度的三维建模。此外，为了满足灌溉模式的特殊需求，系统还需要考虑植物遮挡、地物分类和变形探测等专门处理过程，以确保模型的精度和完整性。

2.2　模型建立

利用高精度倾斜摄影技术，首先需要对获取到的倾斜摄影影像进行预处理，包括图像的去噪、增强、几何校正等步骤。接下来，通过机器视觉技术识别影像中的各类地理要素，例如地形的起伏、植被的种类和分布、水体的形态和面积等。这些识别结果将作为训练数据输入机器学习模型，进一步优化分类算法，提高自动识别与分割的精度。

为了实现高精度的建模，必须充分考虑到光照效应和遮挡关系对影像的影响。通过在数字孪生灌区系统中引入这些因素，可以模拟真实环境中的光影变化和物体遮挡情况，从而获得更为真实的地形和物体模型。此外，采用流域水文与水资源耦合模型，可以对水文过程和水资源配置进行有效的仿真与预测，为科学管理和合理利用水资源提供了依据。

在模型构建过程中，还需要对获取的数据进行充分的处理和分析，确保模型参数的准确性和可靠性。这包括模型参数的标定与确认，通过对实际观测数据的比对和校正，提升模型的预报性能和适应性。通过建立多个灌溉单元的数学模型，可以进行综合模拟分析，评估不同灌溉方案对农业生产和水资源利用的影响。

3　倾斜摄影技术应用

3.1　地形测绘和三维建模

在地形测绘中，高精度的倾斜摄影相机能够获取详细的地形起伏和地物分布数据。通过对这些数据的处理，可以生成数字高程模型（Digital Elevation Model，DEM）和数字地形模型（Digital Terrain Model，DTM）等地形表征模型，为灌溉工程的规划和设计提供精确的地形信息。

在三维构建方面，倾斜摄影技术能够准确重建地面上的建筑物和植被等目标。通过多角度拍摄获取的影像数据，经过立体匹配和纹理融合等处理，可以生成真实的地面三维效果。这种方法不仅可以展示地形的起伏，还能够显示建筑物和植被的详细信息。此外，将倾斜摄影技术与激光雷达（LiDAR）扫描数据相结合，可以有效提升地面三维模型的准确性和完整性。LiDAR 提供的高精度和高密度数据与倾斜摄影数据的融合，能够弥补单一数据源的不足，从而实现更全面的三维地形重建。

倾斜摄影技术还可以用于灌溉区域的全面监控与管理。通过生成的高精度三维模型，管理者可以详细了解灌溉区域的地形和基础设施状况。例如，可以分析灌溉渠道的分布和状态，及时发现并处理水情问题；通过监测植被覆盖情况，评估灌溉效果并优化灌溉方案。

此外，结合遥感数据进行动态监测和水文分析，为灌溉系统的实施和运行提供了重要的理论基础。遥感技术可以提供广域、实时的地表信息，与倾斜摄影数据结合后，可以实现对灌溉区域的动态监控。例如，可以监测土壤湿度变化，预测旱情风险，调整灌溉计划；分析降雨量和水流量数据，优化水资源的利用。

3.2　灌区设施监控

首先，倾斜摄影技术能够对灌溉渠道进行细致的监控。通过对渠道进行多角度拍摄，可以生成完整的三维模型，反映渠道的结构、形态和运行状态。这种模型能够帮助管理者识别渠道工程存在的问题，及时进行修复和维护。其次，倾斜摄影技术还可以对灌溉设施，如泵站、闸门和管道进行精准监控。通过高精度的三维模型，管理者可以全面了解设施的布局和状态，监控其运行情况。此外，倾斜摄影技术生成的三维模型还可以用于维护计划的制定。通过分析模型数据，管理者可以制定针对性的维护和修复计划，优化资源配置，减少维护成本。定期拍摄和更新三维模型，还能够追踪设施的变化趋势，提前发现潜在问题，进行预防性维护。

总之，倾斜摄影技术以其高分辨率、多角度的优势，为灌溉渠道和设施的监测与维护提供了精确的数据支持。通过生成详细的三维模型，能够全面了解灌溉系统的现状，及时发现问题并制定有效的维护措施，从而提高灌溉系统的运行效率和可靠性。

3.3　灌区植被监测

在数字孪生模型的基础上，结合倾斜摄影技术获得的地理数据信息与地理信息系统（GIS），可以实现对灌区植被的实时监控和评价。利用遥感图像数据的反演，结合植被指数分析、变化检测等方法，能够有效地监测植被的覆盖率、高度和密度等关键生长参数，此次选取河北大型灌区的小麦作为研究对象进行监测。

首先，倾斜摄影技术提供了高精度的地理数据，这些数据与 GIS 系统结合后，可以对遥感图像数据进行深入分析。通过计算植被指数，如归一化植被指数 $NDVI$，可以评估小麦的覆盖率。$NDVI$ 的计算公式为

$$NDVI=(NIR-Red)/(NIR+Red) \tag{1}$$

式中：NIR 表示近红外波段的反射率；Red 表示红光波段的反射率；$NDVI$ 值的大小反映植被的覆盖程度，选取 3 个典型区域计算得到的 $NDVI$ 值见表 1。

表 1　　3 个点典型区域计算得到的 *NDVI* 值

区域	*NIR* 值	红光值	计算得到的 *NDVI* 值
区域 1	0.75	0.2	0.58
区域 2	0.68	0.32	0.36
区域 3	0.85	0.13	0.73

根据 $NDVI$ 值和图表，可以分析：区域 1 的 $NDVI$ 值为 0.58，显示植被覆盖状况良好，预示着小麦生长较好。区域 2 的 $NDVI$ 值为 0.36，显示植被覆盖较低，可能存在生长问题或覆盖不完全。区域 3 的 $NDVI$ 值为 0.73，显示植被覆盖非常好，生长状况优秀。

变化检测方法用于监测小麦生长的动态变化，通过对不同时间点的遥感图像进行对比，能够识别出小麦的生长变化趋势，如生长加快、减缓或退化，这种分析能够帮助发现潜在的问题并及时调整管理措施。

对于小麦的高度监测，通过生成的三维模型可以精确测量小麦的平均高度及其空间分布。这一信息有助于评估小麦的生长状态，并指导灌溉和施肥等管理措施。

密度分析则通过遥感图像中的植被密度图实现。通过计算每单位面积内的小麦植株数量，可以评估小麦的种植密度。这有助于判断种植是否过密或过疏，从而优化种植密度以提高产量。表 2 是监测某地小麦的主要参数及其结果。

表 2　　监测某地小麦的主要参数及其结果

监测参数	监测方法	监测数据	目标值
小麦覆盖率	倾斜摄影测量	70%	≥75%
小麦高度	激光扫描测量	0.60m	≥0.75m
小麦密度	无人机遥感	350 株/m^2	≥400 株/m^2

4　结语

综上所述，通过对倾斜摄影技术在数字孪生灌区建设中的应用研究，我们不仅看到了高科技的潜在力量，还预见了社会发展的巨大潜力。数字孪生技术通过高精度、高分辨率的倾斜摄影，能够实现对灌溉系统的动态监控和作物生长状态的精准监测。这样一来，灌溉管理者能够实时掌握作物生长情况和水资源使用情况，从而能够及时调整调度策略，达到节约用水和减少水资源浪费的效果。

这种技术的应用不仅能够大幅度提高灌溉系统的效率，还能显著提升农产品的产量和品质。通过对灌溉和作物生长的精确控制，农民能够更加科学地管理农田，减少不必要的水资源消耗，保护生态环境。同时，数字孪生技术还能够为灌溉管理提供便利，使整个过程更加智能化和高效化。

高精度、高分辨率的倾斜摄影技术为数字孪生灌区建设的顺利实施奠定了坚实的基础。未来，随着科学技术的不断进步和创新，数字孪生技术必将得到更广泛的发展。这将不仅有助于推动农业的现代化和智慧灌溉的发展，还将为可持续发展提供新的动力和支持。

数字孪生技术的应用前景十分广阔，它不仅能够实现灌溉系统的全面智能化管理，还能为农业生产的各个环节提供有力的技术支撑。从作物生长监测、灌区设施监控到水资源的优化利用，数字孪生技术都能够发挥重要作用。未来，随着科技的不断创新和应用的不断深入，数字孪生技术将会在更大范围内得到推广和应用，为灌区的可持续发展贡献力量。

参考文献

[1]　张亚丽. 数字孪生技术在智慧供水建设中的实践探索 [J]. 中国信息化，2022 (5)：101－102.

[2]　付克家. 节水灌溉技术在农田水利工程中的应用策略 [J]. 农业科技与信息，2022 (6)：82－84.

[3]　严佩娟，许军明. 基于倾斜摄影测量技术的堤防工程精细化管理方法研究 [J]. 经纬天地，2023 (2)：67－71.

智慧灌区建设发展思考

刘艳朋

河北省水务中心石津灌区事务中心

1 引言

我国现有部分灌区已实现信息化，但迄今未实现智慧化。随着近年来人工智能、互联网技术飞速发展在各行各业广泛深入应用，人工智能涉及行业也逐渐由制造型行业向服务型行业与管理型行业拓展。强人类活动使得灌区水文、水力循环过程复杂且具有极强的人为痕迹，若在灌区信息化基础上引入人工智能和灌区用水全过程模拟仿真技术，势必能为灌区管理提供智慧预警、智慧调度、智慧调控和智慧决策等技术支持，从而提高灌区用水过程的调控和管理能力，高效便捷地开展灌区用水管理工作。

2 智慧灌区的内涵

智慧灌区是在现代化互联网技术和灌区设备智能化建设的基础上，通过人工智能、物联网等多种通信方式，建立一套统一的、大数据管理体系，将实现灌区与互联网技术进行有效融合，从而感测、整合、分析灌区智能化管理，为灌区管理者和用水户提供方便、快捷的服务，最终实现无人值守或少人值守灌区。通俗讲，智慧灌区就是将灌区建设成为一个机器人，一个有大脑、有血脉、有功能肢体的机器人。

3 智慧灌区建设发展战略

智慧灌区建设是灌区现代化发展的高级形态，智慧灌区建设基于统筹灌区信息化建设与生态灌区建设强调人工智能，灌区用水全过程模拟仿真技术与灌区管理工作有效融合。实现“人-灌区-生态”三者之间协调可持续发展，有利于提高灌区灌溉、输水、排涝安全、工程设施安全、信息化设备安全，有利于提高灌区水资源配置效率，统筹农业用水与生态用水，有利于提高农业水资源利用效率，实现从以需定供到以供定需的转变，能够为灌区提供有理有据、直观可视的决策方案支持。

智慧灌区信息服务建设以灌区实际业务需求为出发点，将“互联网+”融合到灌区管理业务中，形成符合灌区实际应用的智慧管理服务系统。

石津灌区信息化建设已经取得非常大的成效，但是与智慧城市、智慧交通、智慧电力等相比仍具有很大差距。差距不仅表现在对信息技术应用的范围和水平上，还表现在对大数据、云计算、物联网、移动通信等新一代信息技术的认知上，更重要的是表现在对传统水利向智慧水利转变必要性、重要性的认识上，需要奋起直追，弯道超车，迎头赶上。但在追赶过程中一定要遵循科学规律，把握以下几方面的关系。

3.1 信息化与智慧化的关系

信息化不等于是智慧化，当今，信息化发展已经历三个阶段，即从数字化到网络化再到智慧化。第一阶段是数字化，由于计算机的出现，通过将信息转化为数据成为计算资源，由计算机进行计算处理，使其成为有用的信息。第二阶段是网络化，由于互联网的出现，信息可以在网络中互联互通，通过通信传输，将分散的信息转化为集成的信息，从而得以更好地应用。第三阶段是智慧化，由于物联网的出现，使物体与物体在网络中互联互通，根据需求将感知信息进行加工建立智慧系统，实现智慧化应用，智慧化是信息化发展的最新阶段。

3.2 基础研究与发展的关系

为了充分发挥智慧化建设的作用，真正达到节水、增效、可持续发展的目的，必须开展灌溉水资源配置模型及调度方法的研究，渠道水动力仿真技术研究，具有开放共享与稳定可靠的集“信息采集—信息传输—用水决策—信息反馈—智能控制”为一体的灌区智能化决策系统，这也是灌区实现数字化直至智能化的基础，有了这些基础成果，灌区智慧化发展将会越来越快、越来越好。

3.3 统筹兼顾发展的关系

智慧灌区建设不仅要发展大数据、云计算、物联网建设，还要与灌区的人文、生态建设共同发展。遵循“人文和谐、人水相亲”的原则，通过积极开展文明单位、书香机关、绿色机关创建工作，矗起灌区精神高地，使文化成为助推事业发展的思想武器和不竭动力。通过坡顶绿化、生态护坡等项目的建设，打造“会呼吸的渠道”，使灌区工程既成为农业命脉，还成为清水长廊。

4　智慧灌区建设发展建议

通过互联网、通信网络、监测设施、传感器并结合“一体化”技术，构建灌区物联网。智能决策配水、统一调度、合理分配节约用水，统计分析供配水信息，精准测量灌区用水情况。

以灌区雨情、水情、墒情等前端大数据采集为基础，以互联网、物联网、通信网等网络传输为依托，以水利“云计算”为核心，以水利“云服务”信息平台为主线，建设服务于灌区各个环节、灌区管理机构的全面、科学、实用、智慧的灌区水利业务应用系统。

智慧灌区利用物联网、互联网、大数据、云计算等技术感测、分析、整合灌区生产运行过程中的各项关键信息，从而对灌区配水调度、测流量水、生态输水、渠道巡查等各方面业务需求做出智能响应，为灌区管理者和用水户提供方便、快捷的智能化服务。从而实现灌区工程建设现代化、灌区管理现代化、灌区运营服务现代化和灌区水生态文明现代化。

赓续红色基因，凝炼“滦下”精神
创新推动灌区高质量发展

张红梅　张　静　刘红红

唐山市滦河下游灌溉事务中心

习近平总书记强调：“粮食安全是‘国之大者’”。党的二十大报告指出，“全方位夯实粮食安全根基”“确保中国人的饭碗牢牢端在自己手中”“全面推进乡村振兴”基本观点。大中型灌区是保障国家粮食安全的重要基础设施，是农村振兴、农业增产、农民增收的重要支撑。

唐山市滦河下游灌区是华北地区最大的水稻生产灌区，历经几十年的建设与发展让“斥卤不毛，如场之涤，蛎墙草屋，村止数家”，到引水垦荒、渠堰如织，百里平畴、阡陌纵横的鱼米之乡，稻谷总产量达到全省的1/3，稻田面积占全市的3/5。在几十年的坚守中，“滦下人”形成了耐得住寂寞、守得住清贫、经得起考验的可贵品德，铸就了“勇挑重担，兴水为民，开拓进取，守正创新”的“滦下”精神基因。正是他们这样一锤接着一锤凿、一棒接着一棒跑的实干精神，使灌区规模不断地巩固和扩大。

为致敬历史、赓续红色基因，传承灌区建设发展的精神内核，挖掘灌区水工程文化，凝炼“滦下”精神，对标新时代水利事业目标任务，结合唐山市滦河下游灌溉事务中心的具体实际，着力做好节水增效、优质服务、智慧管理，进一步强化思想政治工作，挖掘赓续水利红色基因，传承灌区创业精神，为促进灌区事业持续健康发展、全面推进乡村振兴提供强大的思想保障和组织保障。

1　挖掘灌区特有的红色基因和创业精神

1.1　“勇挑重担”伴随着农垦开发应运而生的水利工程

1955年年底，国务院批准开发建设国营柏各庄农场，在党旗指引下，建设者们弘扬艰苦奋斗、团结拼搏的拓荒精神，栉风沐雨、战天斗地，用勤劳和智慧、汗水和热血谱写了改天换地的壮丽篇章。昔日“斥卤不毛”的盐碱

荒滩变身稻谷飘香、鱼美虾肥的鱼米之乡。1956 年建场之初即完成了引滦渠首、输水干渠和一至四分场的引水工程，完成滦下灌区的雏形。渠首建设即“岩山渠首”，是柏各庄农场引滦水利的工程龙头，也是滦下灌区的辉煌起点。

如今的唐山市滦河下游灌区是华北地区最大的水稻生产灌区，稻谷总产量达到全省的 1/3，稻田面积占全市 3/5。灌区位于唐山市南部沿海，特点是渠道线长、闸站点多、辐射面广、服务多元，管辖渠道总长 110km；管理建筑物 158 座，其中水闸 71 座、倒虹吸 4 座、生产桥 48 座、泵站（点）35 座；受益范围涉及乐亭县、滦南县、曹妃甸区和海港开发区；随着唐山南部沿海地区开发建设，积极发展工业、生态供水，为乐亭工业区、曹妃甸工业区港口经济发展提供辅助水源。

滦河下游灌溉事务中心是灌区专管机构，隶属唐山市水利局，副县级事业单位，事务中心下设 7 个职能科室、6 个管理所、13 个管理站，干部职工 125 人，事务中心党委下设 8 个支部，共有党员 89 人。主要承担沿海两区两县稻作及养殖用水、防洪及滦下灌区输水干渠、滦乐干渠及闸涵桥建筑物工程管理、养护等职能。灌区渠首设在滦州市滦河右岸，从潘家口、大黑汀、桃林口三大水库引水，年均引水量 4.5 亿 m^3，渠首平均引水量 4.7 亿 m^3，支渠口平均供水 3.2 亿 m^3，水库至渠首段渠系利用系数 0.75，渠首至支渠口段渠系利用系数 0.73，支渠以下渠道至斗口渠系利用系数为 0.9。

1.2 “兴水为民”灌区渠水是承载着丰收的生命水

心系民生，牢记担当使命，多年来滦下灌区殚精竭虑保供水、不遗余力细管理，千方百计强服务，确保受益地区实现种植面积稳定、水稻连年增产，成为区域经济发展、农民增收、社会稳定的重要支撑。

灌区采取多项措施，确保了 70 万亩水稻丰产丰收。一是主动引水，缓解农作物生长期供水压力。先结合桃林口水库生态供水引水，补充冬灌水不足，保证春耕春种顺利进行。二是强化调度。先供用水量大的曹妃甸区各农场用水，后逐步开展滦乐灌区和滦南供水，有效错峰，避免争水矛盾。三是科学蓄水。发挥输水干渠“小型水库”和双龙河“以河代库”积极作用，逐段储水拦蓄，缩短输水时间，减轻末端农场供水压力，方便群众及时用水。四是活血化淤积。通过组织挖掘机、割草船清草，集中力量打通水道，努力保证了下游用水安全。五是统筹兼顾。发挥灌区应急后备水源积极作用，利用输水干渠储水，缓解曹妃甸工业区用水紧张形势，保障了曹妃甸工业区和海港经济开发区发展用水需求。六是生态优先。抓住上游水库汛期弃水和向下游河道生态补水契机，积极引入库水和滦河富余水量，为灌区下游河道和湿地补充生态水。

1.3 “开拓进取”——项目建设蓄积发展后劲

灌区工程是发展农业灌溉、保障粮食生产的重要基础设施，畅通的渠系是灌区运行的基础。滦河下游灌区纵贯南北，横跨东西，是唐山市南部重要的水资源配置工程。灌区自20世纪90年代相继完成续建配套与节水改造工程、唐山市“全域治水清水润城”输水干渠工程PPP项目，骨干工程配套率和设施完好率明显提高，滦河下游灌区总干渠、干渠、支渠等骨干工程完好率达到92.5%，灌区灌排基础设施薄弱、灌溉效益衰减的状况得到彻底改善。同时，随着管理体制改革的深入推进，灌区管理水平与效能得到提升，有力促进了农业节水增产和农民增收，取得了显著的经济效益、社会效益和生态效益。

滦河下游灌区“十四五”续建配套与现代化改造工程更是开启灌区现代化建设新篇章，批复总投资2.28亿元，内容包括35.9km渠道衬砌、两座生产桥改造及信息化建设，建成后将进一步提高灌区骨干渠道衬砌率，减少骨干渠道输水渗漏损失，提高输送水效率。“增发万亿国债项目”新增工程建设，总投资2.08亿元，预计2025年年中完工，将推动灌区建设再上新台阶。

1.4 “守正创新”——激发灌区发展内生动力

一是聚焦铸魂塑形，思想教育上发力。以党的二十大及二十届一中、二中全会精神学习宣传为重点，丰富学习形式，以参观李大钊纪念馆、组织党校学习等为切入点，生动传播党的二十大精神，向各党支部延伸，层层赓续红色血脉；注重理论实践相结合，以党的二十大精神为指引开展工作，紧扣主责主业，让党的二十大精神成为推动工作的强大动力。二是聚焦党建引领，担当实干上发力。围绕中心、服务大局，开展工作谋划和部署，切实把党建工作融入灌区业务工作全过程，以建设学习型、服务型、创新型党组织为目标，进一步提高党建工作实效，为服务灌区中心工作提供组织保证。三是聚焦组织建设，提升效能上发力。强基提质，构建科学党组织体系，优化下级党组织，调整为机关3个党支部、闸站5个党支部，配齐、配合各党支部书记及委员，增强干部后劲；以此为契机，强化党务人员培训，依托专题讲座、观摩学习、经验交流等方式，提升党务人员敢为善为素质能力，增强党支部战斗力。四是聚焦党建品牌，创新示范上发力。以“旗帜领航强驱动，水美粮安当先锋”党建品牌落地为抓手，推进基层党建示范点建设升级，深入开展形式多样文明创建活动，推进省级文明单位创建。

激发内生动力、重振滦下雄风的现实责任和历史使命呼唤着红色基因和创业精神。

2　滦下灌区独具的红色基因和创业精神的底蕴和优势

红色基因是共产党人的生命密码，红色基因里记录了共产党人筚路蓝缕的来时之路，彰显了信仰的伟大力量。红色基因是远大理想和崇高信仰的现实载体，是勇于拼搏、自强不息的精神象征，是无怨无悔、夙夜为公的精神支柱。从这个角度，农垦和灌区创业精神与此一脉相承，或者说创业精神就是红色基因的重要组成部分。

2.1　红色基因是水利事业兴旺发达的不竭动力

践行习近平生态文明思想和贯彻“节水优先、空间均衡、系统治理、两手发力”治水思路为指导，以服务“三个努力建成”为目标，以提升水利现代化管理水平为重点，加快构建与唐山现代化进程相适应的水安全保障体系，对我们水管单位和水利工作者提出了新的更高的要求，更要发掘水资源、水环境、水生态、水安全和水文化中所蕴含的红色基因，赓续传承、发扬光大，更好地推动水利事业持续健康发展。

中华民族的发展史深刻烙印着人民的治水史诗。上古时期就有大禹治水的传说，都江堰、京杭大运河彰显先人创业基因和治水丰碑。党的十八大以来，党和国家将生态文明建设纳入“五位一体”总体布局，坚持全面协调水的经济、社会、生态效益，科学配置、合理利用水资源。习近平总书记站在党和国家事业发展全局的战略高度，多次强调治水对民族发展和国家兴盛的重要意义，深刻回答了我国水治理中的重大理论和现实问题，提出“节水优先、空间均衡、系统治理、两手发力”新时代治水思路，为我们做好水利工作提供了科学指南和根本遵循。

做好治水工作，实现水为人民而利，就不仅要从人利用水资源的角度出发，就要把红色基因渗透水利工作全领域、各层面，全过程贯彻习近平生态文明思想，实现人水和谐，促进增产增收。

2.2　滦下灌区植根唐山传统红色基因资源带

滦下灌区贯穿乐亭县、滦南县、海港开发区和曹妃甸区，流水所至恰好串起一条唐山独有的带状红色基因基地，这是滦下灌区得天独厚的红色资源优势。

——乐亭县李大钊纪念馆，李大钊故居。

——滦南县精神滦南县革命烈士陵园（位于该县程庄镇大顾庄村），高小安烈士纪念亭（位于该县安各庄）。

——曹妃甸区革命烈士陵园（位于该区第六农场），王翠兰烈士陵园（位于该区滨海镇）。

2.3 滦下独具的建设柏各庄农场与灌区的创业精神

滦下灌区与柏各庄农场相伴而生，在广袤的大地上书写了砥砺奋进的壮丽华章，这是得天独厚的红色资源和精神财富。通过提炼史诗般的创业历程和创业精神，以大历史观、大时代观立意，从不同层面、不同角度总结回顾水利人在服务大局、深化改革、强化管理、推动发展诸方面贡献的心智、付出的辛劳、投入的热情。把写入灌区渠道的平凡人生经历，着意发掘出来，提炼并赋予时代精神与奋进魂魄，升华为水利人勤勉敬业、精益求精、拼搏奉献的工作理念，塑造植根沃土、可望可及的精神丰碑。可复制传承、可全面推广、可发扬光大的时代精神。

这是属于水利人的奋斗史，不负时代，无愧芳华；这是我们来时的路，追溯新时代水利精神；这是我们为之奋斗的平凡而神圣的事业，“勇挑重担，兴水为民，开拓进取，守正创新”，映衬出滦下灌区水利工作者的华彩人生。

滦水洗濯的儿女，胼手胝足，在垦殖创业中奉献，筚路蓝缕、在开拓创新中建功。追求与梦想在这里启航，青春和生命在这里绽放，从亘古荒滩到渠道贯通再到水润民生的创业史，是几代水利人前赴后继用热血和汗水所铸就。传承创业精神印记、赓续红色奋进基因，是当代水利人的社会责任和历史使命，将深植水利新生代的血脉，昭示后来者：投身水利，选择无悔。

3 促进灌区事业发展的探索与实践

一碧滦河水情长，蜿蜒渠道润土方；渠首源头守粮仓，闸开水涌惠鱼乡；喜看稻稔千重浪，抗旱防涝民心扬；智慧节水标准强，百里沃野稻花香。滦下事务中心惟实励新，勇创佳绩，延伸工作触角、拓宽服务领域，传承红色基因，党建工作焕发生机，推动灌区事业蓬勃发展。

3.1 赓续“勇挑重担”基因，在思想上培根铸魂

依托党的二十大专题讲座、观摩学习、经验交流等方式强化党员培训，深入推进大学习、大宣讲、大调研。开展基层宣讲 8 场次，组织全体党员赴乐亭党校开展专题党课学习，参观李大钊纪念馆，生动传播党的二十大精神。赴昌黎县五峰山李大钊革命活动旧址，重温红色历史、缅怀革命先烈、传递

“精神薪火”。设立 13 个调研课题小组，走实调研，在学思践悟中不断提高党员干部的政治素质和战斗力。

3.2 赓续“兴水为民”基因，增厚“人文底蕴”

灌区所在的 17 个乡镇（场）109 个村都有滦下人的调研足迹，坚守初心，深入了解耕地情况和实际用水需求，以座谈会议、登门拜访、视频建立长久联系，以提前安排农业生产早、用水量大的曹妃甸区各农场优先用水，逐步为滦乐灌区和滦南县供水的错峰良方，满足多方用水需求，营造良好用水秩序，党员做先锋，优质服务有温度，用水高峰期，不舍昼夜，栉风沐雨，闸站坚守人员不畏电闪雷鸣，随时应对农户启闭闸门需求，坚守以民为本初心，展现供水党员冲在一线、不负重托的时代使命。

3.3 赓续“开拓进取”基因，推进灌区建设再升级

以“党旗红”带动事业兴，突出农业、工业、生态供水，科学研判水情，以错峰引水、分区域供水、以河代库储水有效提高供水效率。搭建用水管理信息平台，完善光纤传输和闸口视频监控功能，达到监控数据实时上传，逐步实现灌区智能化。多角度巡查、安全防范、责任压实，确保工程、供水、人员安全。清单化防汛物资储备，以 20 万条短信通知、中小学校宣传、巡查小喇叭广播、沿渠悬挂条幅等形式，落实防溺水宣传；以防汛抢险演练，全面提升应急处置能力。

3.4 赓续“守正创新”基因，不断刷新灌区履历

在“滦下”精神指引下，滦下事务中心攻坚克难，精准施策，多元发展，全面开花，灌区发展创下一个个佳绩，连续保持“河北省文明单位”“唐山市文明单位”称号、先后荣获唐山市思想政治工作先进集体、唐山市直工委基层党建示范点、先进基层党组织、“红旗党支部”等诸多荣誉，2022 年 12 月荣获全国“节水型灌区”称号，工程建设顺利推进，唐山市滦河下游灌区续建配套与现代化改造新增工程成功纳入国家增发万亿元国债项目，在巩固全国“节水型灌区”建设基础之上，成为全国第一批“水利部标准化管理灌区”，获评河北省水利安全生产风险管控“六项机制”示范建设单位，中心党委荣获“唐山市 A 档基层党组织”称号，灌区高质量发展再上新台阶。

新征程上，滦下灌区将继续坚持以习近平新时代中国特色社会主义思想为指导，积极践行“节水优先、空间均衡、系统治理、两手发力”的治水思路，锚定推动水利高质量发展，大力传承“滦下”精神，勇挑重担，兴水为民，开拓进取，守正创新，奋力谱写新时代滦下灌区发展新篇章，努力为水

利事业高质量发展做出新的更大贡献。

参考文献

[1] 周孝清，郑燕飞．守护红色基因传承“根”与“魂”[N]．法治日报，2023-03-27（003）．

[2] 董第永．赓续红色基因助推企业高质量发展的实践探索[J]．广西电业，2022（12）：52-55．

[3] 周静．中国共产党对红色文化的传承与创新研究[D]．南京：南京大学，2021．

[4] 陈晓江，冯少雅．“三全三维三联”：高校思政课红色基因传承机制创新研究[J]．大学，2021（26）：142-145．

[5] 杜沛，李萌格．传承红色基因、赓续红色血脉——对河北省邯郸市涉县129师司令部旧址传承红色革命精神现状的研究[J]．中国军转民，2022（8）：19-20．

[6] 扎实推进红色基因传承研究——全国红色基因传承研究中心在京成立[J]．企业经济，2022，41（4）：161．

[7] 传承红色基因 凝聚奋进力量[J]．理论导报，2022（12）：25．

[8] 王昕伟，薛菲．红色基因传承的基本方式[J]．文化软实力，2023，8（1）：49-55．

[9] 万华颖，易红．传承与发展红色基因的实践研究——以江西省赣州市为例[J]．老区建设，2023（1）：57-64．

[10] 唐晶．红色基因融入党员干部政治道德建设研究[D]．衡阳：南华大学，2021．

[11] 邹沛．在红色基因传承研究上走前列[N]．江西日报，2023-03-25（001）．

“6S”管理在标准化工作中的实践应用

曹斌军

渭南市东雷二期抽黄工程管理中心

渭南市东雷二期抽黄工程位于陕西省渭南市，是以黄河为水源，利用多座泵站分级提水向灌区供水，是陕西省目前最大的抽黄提灌工程。灌区下辖37座泵站，安装各型水泵机组170台套。1997年6月试通水至今，已运行20余年，为渭南市下辖大荔、蒲城、富平、合阳等4个县75万亩的农田的农业生产发展、农民增收做出了突出贡献。

1 旧模式的问题

近十年来，在国家大型泵站改造、现代化灌区改造等项目资金的大力扶持下，灌区33座大型、中型、小型泵站先后进行了从设备到管理设施的全面升级的改造，泵站的硬件设施条件焕然一新；泵站作为水生产的核心环节，发挥重要提水作用的同时，随着灌区的发展，农业种植条件多样化和供水要求的提高以及农业以外多元化供水方式的开启，灌溉任务、城市供水、企业供水任务不断加大，泵站运行时间也越来越长，泵站在旧模式下形成的日常管理与现代化管理不相适应的多种问题不断呈现，亟须解决，主要表现在以下几方面。

（1）泵站运行管理标准低，执行力不够。泵站运行至今，许多制度还沿用原来的老制度、老规范，与当前工作存在脱节现象。随着泵站标准化的不断推进，各个泵站不同程度制定了完整的管理制度、工作标准，但实际工作中执行力不够强，导致泵站运行管理粗放、不细致。泵站的管理制度问题主要体现在几个方面，首先是岗位职责明确后，人员不到位。有些雇佣人员年龄偏大，操作经验较少；其次是一些泵站不认真落实“两票”制度，还凭老经验者居多，导致泵站运行缺乏安全保障。

（2）泵站运行人员业务水平低下。由于历史原因，我灌区运行人员技术水平参差不齐，对泵站的理论知识掌握不够，实践经验不足，设备检修质量重视不够，在运行期间问题频发。有些泵站机组检修运行不到1000h即进行抢修，与水泵机组小修（3000～4000h）、大修（5000～8000h）检修周期相去较大。另外，许多技术人员眼高手低，不能深入一线具体操作，对一些关键性检修工序掌握不够。新招录人员又不愿干这些检修重活，一段时间即行转岗，导致运行人员流失严重，有些泵站值班长、总值班长没有人员能够胜任。

（3）泵站运行效率低，能源单耗较高。黄河水源为多泥沙河流，流量不稳定、变化大，受黄河上游水库调蓄、汛情影响较大。每年3月为黄河桃花汛期，7—8月为黄河主汛期。桃花汛期冰凌、杂草较多，夏季汛期杂、泥少草多。根据多年来运行情况统计，每年春灌期间渠首泵站平均清理杂草达到300～400t。夏灌期间杂草、泥沙含量较大，清理杂草200t左右，最大泥沙含量达到60kg/m^3左右，严重超标。这些因素导致机组运行效率低下，泵站能源单耗较高。另外，由于泥沙含量高，杂物多，加大了对机组叶轮磨蚀，零部件老化，密封装置不严，漏水现象严重，缩短了水泵运行周期，增加了运行成本。

（4）泵站现场管理有待加强。泵站运行中，班组之间交接班不严肃。有的未到下班时间，即提前离岗，有的到上班时间迟迟不到岗，致使交接班不能正常进行。有的对本班运行中存在问题故意不报，致使设备问题扩大化。运行过程中职工责任心不强，不能很好地进行现场巡视，未到时间，巡视记录已填写完成，检查不认真。环境卫生较差，有的交接班时不打扫，有的几天不打扫。

2　“6S”管理模式在灌区管理的探索创新应用

针对以上问题，经过多年的不断探索总结，在深入推进泵站标准化管理理念的同时，泵站实际运行中我们引入了“6S”管理理念，使泵站的管理水平有了较大提升，厂区面貌焕然一新。泵站作为水生产核心单元，有与企业管理相似之处。“6S”现场管理能帮助泵站管理者有效地管理泵站，并提高水生产效率。

2.1　“6S”管理的理念和作用

“6S”的前身由现代企业的“5S”引申而来，是现代工厂行之有效的现场管理理念和方法，其作用是：提高效率，保证质量，使工作环境整洁有序，预防为主，保证安全。“6S”现场管理的本质是一种执行力的企业文化，强调纪律性的文化，不怕困难，想到做到，做到做好，作为基础性的“6S”现场生产管理工作落实，能为其他管理活动提供优质的管理平台。

2.2 “6S”管理在灌区的内容

经过反复整理、提炼，“6S”管理核心内容是整洁、规范、素养、安全、节约、满意。

整洁（SHIPSHAPE）——将工作场所的任何物品区分为有必要和没有必要的，除了有必要的留下来，其他的都清理掉。目的：生产场所整洁、生活环境优美、管理环境有序。

规范（STANDARD）——工作过程中严格按照规定程序操作。目的：操作程序化、流程规范化、工作标准化。

素养（SHITSIJKE）——每位成员养成良好的习惯，并遵守规则做事，培养积极主动的精神（也称习惯性）。目的：业务技术精湛、工作习惯良好、团结协作高效。

安全（SECURITY）——落实安全生产责任，重视全员安全生产教育，每时每刻都有安全和责任的第一观念，防患于未然。目的：人员必须安全、设备必须安全、生产必须安全。

节约（SEISO）——将工作场所内看得见与看不见的地方清扫干净，保持工作场所干净、亮丽的环境。目的：控制生产支出、压缩办公费用、优化管理成本。

满意（STAISFCTION）——将工作场所内看得见与看不见的地方清扫干净，保持工作场所干净、亮丽的环境。目的：抗旱灌溉群众满意，服务一线职工满意，工作业绩组织满意。

上述因其第一个拼音均以“S”开头，因此简称为“6S”现场管理。

3 “6S”管理产生的成效

经过几年的实践应用，我单位下辖 30 多座泵站在各个方面有了巨大变化，主要体现在以下几个方面。

（1）厂房内闲杂物品得到了及时清理，提高了空间利用率。所有备品备件摆放整齐有序，分类摆放，制度章程和标识明确。设备、工器具责任人明确，及时清理保养，及时归还。使工作秩序简洁清晰。

（2）运行期间环境卫生有了大的改善，每周一、周四定期对厂房内卫生整理，保持了清洁的形象。值班室整洁明亮，运行记录摆放整齐有序，不再是烟头满地，气味熏人，垃圾乱扔。环境面貌改善并持续保持。

（3）杜绝了班组交接班期间互相推诿现象。各班组之间分工明确，互相配合，互相激励，形成了“比、学、赶、帮、超”的良好氛围。对本班出现问题及时处理，对本班内不能完成工任务，也都能加班完成或按规定移交后再下班，不再推诿扯皮，大大提高了设备运行时间，减少了检修工作量。工作质量和效率明显提高。

（4）安全生产问题得到了有效控制。生产过程中运行人员能够严格执行“两票”制度，并按规程进行操作。进入工作场所穿工作服、绝缘鞋，戴安全帽，养成了良好的工作习惯。杜绝了安全生产隐患。

（5）职工技能水平得到了有效提高。泵站运行过程中，不断地实行换岗、轮岗制度，使每名工人在不同的岗位得到不断锤炼，技能水平有了提升。以班为单位，实行老人带新人，一对一教学模式，使得青工水平有了明显提升。学习各项操作规程，设备工作原理，使得整体队伍有了大幅度上升。

4　探索实践中还有待克服的问题

“6S”现场管理实施多年以来，取得了良好效果，但还存在以下问题：

（1）部分管理者对“6S”管理认识不深刻。经过多年的实施，部分管理者没有看到真正的实质，看到的只是表面。如“6S”就是搞卫生，反复不停地搞卫生；“6S”就是浪费时间，把过多的精力浪费在整理、整顿、清扫上，耽误了其他工作；“6S”对工作促进作用不大。

（2）部分职工不配合“6S”管理工作。由于“6S”管理实现了精细化分工，部分职工在工作过程中存在一些误区，此事不归我管，有事找值班长或其他人，好像跟自己关联不大；有的职工以工作忙或以自己事多为借口，不去关心任何事情；有的职工不理解不学习，认为跟自己毫无关系。

（3）“6S”管理不能长期坚持。一部分人认为“6S”管理就是一阵风，和以往的各类活动一样，只是喊一喊口号，没必要上心，以至于各项工作干一干、停一停，不能很好地保持。

随着标准化工作的持续开展和推进，单位内部工作标准、管理标准不断完善，存在的这些问题，通过进一步加强对职工政治教育、工作考核和职工培训等不断提高；同时，做好长期准备工作，在不断推动泵站标准化管理的同时，注重每处细节，切实把“6S”管理理念真正融入泵站管理中，深入职工内心，加快推动灌区迈向现代化高质量发展的步伐。

论大圳灌区建设与管理发展中的系统思维

张云飞

湖南省邵阳市大圳灌区管理局红旗水利工程管理站

1 大圳灌区建设与管理发展成就概述

湖南省邵阳市大圳灌区建于20世纪六七十年代，位于湖南省衡邵干旱走廊区域，承担灌区灌溉、水利保安、水力发电、城乡供水四大社会功能。设计控制灌溉农田面积53.56万亩。建成后四十多年来，为灌区的稳产高产提供了水利支撑，向灌区灌溉供水年均值2.1亿m^3，实现了灌区大圳水库、大水江水库、东风水库、碧田水库、华洋水库的安全度汛。同时，灌区利用水能发电，装机容量1.5万kW，每年为灌区人民提供电能8000多万kW·h，另外，自孔家团水厂建成以来，每年向城乡供水2000万m^3，提高了灌区人民的生活质量。这些辉煌成就的取得离不开大圳灌区建设者们、管理者们的系统思维。

2 大圳灌区建设时期的系统思维

要成功建设一个灌区，从人员组织机构、规划设计、宣传教育到组织施工，这些要素一个也不能或缺，这既是以往经验的总结，又是科学研究的理论延伸。

2.1 建设组织机构设置中的系统思维

大圳灌区建设期的人员组织机构的设置，有“总指”，即灌区工程指挥部；“分指”，即大水江水库工程分指挥部、东风水库工程分指挥部、大圳水库工程分指挥部、新安铺倒虹吸管工程分指挥部；“县指”，即新宁县指挥部、武冈市指挥部、邵阳县指挥部、隆回县指挥部、洞口县指挥部；还有大圳物资办。各要素按各自的分工承担工作任务，协调一致地工作。

2.2 工程规划设计中的系统思维

这是一个技术层面的系统思维。工程规划，考虑了灌区地理位置（社会经济状况）、气候特征、地形地貌、河流水系、水利设施，以及受旱情况等。总体规划进行了多方案比较。对大圳灌区提出了四套方案：①集中方案；②自流灌溉和电力提灌方案；③分散方案；④水轮泵站方案。经反复论证，采用了第一方案，即集中方案。工程设计，考虑了工程地质（区域地质、水库枢纽工程地质、渠道工程地质、主要渠道建筑物地质）、水量计算（“长藤结瓜”水文计算——河川径流、地方径流、渠系坡面径流、灌溉定额分析和设计年的选定）、水位确定（依据、洪水调节、洄水淹没、装机选择）。

2.3 宣传教育中的系统思维

大圳灌区工程是一项民办公助的大型水利工程，跨邵阳市5个县。在宣传教育中，考虑了的要素有：①思想发动；②理论学习；③宣传报道；④竞赛评比。

2.4 施工组织中的系统思维

灌区工程施工组织中实行了统一领导、分级负责的机制，系统思维要素有：分期施工（局部施工、全面施工、突击扫尾）、后勤保障（机构设置、资金筹措、物资供应、物资运输、生活安排、医疗卫生）、移民安置、安全保卫等。

3 大圳灌区建后30余年管理阶段的系统思维

3.1 20世纪80年代大圳灌区基本建成后，管理成为首要工作任务

管理采用了系统思维，其要素有：组织机构（常设机构，含灌区管理委员会、灌区县级管理委员会、灌区灌片管理委员会；专管机构，含灌区管理局、管理局7个二级管理机构；灌区基层管理组织，含县市联合管理所与支圳管理所、群管组织）。

3.2 工程管理

大圳灌区的管理体制，1992年以前为集中管理体制（由大圳管理局管理），1992年以后为分级管理体制，将工程划分区段，4座骨干水库、总干渠及主要分水闸由大圳管理局管理，干渠、分干渠及其附建物由各受益县按“谁受益，谁负担，谁管理，谁使用”的原则划分地段、分片包干管理。

安全保护范围及措施。包括的要素有，范围划分：水库系统、渠道系统、发供电系统；安全保护措施，有禁止行为及处罚。

工程维修。包含冬修及日常维修（水库枢纽工程、渠系工程），主要维修方法有：①防渗（三合泥防渗、水泥砂浆勾缝和抹面防渗、混凝土防渗）；②滑坡处理（挡土墙、圬工拱涵、钢筋混凝土箱涵）；③溶洞处理（落地式渡槽、半边钢筋混凝土渡槽或单跨、多跨简支双梁渡槽）。

电灌站。包含库区电灌站、灌区电灌站。

续建配套。包含续建配套设计及分阶段实施。

3.3　供用水管理

水系运行方式按水库及渠道的独立性划分为大圳-大水江-碧田及东风两大水系。灌区内供用水，包括灌溉供用水、工业供用水和生活供用水三大类。

水库控制运用及工程安全。包含水库兴利调度方案编制（降水预报、水库水量平衡计算），防洪度汛（计划编制、防洪度汛措施——组织落实、工作会议与宣传教育、物资器材落实、抢险队伍落实、抗旱救灾）。

灌区效益。包含农业粮食生产效益，工业发电效益，水费（农业水费、工业及生活用水水费）。

3.4　小水电管理

包含发电管理、供电管理、调度管理、电费管理、电源（电站、厂房的修建）与电网建设。

3.5　综合经营

包含工业（预制管厂、水泥厂、化工厂）、水产园艺管理站、商业（商店、商场）、建筑安装。

3.6　财务管理

包含管理体制、会计工作管理（制度管理、基础工作管理、固定资产管理）、水电费收缴、财务收支、管理机构及人员。

4　大圳灌区改革时期的系统思维

4.1　贯彻以人民为中心的系统思维发展理念入脑入心，稳定工作人员队伍

灌区管理局党委从系统改革思维出发，通盘考虑灌区实际情况，妥善处理好水利事业改革发展与工作人员队伍平衡稳定的矛盾。

4.2　抢抓机遇，果断改革，实现三大块人员安排，实现供电、水管、发电专业化

通过改革管理好、维护好、建设好高质量发展的新大圳。灌区高质量发展，包含人员精神面貌优良、工程质量优良、管理效能优良三大方面。

4.3　安全管理

用系统思维做好大圳灌区的水利保安工作。其要素包含，保安对象（水

利工程、人员、财物、其他工程建筑物），参与角色（水利工程管理部门、政府人员、群众），资金，物资器材（抢险物资、通信设施），保安事宜（防汛会议、防洪保安检查——工程检查及措施处理、防汛值班安排、财物安全检查、水文预报、水文调度、防洪抢险）。从另一个角度，安全要素可划分有："天"（雨、雪、霜、雾、风、雷电、气温、冰冻），"地"（工程地质、水文地质、山体滑坡、崩塌、塌方、泥石流、动物危害），"人"（工程情况、值班制度拟定执行、群防群治、防洪预警疏散及抢险、水库调度方案、工程安全巡查及措施处理、安全注意并提醒他人、天气预报、水文预报、山洪地质灾害预报、冰冻预报）。

5 大圳灌区现代化发展推进中的系统思维

用系统思维把大圳发展得更美好，使灌区工程发挥更大的效益。大圳灌区犹如一架飞机，由很多零部件（人、工程、财、物、事）组成。一个个的零件不能单独起飞，只有将数个零部件精密地组合组织起来，形成一个系统，才能实现飞机的功能。大圳灌区就是一个系统，这个系统的好坏取决于各个零部件的质量，取决于各零部件的组合组织的稳固度（人员的素质，工程的质量状况，财、物来源的渠道，以及事务管理的经验与创新）。大圳灌区管理局工作就是一个大系统，每个二级单位的工作就是一个小系统，坚持用系统思维来落实这两个系统的管理工作，层层细分，每个系统都有自己的工作特点，工作人员要研究把握这两个系统各自的具体特点，层层细化，层层实化，把各项工作变成具体有可操作性的实际行动，这样即可实现两个系统中各要素的最大组合效能，实现灌区功能的最优化、最大化，为灌区事业的腾飞提供强有力的人员组织、技术及财物保障。

历史的车轮已驶入推进灌区现代化建设的大道。精心管理滋田润土，锐意改革继往开来，是我们现在和以后的工作目标。我们要以搞好扩灌增容及灌区"十四五"续建配套与现代化改造工作为契机，齐心协力把大圳发展建设成高质量的生态灌区、廉洁灌区、节水灌区、智慧灌区、人文灌区、和谐灌区。

对大圳灌区今后工作的建议。继续采用灌区系统思维来落实各项工作。①加大人员素质（安全意识、工作技能、责任心）提升培训，采用基层锻炼与绩效考核相结合的方法；②事的方面。要确保工程优良质量，成立大圳工程公司；安全管理，加大安全设施的投入；调度管理，系统调度大圳灌区的水资源；基层值班，加强责任心；加强技术交流与研究。

浅谈数字水利与灌区现代化发展

肖　城　谢渝静

水利部南京水利水文自动化研究所

数字水利技术以其技术优势，为灌区现代化管理带来了前所未有的便利和效率。因此，探讨数字水利与灌区现代化发展的关系，对于推动农业现代化和水资源可持续发展具有重要意义。

1　数字水利与灌区现代化概述

在科技日新月异快速发展的时代，数字水利与灌区现代化同为实现水利现代化的重要技术基石，两者紧密结合，共同推动着水利事业的进步。数字水利以其先进的技术手段为灌区现代化提供了强有力的支持，而灌区现代化则是数字水利技术应用的重要舞台之一。数字水利是以信息技术为核心，对水资源、水环境、水生态、水灾害等数据进行数字化、信息化和智能化的管理。灌区作为农业生产的重要基础设施，其现代化发展对于提高农业生产效率、保障国家粮食安全具有重要意义。灌区现代化不仅仅是灌溉设施和设备的升级换代，更是管理模式的创新和技术水平的提升。在数字水利的推动下，灌区现代化正逐步实现智能化、自动化管理，有效提高了灌溉效率和水资源利用效率。数字水利与灌区现代化的结合，体现在多个方面。一是数字水利技术为灌区提供了实时、准确的水资源监测数据，使灌溉决策更加科学、合理。二是数字水利技术还可以帮助灌区实现灌溉系统的自动化控制，减少人工操作，降低管理成本。三是数字水利还可以为灌区提供智能化的水环境保护方案，有效防止水污染和水灾害的发生。在数字水利与灌区现代化的推进过程中，我们也面临着一些挑战。例如，技术更新换代的速度较快，如何确保技术的实用性和可靠性；如何平衡投入与效益的关系，实现可持续发展等。然而这些挑战也促进了技术创新和管理创新，我们可以更好地应对这些挑战，推动数字水利与灌区现代化的深入发展。

2 数字水利在灌区现代化中的应用

2.1 数据采集与水资源信息监测

数字水利技术应用为数据采集与水资源监测带来了革命性的变革，不仅极大地提升了数据的准确性和时效性，还有效地促进了灌区管理的科学化和精细化。在数据采集方面，数字水利技术通过部署各类智能传感器和监测设备，对灌区内的土壤湿度、水位、降雨量、流量、水质等各项水文数据进行实时、连续监测，通过信息传输网络将这些数据传输到数据中心，使灌区管理人员能够随时掌握灌区的最新情况，为决策提供翔实的数据支撑。同时，数字水利技术利用地理信息系统（GIS）和遥感技术，可以构建一个全面的灌区监测体系。通过 GIS 技术，可以直观地展示灌区的地形地貌、水系分布、作物种植等信息的空间分布数据。另外，通过遥感技术获取灌区的植被覆盖情况、土地利用类型等宏观信息，结合水文监测数据，可为灌区计算出实时可利用的水资源总量供管理者提供水资源利用的决策支持。

2.2 智能决策与管理

数字水利通过引入人工智能、大数据分析等技术，能实现对灌区运行状态、水资源供需情况等数据进行全面监控和分析，从而提供有效的决策支持，优化灌溉系统运行管理，实现管理的高效智能化。一是数据集成与分析：通过整合灌区的水文数据与气象数据，结合土壤特性和作物需水量等多维度信息，实现对灌溉需求的精准预测与管理。二是智能调度系统：利用模型优化和模拟技术，智能决策系统能够对灌溉水资源进行合理分配和高效调度，以适应不同时间段和空间范围的灌溉需求。三是智能管理与决策：决策支持工具和用户友好型界面可帮助灌区管理者直观理解数据，简化决策流程，提高日常运营的效率和反应速度。四是灾害预警与应对：应用智能传感器和实时监测数据，系统能及时发出干旱、洪涝等水利灾害预警，自动调整灌溉策略以应对极端天气事件。五是持续学习与优化：引入机器学习算法，使智能决策与管理系统不断学习和改进，通过历史数据分析和模式识别优化未来的水资源管理策略。

2.3 自动化灌溉

数字水利技术的应用为灌溉系统带来了自动化与智能化的双重提升，不仅极大地提高了灌溉效率，还有效地节约了水资源，为灌区的可持续发展提供了重要支撑。自动化灌溉系统实现了对灌溉设备的远程实时监控和智能控制，这意味着灌溉过程可以不需要人工干预，系统能根据土壤湿度、作物生长状况以及气象条件等实时数据，自动调整灌溉参数，确保作物获得最适宜的水分供给。智慧灌溉系统还进一步提升了灌溉的智能化水平，通过运用大数据、云计算和人工智能等先进技术，系统能够对灌区的历史数据进行深入分析，挖掘出灌溉过程中的潜在规律和问题，据此优化灌溉方案。这种基于数据驱动的灌溉管理模式，使灌溉用水更加精准、高效和经济。智慧灌溉系统还能够实现与其他农业管理系统的集成，如作物种植管理系统、气象监测系统等，通过数据共享，自动化灌溉系统能够实时掌握灌区内更多的信息，确保信息的全面性和准确性，进而为灌溉决策提供有力支撑，使决策更加科学、合理。

2.4　设施管理与维护

在灌区现代化进程中，数字水利技术为设施管理与维护注入了新的活力。通过集成物联网、大数据等先进技术，系统能够将设备设施的位置、类型、规格等信息进行信息化和可视化管理，通过图形化界面进行展示。这使管理人员能够直观地了解设施的分布和运行情况，设施状态可实时监控，故障预警更加精准，维护计划更为科学。这种智能化的管理方式不仅提高了管理效率，也确保了灌区的稳定运行，为农业生产提供了坚实的保障。数字水利技术通过建立设施管理系统，实现了对灌区各类设施的实时监控和状态评估。借助传感器和物联网技术，系统能够实时收集设施的运行数据，如流量、压力、温度等，通过数据分析来评估设施的健康状况。一旦发现设施存在故障或潜在风险，系统能够立即发出预警，确保设施得到及时维修和保养。数字水利技术为设施维护提供了精准化的支持，通过分析设施的历史运行数据和维护记录，系统能够预测设施的维护周期和可能出现的问题，提前制订维护计划。这使维护人员能够有针对性地进行维护，避免了盲目性和重复性工作，提高了维护效率。

3　数字水利与灌区现代化关系与发展的思考

3.1　数字水利对灌区现代化的支撑作用

数字水利技术作为信息技术、传感技术和智能算法等多种技术的集成，对于灌区现代化的发展起着至关重要的支撑作用。数字水利的应用可以带来灌溉水资源信息的实时监测、决策支持与操作优化，加强了对灌溉系统的管理和控制，从而推动了灌区现代化水平的提升。一是精准水资源利用：数字水利技术通过提供精确的水量测定和控制，帮助实现了精准农业。这种做法不仅能优化水资源配置，还能提升农业生产效率，减少水资源的浪费，进而支撑灌区现代化的进步。二是数据驱动的决策制定：数字水利系统中的传感器和监测设备能实时收集关键数据，为灌区管理者提供科学、实时的信息支持。这些数据帮助制定更为合理的灌溉计划和水资源管理策略。三是基础设施的自动化升级：数字水利推动了灌溉基础设施的自动化升级。自动化灌溉系统可以根据土壤湿度和天气预报自动调整灌溉量，提高水资源利用效率，减少人工成本。四是应对气候变化的挑战：在面对气候变化带来的不确定性时，数字水利可以为灌区提供弹性管理策略。通过分析历史和实时数据，预测未来变化趋势，灌区能够更好地适应变化的气候条件，保障农业生产稳定性。

3.2　数字水利与灌区现代化的互动发展

数字水利与灌区现代化之间存在着紧密的互动关系，二者相互促进、共同发展，随着信息技术的不断进步，数字水利为灌区现代化提供了强大的技术支撑，而灌区现代化的推进也为数字水利的发展提供了广阔的应用场景。一方面，数字水利技术通过其精准、高效、智能的特点极大地推动了灌区现代化的进程。数字水利技术能够实现对灌区水资源的实时监测、精准调配和智能控制，提高了灌溉效率和水资源利用率，减少了水资源的浪费。同时，数字水利技术还能够为灌区管理提供科学、准确的决策依据，帮助灌区应对气候变化、水资源短缺等挑战，实现可持续发展。另一方面，灌区现代化的推进也为数字水利的发展提供了更多的机遇和挑战，灌区现代化的深入发展对数字水利技术的需求将不断增加，这将推动数字水利技术的不断创新和完善。灌区现代化的复杂性和多样性也将对数字水利技术提出更高的要求，需要数字水利技术不断适应和满足这些需求。在互动发展的过程中，数字水利与灌区现代化相互促进、相互依存，数字水利技术为灌区现代化提供了技术支撑，而灌区现代化的推进也为数字水利技术提供了更多的应用场景和发展空间。

4　结语

随着信息技术和感知技术的不断创新，数字水利已成为灌区现代化进程中的核心技术力量。随着数字水利技术的进一步完善与广泛应用，其在精准监测、智能决策、自动化控制等方面的优势将更加凸显，将为灌区生产带来前所未有的便利和增益。这不仅能极大地提升灌区生产的效率和质量，还将为实现农业现代化和水资源可持续发展的宏伟目标注入更加强劲的动力。

参考文献

[1] 包志炎，姜小俊，黄康，等. 浙江水利数字化转型总体框架和关键技术研究 [J]. 水利信息化，2020 (2)：1-8.

[2] 屈军宏，周秦. 灌区现代化建设的理念思路与关键技术浅谈 [J]. 陕西水利，2020 (10)：189-191.

[3] 陈建国. 关于现代化灌区建设的思考 [J]. 工程建设与设计，2020 (12)：104-105.

党建引领铸精品　灌区工程树新风

——宜春市袁锦水利工程服务中心锦北灌区开展党建进工地

王亚立

宜春市袁锦水利工程服务中心

为深入推进党建与水利工程建设业务工作深度融合，以党史学习教育推动水利工程建设高质量发展，根据江西省水利厅办公室《关于开展“党建引领铸精品”党建进工地试点工作的通知》（赣水办建管字〔2021〕15号），宜春市袁锦水利工程服务中心在宜春市锦北灌区“十四五”续建配套与现代化改造工程项目开展党建进工地工作，通过组建临时党支部凝聚共识，形成合力，充分发挥党员先锋模范带头作用，保障工程质量进度、安全。

1　多方共同组建临时党支部，凝聚共识，形成合力

针对参建方较多，施工现场地方政府和群众生产、生活存在密切关联，各自利益点、关注点不同的现状，项目部通过组建由参建各方党员组成的临时党支部凝聚共识，形成合力。

1.1　临时党支部的组建模式

临时党支部成员由项目部、监理单位、施工单位和工程所在地村党支部党员组成，其中项目部技术负责人任支部书记，总监、部分项目经理、村支书任支委，其他党员为成员。

1.2　临时党支部制度上的落实

按照工程建设的特点，临时党支部制定了《临时党支部党员责任区目标要求》《安全文明任务责任制度》《党员领导干部工作联系点制度》《临时党支部现场问题处理卡》《工程现场责任问题限时办理制度》《临时党支部岗位责任制度》等相关制度，签订了《党员安全生产责任状》。

1.3　临时党支部的引领指导作用

临时党支部在发挥引领指导作用上主要是协调工程建设中各方难以协调

解决的问题。

如工程开工后，工地上存在扯虎皮拉关系问题，临时党支部组织召开支部会宣传党性思想，组织在施工现场拉起扫黑除恶的标语，还组织村委会干部约谈相关人员。通过各方处理，解决扯虎皮拉关系问题，使工程开展顺利。

如由于工程部分渠段属穿山渠道，出现灌区管理范围与林业管理范围重叠的问题，需要协调地方政府与林业局办理林权变更、林木砍伐等工作，临时支部及时与地方行政村了解林地权属边界，与镇林业所联系管理情况，邀请林业部门专管科室到现场实地查看，确认权属变更范围，同时为了不影响工程进度，与林业部门同志协商边办理手续边施工，使工程进展顺利。

1.4　临时党支部的教育和管理“主心骨”作用

通过临时党支部建立后，支部不论是在工作过程中，还是在休息闲聊时，都不断向工地党员灌输“我是党员我先来，我是党员我先上”的思想，时刻提醒党员身份和义务。当施工单位出现畏难情绪、监理单位出现旁站懈怠思想、现场甲方人员出现厌烦态度时，支部都及时进行思想引导，谈党性、讲原则，将这些对工程会产生不利的苗头消灭。如施工单位的党员就说到“通过临时党支部的组织生活，使我更清晰了自己的党员身份，这是在以前没有体会到的，以前很多时候都忘记了自己的党员身份”。同时，在临时党支部建立后，参建各方有什么问题，有什么困难，都会及时与支部联系、反映，各参建单位都认为有了依靠、有了主心骨，干活更放心，施工单位不用担心被地方欺诈，农民工也不用担心施工老板不支付工资。

2　发挥先锋模范带头作用，保质、保量、保安全

针对灌区工程建设难度大，进度紧迫的实际，临时党支部动员各级党员，充分发挥先锋模范带头作用，保障工程的质量、进度和安全，使工程顺利完成。

2.1　党员干部下沉工地，吃住在一线

为了保证项目管理到一线、监督到工地，项目开工后，项目部即于各施工现场派遣甲方代表、甲方技术员等党员深入工地，吃住在一线。一是对工程协调周边群众关系。二是对工程质量与安全严把关。为了确保施工安全措施到位，在施工单位赶工程进度时，下派党员与施工单位同夜班、同加班；在工程施工过程中，由于一些不可避免的施工程序，给地方群众带来了不便，造成部分群众到工地阻工问题，驻现场代表能及时与群众沟通、协调，常利

用晚间容易找到群众的时间，上门到家，利用拉家常、找谈心等方法及时解决问题，使工程进展顺利。

2.2 攻坚克难，领导干部作示范

在临时党支部的带领下，项目建设过程中，存在什么技术问题，技术人员都能随叫随到，及时深入工地现场，与施工单位一起攻坚克难。如 2021 年，一段渠道设计采用框架式钢筋混凝土结构，由于钢筋工没有相关施工经验，在安装边墙钢筋时无法达到规范标准，钢筋绑扎杂乱，项目部技术人员及时到现场教导钢筋绑扎方法，明确“先立柱、再搭架，先固顶、再均分”的方法，使钢筋制安工序又快又好。

2.3 急难险重，党员干部勇担当

因工地受地方条件限制和群众生产、生活影响，存在各种需要协调解决的问题，支部党员挺身而出，勇于担当。如工程所在行政村干部，在工地成立临时党支部后，都表态全力支持临时党支部的决议，在施工过程中坚持每日到工地走访，向施工单位了解是否存在协调地方关系的问题。工程实施时，在对渠道两边林木砍伐和渠道开挖土方临时堆放的问题上，有部分群众不理解，到工地上阻工、闹事，行政村干部均能挺在前头与群众讲政策、摆道理，使工程得以顺利开展。

为了不影响施工进度，在一些地形地势不利的环境下，支部急难险重，多方协调，横向联系地方各政府与部门，实地解决影响施工进度问题。如锦惠干渠庙前过山段工程，受高边坡影响，按设计需开挖三级边坡施工，但施工单位进场后，受左岸林木砍伐影响，迟迟不能开工。支部到现场调查了解，发现是两个因素诱导造成，一是右岸进场公路在村庄位置有限宽墩，施工单位无法解决，只能从左岸进场公路进出机械，与林木砍伐造成冲突。二是施工单位认为右岸灌木林地没有工作场面。支部在将情况调查清楚后立刻作出方案，一是将右岸进场公路限宽墩拆除。二是带施工单位深入右岸灌木林调查实地，确认具有工作面，立即组织机械清场，清场造成的地方关系由支部一力承担。支部同时对限宽墩权属进行了调查，即时与权属单位灰埠镇城管中队联系，与灰埠镇承诺因拆除限宽墩后造成的影响承担责任；同时与行政村联系落实左岸灌木林清场责任，无条件配合完成施工环境。

3 深入基层调查群众需求，切实解决群众的急难愁盼问题

临时党支部针对容易就“项目抓项目”片面思想的实际情况，深入基层

调查项目区地方政府及群众需求，切实解决群众的急难愁盼问题。

3.1　把群众的需求融入项目建设中

在项目实施过程中，项目区工程多有地处城镇、乡村附近，地方政府及群众反映较多，如原渠道踏步少或小，生活用水困难；部分跨渠交通桥梁损坏严重，需要重建等问题。临时党支部在接到地方政府和群众反映后，就立即组织项目部技术人员深入工程现场调查了解，商讨解决办法，经项目部确认后，由项目部与设计院联系办理变更手续，增设一些洗衣踏步、机耕桥拆除重建等变更项目，以解决村民生产、生活困难问题。

针对一些群众特殊情况，临时党支部还会进行特事特办。如聂家庄村一村民房边原有一放水涵管和农渠通过，影响村民居住安全，支部经现场确认后，认为虽然该管口和渠道并无病险问题，但为保证村民居住安全，仍需酌情解决。经项目部与设计院商讨后，决定将原涵管与农渠拆除回填，向下游移动 20m 重建放水涵管与农渠，以确保村民住房安全。

3.2　聘请务工人员，多向沿线群众倾斜

项目开工后，临时党支部就组织支部人员，特别是施单位施工现场负责人，宣传在同等待遇条件下，沿线就地聘请务工人员，解决项目区群众务工需求。据初步统计，沿线群众每年都有二三百人在项目区务工，沿线群众在参加建设过程中得到了极大收益，为沿线群众增收近 400 万元。如 2021 年，铜塘村的王业仁，参加了灌区项目的模板安装建设，每天收入是 500 元，共做了 40 天，增加了 20000 元的收入。

3.3　更多关心关爱一线工人

项目开工后，临时党支部为了确保农民工工资即时到位，安排党员深入工地一线逐一完善民工信息，与施工单位建立的农民工账户人员名单逐一核对，确保信息准确不遗漏。

在施工过程中，支部安排的现场甲方代表与技术员全天候蹲守工地现场，不断巡查工程现场施工人员生产安全问题，对安全帽、手套、高空作业等安全问题不厌其烦地督促施工人员，确保施工人员安全，同时也时刻关注施工人员的高温作业情况，确保施工人员不因高空作业缺水、中暑问题出现。

4　开展党风廉政教育，制定廉政措施

针对项目上易滋生腐败问题的实际，临时党支部经常性开展党风廉政教育，在巡查督查时不断强调廉政要求。

4.1 广泛开展党风廉政教育

支部针对党风廉政问题每年项目开工后的第一次工地例会，就展开党风廉政教育，针对工地巡查，明确禁止项目部工地巡查时施工单位打烟，要从微小处防微杜渐。请客送礼更是不得出现，吃人嘴软、拿人手短，更是党风廉政的重中之重。

4.2 制定廉政措施

针对党风廉政建设，支部制定了《党员廉政责任制》，签订了《党员廉政责任状》。

5 党性观念受锤炼，工作作风显提升

灌区普通干部职工有守成的思想，小富即安、不思进取，惯性思想重。存在干部职工知识结构相对单一、能力相对偏弱的实际，通过工程建设的锻炼，干部能力、工作作风有了明显的提升。

5.1 党性观念得到了锤炼

从“党建进工地”以来，将支部建立在工地上，参建单位党员的党性观念得到了锤炼，党员意识得到了加强。多位党员均提到以前在平时的工作与生活中几乎都不会想到自己是党员，在参建过程中，临时党支部不断地向党员提要求、办学习，使他们时刻记得自己是一名中共党员，要以党章行事，要以党员身份树形象。

5.2 工作作风有了明显的改善

通过对参建党员的党性提炼，党员工作作风有了明显改善，在以前的项目建设过程中，参建人员，特别是甲方参建人员对工程建设没有紧迫感、责任感，很多人都提到“我从建多年来，从未见过像如今这样搞建设，施工单位不遗余力抓质量、赶进度，监理单位和甲方人员吃住到工地一线，时刻紧盯工程安全与质量，不像以前一样做走读生”。

5.3 综合协调能力有了提升

在临时党支部的带领下，参建各方人员综合能力都得到了极大的提升，比如甲方代表与甲方技术人员在工地上互相配合，都既能协调地方关系，又能进行技术指导，为施工单位提供了很多宝贵意见；施工单位通过甲方人员的指导，工程进度和质量都得到了极大改良，以前认为不太可能完成的任务均通过压责任得到了完成。

“党建进工地”采取了一系列质量管理和监控措施，使工程质量始终处于“受控”状态，工程质量得到了有效保障。锦北灌区续建配套与现代化改造工程项目从实施以来，没有出现过一次质量事故和安全生产事故，也没有出现过一人违法违纪案件，确保了工程建设“四大安全”。

江门市整市推进中型灌区现代化建设与管理的几点探索实践

谭俊彦[1]　李健礼[2]　梁艳晴[1]

1. 江门市水利局；
2. 江门市水利工程质量管理中心

为深入贯彻落实党的二十大精神和习近平总书记关于治水重要论述精神，深刻认识灌区是区域内水资源优化调度和配置的“主阵地”，是粮食和重要农产品生产“主力军”。江门市坚持以提升农业用水效率、提高供水保障水平、增强粮食和重要农产品综合生产能力为目标，着力建立设施完善、用水高效、管理科学、生态良好的灌区工程建设和运行管护体系，在全省率先提出整市推进大中型灌区现代化建设，实现灌溉保证率、骨干灌排设施完好率、灌溉水有效利用系数“三提升”。“十四五”以来，全市耕地灌溉用水量从 13.4713 亿 m^3 下降至 11.1693 亿 m^3，降低了 17 个百分点，有效缓解经济社会发展用水矛盾，提高农业生产用水灌溉效能，为保障粮食安全、推进农业农村现代化、实施乡村振兴战略提供支撑与保障。

1　以机制建设保障灌区管理提升

一是高位部署推进。江门市将灌区现代化建设作为奋进“百县千镇万村高质量发展工程”的重要工作，列入市政府年度重点工作任务和推进“百千万工程”重点工作任务清单，高位倒逼推进。市政府出台《江门市中型灌区改造建设及运行管理示范创建工作方案》，建立“统一制定改造计划、统一推动方案编制、统一协调项目前期”三统一工作机制，“十四五”期间整市推进尚需改造的 17 处灌区现代化建设。

二是完善管理机制。按照“先建机制，后建工程”的思路，以创建节水型灌区和标准化灌区、深化农业水价综合改革等措施为抓手，进一步深化灌区管理体制改革，健全灌区组织、安全、工程、农业节水与供用水、信息化、经济等各方面管理制度，提高规范化管理水平。同时，还制定标准化管理灌区、节水型灌区创建年度计划，将创建工作列入江门市对各县（市、区）河湖长制考核内容，分年度推进，2025 年完成 80%的中型灌区标准化管理创建，2030 年完成全域中型灌区标准化管理创建、30%的中型灌区达到节水型灌区标准。目前，已累计创建 1 处国家级节水型灌区，3 处省级节水型灌区，6 处省级标准化管理达标（示范）灌区。

三是强化结果运用。2022 年以来，江门市将大中型灌区管护评估列入粮食安全责任制考核和乡村振兴实绩考核的内容，充分运用年度中型灌区管护评估结果，发挥考核“指挥棒”导向作用，以考促管。同时，委托省级技术支撑单位开展灌区管护培训，特别是对管护评估结果不理想的灌区进行重点培训，组织灌区管护人员进行针对性、系统性的集中学习，补齐能力短板。全市中型灌区管护评估省级考核优秀率从 2022 年的 48%提升至 2023 年的 87%，有效促进中型灌区的运行管理水平提升。

2　以项目建设引领灌区发展突围

一是用活奖补资金，抓项目储备。从 2019 年起，江门市本级财政每年安排 2000 万元水利前期工作奖补资金，重点支持灌区现代化建设项目，激励各县（市、区）加快推进项目前期工作，加大项目储备力度，积极争取灌区现代化建设项目列入上级投资计划笼子。推动全市尚须改造的 17 处灌区全部提前完成可行性研究报告（立项建议报告）编制，具备灌区项目“下达指标即可实施”的条件。

二是用好上级政策，推项目落地。紧密对接上级投资政策，把握扩大内需战略机遇，创新灌区项目申报打包模式，针对灌区现代化建设项目公益性强的申报短板，水利、发改、财政等多部门共同研究，将灌区与其他收益项目“肥瘦搭配”、大小项目“同类合并”，积极争取中央水利发展资金、增发国债、政府专项债、各级涉农资金等，近两年来已启动实施 13 处中型灌区现代化建设项目，掀起灌区发展建设热潮。特别是紧抓 2023 年新增发行 1 万亿元国债的政策机遇，6 处中型灌区获 2.66 亿元国债资金支持，开创灌区高质量发展新局面。

三是用足资源禀赋，创大型灌区。江门市从经济社会发展用水需求出发，推动农业节约用水指标向保障工业用水、生态用水等领域流转，优化行业间水资源配置，谋划创建台山广海湾、恩平锦江源 2 处大型灌区。充分运用“四下基层”制度，市县分工协作，形成工作合力。市本级牵头抓总，负责大型灌区进入国家名录论证工作；台山、恩平立足本地水土资源禀赋优势，全面开展调查摸底，进一步完善灌区管理机构，同步组织开展规划设计前期工作。目前，已编制完成灌区调整论证报告及水资源论证报告，并顺利通过省级技术审查，争取在“十五五”期间列入国家大型灌区改造计划。

3 以试点建设探索灌区多元路径

一是聚力数字赋能。江门市坚持以数字化改革为牵引，积极推进恩平市西坑水库灌区国家数字孪生灌区先行先试建设，打造高水平灌区管理平台，探索数字孪生灌区建设标准和实施路径。通过将灌区渠系、各类水工建筑物等统一纳入“一张图”，实现工程各类信息数字上图、一图监管，有了灌区一张图的辅助，结合降雨来水形势变化，制订最优调度方案，提高配水效率，充分实现及应用预报、预警、预演、预案等“四预”功能，使灌区供用水管理从“人工经验决策”向“智慧精准决策”转变，助力农业节水增效。

二是释放改革活力。一方面，深入开展开平市、台山市桂南水库灌区、恩平市西坑水库灌区深化农业水价综合改革推进现代化灌区建设试点工作，确保“两费”全面落实，实现灌区内“以水养水”。以农业水价综合改革为着力点，积极引导社会资本参与灌区建设和管理，探索“政府＋社会资本”“管养分离”等灌区发展模式，开发盘活灌区水利资产。另一方面，恩平市探索“水源到田头全渠系”建设投入模式，计划实施总投资 9.8 亿元的恩平市水网改造及灌区渠系连通工程，采用“统一打包、统筹推进”的建设方式，将县域范围河道清淤疏浚、渠系互联互通、重点支流建设等纳入项目包，协同推进高标准农田建设，统筹整合资源，靶向发力，推动恩平县域内“渠相连、路相通”，切实打通灌区骨干工程与高标准农田衔接“最后一公里”。

三是厚植灌区文化。恩平市西坑水库灌区因地制宜打造富有水利文化内涵的文旅项目，围绕灌溉供水、工程建设、管理创新、水质保护等社会关注的热点，深入挖掘灌区生态、人文、乡村建设要素，凭借得天独厚的水利资源和人文历史优势，孕育出“航空侨村”昌梅村、“党恩如水”党建公园等特色旅游景点，年均吸引游客 15 万人，有效带动乡村产业兴旺，成为“智慧灌区＋万里碧道＋现代农业＋乡村旅游”的现代化灌区建设标杆，全方位、多角度展示灌区文化形象。

高质量算力助力灌区信息化建设

于树旺　王　波

浪潮电子信息产业股份有限公司

1　概述

截至 2024 年 3 月，我国耕地灌溉面积达到 10.55 亿亩，在占全国 55％的耕地灌溉面积上生产了全国 77％的粮食和 90％以上的经济作物，为端牢中国饭碗奠定了坚实基础。灌区是国家粮食安全的基石，是用水安全和生态安全的关键所在，目前全国已建成大中型灌区 7300 多处，为保障粮食丰收提供了坚实的水利支撑。

近年来，我国灌区业务普遍存在如下需求：

（1）水资源优化配置，解决部分灌区缺水的需要。目前灌区供需水计算主要依靠上报数据，配置方案制定主要依靠历史经验和人工调算，效率低，亟待供需水科学化预测、多源精准优化配置，重点保障作物关键生育期用水。

（2）实现供用水管理过程精准调控，提高灌区用水效率的需要。目前大部分灌区供水调度主要依靠人工方式，存在主观性强、调控不精准不及时，亟待预演调度方案和优化调整，提升供用水过程精准化匹配，重点提高用水的效率效益。

（3）实现水旱灾害科学防御，提高灌区减灾能力的需要。目前多数灌区在面临水旱灾害时，暴露出工程供水能力不足，优化调控手段弱的问题，亟待对旱情汛情进行精准预报、及时预警、实时预演、科学预案，提高水旱灾害防御能力，重点保障旱涝稳产。

2　政策导向及发展趋势

为应对以上需求，水利部陆续印发了《关于大力推进智慧水利建设的指导意见》《关于开展数字孪生灌区先行先试工作的通知》等政策文件，引导各大中型灌区利用信息技术提升灌区的智能化水平，从而实现供水可视化、调水精准化、未来态势可预测、可预演。

根据近几年建设趋势，灌区信息化越来越需要算力的支持，尤其是数字孪生灌区，需要建模、渲染，实现数实融合，因此更需要强大算力的支撑。浪潮电子信息产业股份有限公司（简称：浪潮信息）作为全球智慧计算的领先者，在通用算力、AI 算力、国产化算力、云等新兴产品处于全球领先地位，可提供边缘侧到云端全套的算力、网络支撑。

云网边端融合的架构如图 1 所示。

图 1 所示，端侧由视频、水位计、雨量计、闸控等多种传感器构成，用于实时采集前端数据；边缘侧利用边缘计算设备整合前端传感器，利用内置的模型算法，对采集的数据进行初级的处理。利用边缘计算设备代替传统的 RTU，有两点优势，一是能够在边缘侧提供更复杂、强劲的算力，内置水文规约转换 App，统一数据采集标准；还可以内置模型计算，提供水位、流量等预警；以及通过嵌入 AI 视频分析算法，对人员入侵、水面漂浮物、非法采砂、水尺识别、岸线违法建筑侵占等行为进行识别告警。二是能够降低网络对业务的影响，脱机状态下边缘算力提供业务应用，保障采集数据及时处理、本地存储，网络恢复正常时，数据同步上传。综上所述边缘计算是更优的解决方案。采用水利专网和运营商网络相融合的方式承担数据传输，保障通信的可靠性。云端采用“一云多芯”“分层解耦”的设计理念，既可以兼容不同品牌的软硬件产品，又能兼容不同的技术路线，能降低应用迁移的难度和成本，并降低生态封闭带来的风险，更好地保护客户投资。

3 成功实践

2020 年，浪潮承接了国内某大型灌区的信息化建设，主要任务是通过构建云边算力提升灌区智能化水平。在灌区内部署多个智能监测点，利用边缘计算设备辅助传感器决策。在中心侧建设云数据中心，部署灌区各种应用系统，配套建设灾备数据中心，在应急状态情况下保障数据业务不中断，为灌区信息化建设提供安全、稳定的基础运行保障环境。通过部署虚拟化软件、服务器、存储设备、网络设备，搭建虚拟化环境，形成统一的云计算管理平台。

在云中心内，所有资源整合后在逻辑上以单一整体的形式呈现，可根据需要进行动态扩展和配置，灌区所有水利业务信息系统按需使用资源。通过虚拟化技术，实现在单一物理服务器上运行多个虚拟机，把应用程序对底层系统和硬件的依赖抽象出来，从而解除应用与操作系统和硬件的耦合关系，

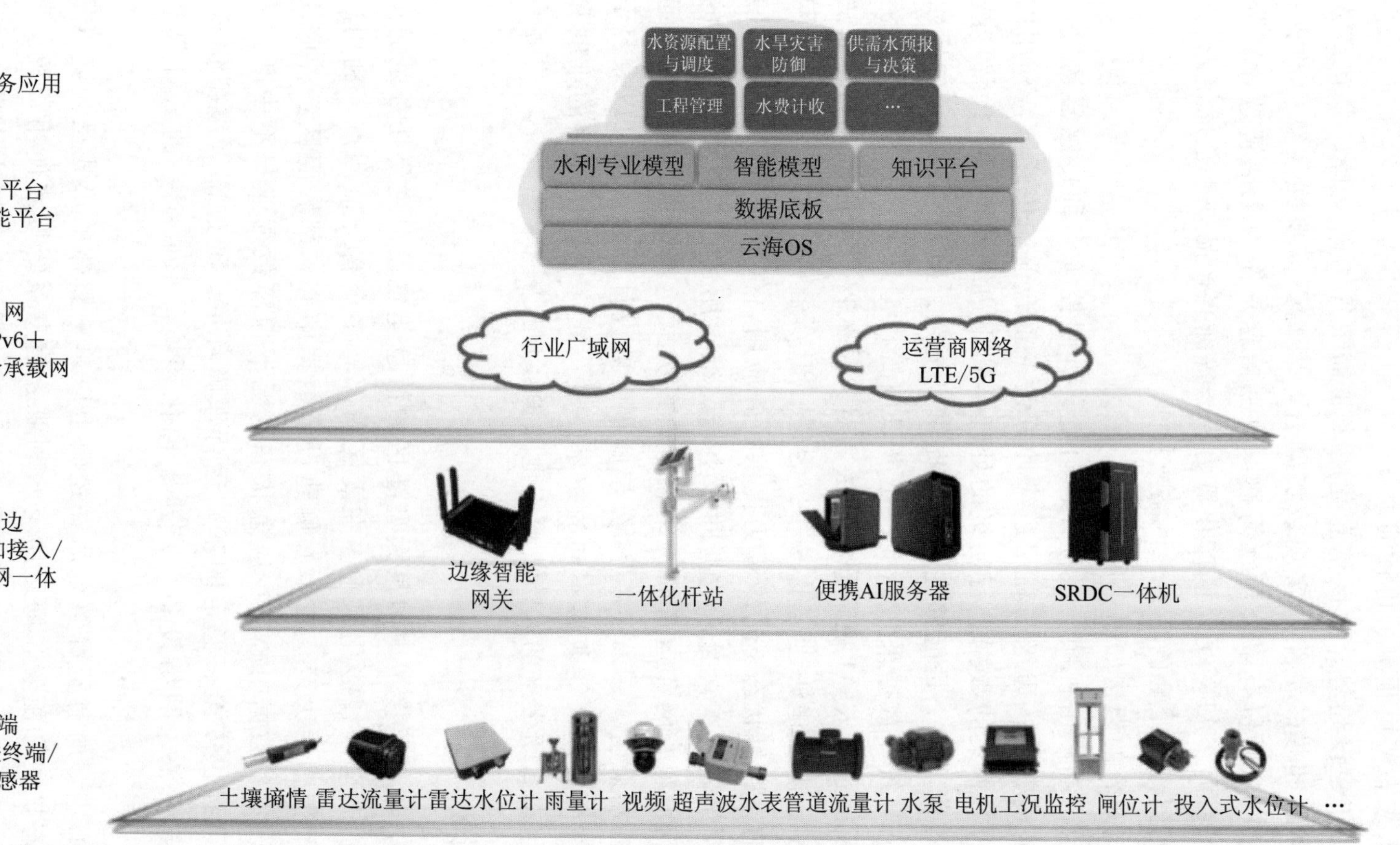

图 1　云网边端融合架构图

使物理设备的差异性与兼容性与上层应用透明，不同的虚拟机之间相互隔离，可运行不同的操作系统，并提供不同的应用服务。从而增强数据中心的可管理性，提高应用的兼容性和可用性，加速应用的部署，提升硬件资源的利用率，降低能耗。

计算资源和存储资源是云中心的两大类核心资源。对计算资源和存储资源的合理估算和配置，是建设先进、高效云平台的必要条件。

根据灌区业务需求，云中心需要承载的具体业务如表 1 所示。

表 1　　云中心需要承载的具体业务

序号	业务系统	计划部署载体
1	全国水利普查数据数据采集处理上报系统	虚拟机
2	省国家水资源监控系统	虚拟机
3	国家水土保持重点工程管理系统	虚拟机
4	全国水土保持监督管理系统	虚拟机
5	渠首水情遥测系统	虚拟机
6	基于 3S 技术的小型农田水利管理信息系统	虚拟机
7	小型水库动态监管预警系统	虚拟机
8	省国家防汛抗旱指挥系统二期工程旱情信息采集系统	虚拟机
9	省防汛抗旱信息查询和指挥决策平台	虚拟机
10	省河长制湖长制基础信息平台	虚拟机
11	其他应用（超过 50 个）	虚拟机
12	接收服务器	虚拟机
13	地图服务器	虚拟机
14	WEB 服务器	虚拟机
15	综合业务平台服务器	虚拟机
16	水库平台服务器	虚拟机
17	虚拟化、云管理平台	虚拟机
18	网络管理、安全审计服务器	虚拟机
19	原始数据库	物理机
20	灌区综合业务数据库	物理机
21	数据处理服务器	物理机
22	标准、主题数据库服务器	物理机
23	数据抽取清洗服务器	物理机
24	API 服务器	物理机
25	建模、渲染服务器（用于数字孪生）	物理机

水利系统业务类型繁多，不同的业务类型需要依据其特点部署在不同的资源平台中，才能更好地保证业务良好运行和极大发挥硬件资源。

（1）依据项目需求，本次建设的数据中心包括：

1）数据库服务器：运行数据库业务的载体，保证内存型数据库、关系型数据库和非关系型数据库的良好运行。

2）物理服务器：虚拟服务器的载体，在其之上运行虚拟化软件和虚拟机服务器。

3）虚拟化软件：可将服务器物理的CPU、内存、网卡和硬盘等资源抽象出来，映射成若干个虚拟的CPU、内存、网卡和硬盘，构成虚拟机。

4）虚拟服务器：运行在物理服务器上的具有与物理服务器相同功能的服务器。

5）虚拟机管理服务器：在台式机、笔记本或服务器上安装虚拟化客户端程序，对所有虚拟机和虚拟机物理服务器进行集中管理，是使用高级功能必需的一个组件。

6）大数据服务器：大数据平台的载体，在其之上部署大数据平台和运行各类大数据分析业务。

7）云平台服务器：云平台的载体，在其之上部署云平台，提供各类云平台服务。

8）客户机系统：包括客户端硬件（PC机、笔记本等）、操作系统和客户端应用程序。

9）SAN存储系统：包括主机HBA卡或网卡、光纤或网络交换机、存储阵列。

10）存储交换机：连接主机和磁盘阵列的转接设备。

11）存储阵列：为虚拟机提供存储空间，是所有物理服务的共享存储设备。

12）备份存储：备份所有业务的数据，提高业务数据的高可靠性。

（2）通过云边算力的高效协同，数据中心应用多个灌区专题模型，提升了该灌区的智能化水平，体现在以下几点：

1）通过运用水资源配置、调度模型，实现水资源优化配置，解决了用水矛盾。

2）实现了供水、用水管理精准调控，提升用水效率。

3）对旱情、汛情精准预报、及时预警，提高水旱灾害防御能力。

4）依托灌区管控平台，调度中心实时看护，维护人员巡检或应急解决各类工况，降低了人力数量。

5）通过智能化事件检测功能，保护农业生产、生活设施，减少损害。

6）合理控制闸门开度，保障水流平稳，避免渠道衬砌侧壁破损渗漏，延长闸门运行寿命。

综上所述，通过构建强大的算力系统，建设灌区数字孪生平台，承载具体业务应用，提升了灌区的智能化水平，支撑了灌区管理与运营。

4 总结

灌区信息化是一个逐渐发展、不断成熟、分步实现的过程。需要高质量算力的支撑，通过算力赋能，不断提高灌溉供水、调水的科学性和智能化水平，达到灌区“四预”能力，促进数字孪生灌区的良性发展。

灌区用水管理存在突出问题及对策的探讨

赛德艾合买提·吾加买提

新疆叶城县政协

1 问题提出的背景

新疆是灌溉农业为主导地位的国民经济发展体系，是严重干旱地区。水资源短缺，已经成为制约新疆经济社会可持续发展的主要因素。新疆存在着区域性径流分布不均和季节性水资源分布不均衡等自然因素，同时工程建设滞后导致的工程性缺水，水资源管理不足导致的管理性缺水等人为因素。新疆农业用水管理水平低，普遍存在用水效率低，田间节水措施不到位，水量损失与浪费严重，从而造成管理性缺水。必须要落实科学调配、总量控制、定额管理、按方收费的用水管理制度与完备的计量监测体系来提高农业用水管理水平及促进农业节水，实现水资源高效利用，保障经济社会的健康有序发展。

新疆叶城县是典型的农业大县。2023 年全县耕地面积为 110.47 万亩，灌溉面积 134.42 万亩，农业用水量占总用水量的 95%。农业用水总量控制指标 77152 万 m^3，其中：地表水 62964 万 m^3，地下水 14188 万 m^3，灌溉 815.43 万亩次。现有农业灌溉机电井 1499 眼，全部安装了“井电双控”智能计量设施，初步实现了地下水开发的控制。全县干、支、斗渠长度共 3905.6km，2947 条，渠系建筑物有 6424 座。灌溉水利用系数 0.53。“十四五”期间计划建设各级渠道计量设施站点 2113 处。目前，已完成 1265 处，其中干支斗渠安装雷达水位计（占 72%）、超声波流量计和雷达流量计（占 28%）共有 212 处，占 10%；斗渠已安装和计划安装量水堰、水尺有 1901 处，占 90%。就是说，在部分支渠、斗渠、部分农渠上实施占 90%的计量设施是量水堰、水尺（标准断面）等，只能够观测渠道瞬时水位或流量，无法计量用水量。

灌区供用水计量监管不到位，造成用水责任落实不到位、节水意识差、水利工程管护维修不足；节水灌溉措施不到位，田间灌溉水平低，造成大水漫灌、串灌等浪费水现象较为普遍。从实测数据看，不同的土壤、不同的作物田间实际用水量（斗渠出水口计量）：用水户擅自放水漫灌方式每亩用水量平均为 74.6m^3，串灌方式每亩用水量平均为 76.8m^3，比畦灌方式（每亩用水量为 62m^3）分别浪费水 16.9%和 19.3%；主要原因为：一是畦田面积大，即一畦 1～2 亩，畦田平整度不高、高差为 10～20cm，造成大水漫灌；二是没有充分使用毛渠开口放水（应以畦田为单元放水），在格田上游开口后，畦田依次开口串灌。这种状况导致水量损失与浪费严重，灌区大部分乡镇用水总量超指标、突破红线。

2　灌区用水管理存在的突出问题

我区绿洲是典型的灌溉农业，灌区用水管理不足导致水量损失与浪费严重、推迟灌水期、部分农田受旱、供用水秩序不规范等问题，影响实施乡村振兴战略和农业现代化。目前，灌区水资源管理性缺水问题是计量监测自动化措施不到位而造成的主要问题。水管人员在部分量水点利用水尺（标准断面）、量水堰、流速仪等，只能定期（1 天 3 次）完成观测渠道瞬时水位或流量，也存在部分估计过水流量的现象，不能完全记录 24h 内水的流量变化，也不能直接记录用水量。

在灌区用水管理中存在最为突出的问题是各级灌溉渠道缺乏自动量测流量和用水量的计量设施，尤其是乡村支、斗配水渠及末级计量点未计量用水量。在灌区量水短板空白造成以下问题。

（1）科学调配水量、计划用水、定额管理、用水总量控制无法实现，严重影响和制约了灌溉管理水平的提升。

（2）用水量难以核算。无计量造成仍然在吃“大锅饭”，用水量平摊给各用水单位（村、用水者协会、专业合作社）、各用水户的现象，用水监测不力（如节约用水和超定额用水没有区别），无法正确核算用水量及按方收水费。

（3）浪费水、过度用水的现象严重。无计量导致节约用水的积极性下降，缺少节水措施，存在田间漫灌、串灌等浪费水资源现象，导致月月超指标、年底超红线。

（4）供用水秩序不规范。透明度低，供用水双方容易发生矛盾。

（5）自动化程度极低。目前观测、记录、计算仍依靠人工操作，工作量大，计量精确度不高，在很大程度上影响了工作效率。

（6）供水到户工作不到位。供水到户关键是量水，供水到户即配水到条田，量水到条田，末级水价到条田，用水量记账到户，水费到户工作还没有完全落实。

以上用水管理存在的突出问题降低了用水效率，造成水资源匮乏问题，制约农业经济发展以及农业水价综合改革的推进和最严格水资源管理制度的落实。

3　对策

3.1　量水技术现状

目前我国应用较广的渠道量水方法有：利用水尺（标准断面）量水；利用量水设备即量水堰（三角形薄壁堰、梯形薄壁堰等）量水，量水槽（巴歇尔量水槽、无喉道量水槽等）量水；利用水工建筑物（涵闸、渡槽、倒虹吸、跌水）量水；利用流速仪量水。以上量水方法只能测量渠道瞬时水位或流量。量测累计用水量方法有：在以上一次仪表的量水槽、量水堰、标准断面、水工建筑物等的基础上，专门配用雷达水位计、超声波流量计、雷达流量计等设备，通过二次仪表，实现量测流量和累计用水量。

优、缺点：量水精度高，有的结构简单，经济，便于修建，有的水中有杂物，泥沙时也能正常量水，有的宜在大中型输水渠道应用。此类二次仪表量水设备造价高，技术、结构较为复杂，需要有专业人员操作并存在运行成本，有的在淹没度过大时量水精度会降低，有的壅水严重（水头损失大）影响下游用水，有的堰前容易淤积等问题会降低量水精度，有的受风、雨等天气影响。大部分使用的雷达水位计在量水现场不显示流量值，其不便于调配水。

3.2　量水技术应用分析

目前，从事水管工作人员尤其是乡村基层水管员的文化水平有限，因此对于二次仪表的复杂原理及应用上存在难以理解、操作不易等现象。同时，乡村支、斗渠及末级计量点多即配水点多，量水面广量大。如叶城县各级渠道共 3905.6km、2947 条（不包括农渠），其中配水渠（支、斗渠）3418.2km、2916 条，分别占 87.5%、98.9%。技术结构较为复杂，造价和运行成本较高的二次仪表量水技术宜应用在大型输水渠道由水管单位专业人员管理的量水点上，不太适合乡村配水渠道和末级计量点使用。在渠系末端，为了落实定额管理和配水、量水、用水量、水价及水费到户工作与促进节水提高用水效率，关键是要计划实施在斗渠出水口量水，使需待选定适用于末级量水的计量设施。

3.3　存在突出问题的对策

突出问题的对策是应有适用于乡村渠道量水的设施且此设施要具备以下特性。

（1）实用性强，准确度高。能够自动量测各级渠道及末级量水点的流量和用水量。提高工作效率，减轻乡村水管人员工作量。

（2）直观。供用水双方在现场，直接在仪表盘上读取渠道流量和用水量。便于配水、定额管理、按方收费；透明度高，起到相互监督作用，用水户明白用水、明白缴费，自觉节水。

（3）简便。仪器安装调试、运行操作环节简单，观察读数方便，使灌区乡村水管人员和用水单位（户）易于掌握操作，接受使用。

（4）信息化。能够做到智能在线监测。

（5）廉价。造价低，减少新修建筑物，运行成本低或无成本。

（6）运行当中不受计量精度影响。

灌区用水管理工作即科学配水、定额管理、按方收费，促进农业节水，适时、适量地满足农作物的需水要求，提高水资源的综合利用效益。这项工作的关键是量水手段。解决灌区用水管理存在的突出问题及短板，必须要研制应用符合灌区目前农业经济高质量发展水平及农业水价综合改革和乡村用水管理实际，精度高、直观、简便、廉价的自动量水仪表。

自动量水仪是无能源自动量测和在线监测灌区渠道及末级量水点流量、用水量的计量仪器。技术研发理念是以自动量测为导向，以技术创新为驱动，以提高量水精度和工作效率为目标。该产品是利用力学原理即水的流动力和浮力条件下运行，无须消耗任何能源的独一无二的专利技术。此仪器安装在明渠量水段进行调试即可运行，可直接在仪表盘上读取流量和用水量。同时，在原技术的基础上，开发智能在线监测。仪器在试用、应用示范运行过程中，通过观察和检测获得，性能显著、稳定性好，具有精度高（可控制在±3%以内）、直观、简便和廉价。此仪器功能优势，基于灌区支、斗渠配水点及末级量水点多和水管人员技术水平有限以及群众对用水关注度高等实际，适用于灌区乡村渠道及末级量水点。与此同时，着重提出的是对无网络信号的农村区域，或无在线监测要求的量水点，该仪器无能源自动量测是最佳选择。条件成熟或必要时，可装配使用在线监测。

建设标准化“量水秤”助推水利新质生产力发展

张疏影[1]　杨　韬[2]　罗朝传[1]　曹　杨[1]　王得权[1]

1. 成都万江港利科技股份有限公司；
2. 四川省都江堰水利发展中心

1　引言

“十四五”以来，国家持续推进大中型灌区现代化建设与改造，面对新时代的挑战和机遇，水利行业的发展和转型升级迫切需要科技创新和管理革新的支撑。习近平总书记强调，要以高标准助力高技术创新，牢牢把握高质量发展这个首要任务，因地制宜发展新质生产力。李国英部长提出深入研究面向发展水利新质生产力、推进水利高质量发展的水利技术标准体系建设。

量测水体系建设是灌区灌溉用水管理的基础工作和基本条件，是促进节约用水的有效手段。优化灌区管理是加快发展灌区新质生产力的根本保障，因此，进一步建设面向发展新质生产力的灌区技术标准体系，促进现代化灌区建设与管理更好地适应新发展阶段，已成为业界广泛关注的重要议题。

本文基于标准化“量水秤”研究和应用，以都江堰灌区为例分析了如何以标准化“量水秤”赋能高效管理模式和创新技术标准，加快智慧灌区水资源量测管控技术创新和推动产业升级，为灌区水资源精细化管理、灌区新质生产力快速发展奠定坚实的基础。

2　灌区量测水现状

2.1　国内灌区量测水采集方法

目前，国内灌区主要的量测水采集方法主要有 4 种：流速面积法、平均流速公式法、水位流量曲线法、量水堰槽法。随着科技不断进步及水利工作者持续深入研究，近些年也不断涌现出一些新的技术和方法，如 AI 视频测流、侧扫雷达测流等。量测水设施体系的完善，为水资源高效管理、精准测量提供基础支撑，促进传统水利管理向现代化水利管理转变。

2.2　都江堰灌区量测水现状及问题

都江堰灌区始建于公元前256年，闻名中外历久弥新，提供了1/4的粮食产量，贡献了近一半的国民生产总值，至今润泽和造福着天府人民。在传承古堰文明的基础上，都江堰水利发展中心以打造“国际知名、国内一流”灌区为目标，通过科技创新赋能灌区管理水平提升，提出高质量发展支撑区域发展新格局的现实命题，如何解决当前社会、经济、人文、生态高速发展与古堰传统管理模式之间的冲突，是灌区亟须面临和解决的系统性问题。

1. 量测水场景多、站点分布广

都江堰灌区作为我国第一大灌区，以历史悠久、规模宏大、效益显著闻名中外。灌区分成都平原直灌区和丘陵引蓄灌区两部分，有干渠及分干渠115条，万亩以上支渠272条，支渠以下末级渠道39056km。都江堰灌区有效灌溉面积超过1130万亩，8个管理处需求建设量测水点位4064处，分布于天然河道、渠道、管道、水闸、涵洞、水位点等场景。主要运用于灌区非农业取水口、交接水断面、灌区骨干渠系取水口、灌区骨干渠系放水口、水位采集点。覆盖成都、德阳、绵阳、遂宁、资阳、乐山、眉山等7市40县市区的大型水网，存在量测水场景多、站点分布广的特点，都江堰灌区为四川省经济发展、社会稳定、粮食安全和生态文明建设发挥了极其重要、不可替代的支撑作用。

2. 建设标准不统一、辨识特征不明显

都江堰灌区的信息化工作起步较早，从1996年起至2020年，逐步开展了都江堰灌区水利信息化建设，从整体上规划了灌区智慧水利的架构，并为灌区智慧水利的运行补充了必要的软硬件，经过“十三五”建设、国家水资源监控能力建设项目二期建设、各管理处自筹自建，截至目前，都江堰灌区已建设非农业取水口、交接水断面、灌区骨干渠系取水口、灌区骨干渠系放水口等量测水数量为1347处，规划需求总点位4064处，较长的建设周期、不同的建设批次导致此前仍然存在设施设备建设标准不统一、辨识特征不明显等现象，不能充分满足新形势下用水管水要求，严重制约着灌区高质量发展。

3. 计量成果不权威、使用维护不规范

量测水设施是保证灌区用水管理科学、合理、高效的重要设施，也是灌区改造的重要内容之一。都江堰灌区量测水设施设备主要运用的量测水方法有：流速面积法、水位流量关系法、堰槽法测流、人工测流等。灌区运用的测流仪器仪表主要有：侧扫雷达流速仪、气泡水位计、雷达水位计、超声波水位计、激光雷达水位计、电子水尺、电波流速仪、电磁流速仪、声学时差法明渠流量计、侧扫雷达测速仪、ADCP、固定电波流速仪、管道插入式流量计等，灌区内水位流量关系多样，量测水技术及仪器仪表类型繁杂，各处分别开展运维成效不明显，此前与标准化量测水体系还存在一定的差距。都江堰灌区此前面临各种场景中应用的量测水技术及仪器仪表计量精度不一、使用维护情况复杂多样等问题，亟须提升完善量测水精度和建设标准。

3　以秤量水，构建灌区标准化量测水体系

水利技术标准体系建设作为发展新质生产力的主要着力点，对标发展新质生产力要求，通过规范灌区量测水体系从规划、设计、施工、建设和运行运维，全生命周期标准化管理，强化灌区水资源量测管控等关键技术领域标准攻关，构建智慧灌区量测水标准化建设，对加强灌区水资源精细化管理，推动灌区量测水工作标准化、体系化，提升水资源管理效率和水平有着重要意义。

3.1　标准化“量水秤”的设计思路

“秤”是称重的标准工具，也是人们心中衡量公平的标尺。“量水秤”就是用来在灌区测水位、测流速、计算水量的标准工具。只有水位水量精确了，才能推动水权交易、水价改革等节水措施落地，保障灌区在面对复杂态势下的水资源时空均衡，不断传承古堰文明，引领灌区向现代水利发展，实现灌区服务有温度、管理有抓手，为民造福，构建幸福灌区。

遵循水利部《智慧水利建设顶层设计》《“十四五”智慧水利建设规划》《关于大力推进智慧水利建设的指导意见》《“十四五”期间推进智慧水利建设实施方案》及《四川省“智慧水利”顶层设计方案》、GB/T 50599—2020《灌区改造技术标准》，都江堰灌区标准化“量水秤”按照“1-3-N-1”总体设计思路进行研究及应用，即聚焦一张都江堰“量水秤”蓝图、瞄准三大建设目标，打造N杆精准“量水秤”样板，建立一套标准、适用、经济、高效的量测管控体系。

都江堰灌区标准化“量水秤”总体设计思路如图1所示。

3.2　标准化“量水秤”的建设目标

贯彻习近平总书记提出的“节水优先、空间均衡、系统治理、两手发力”治水思路，践行水利改革发展总基调，按照水利部“需求牵引、应用至上、数字赋能、提升能力”总体要求，落实四川省水利“3226”工作思路、筑牢

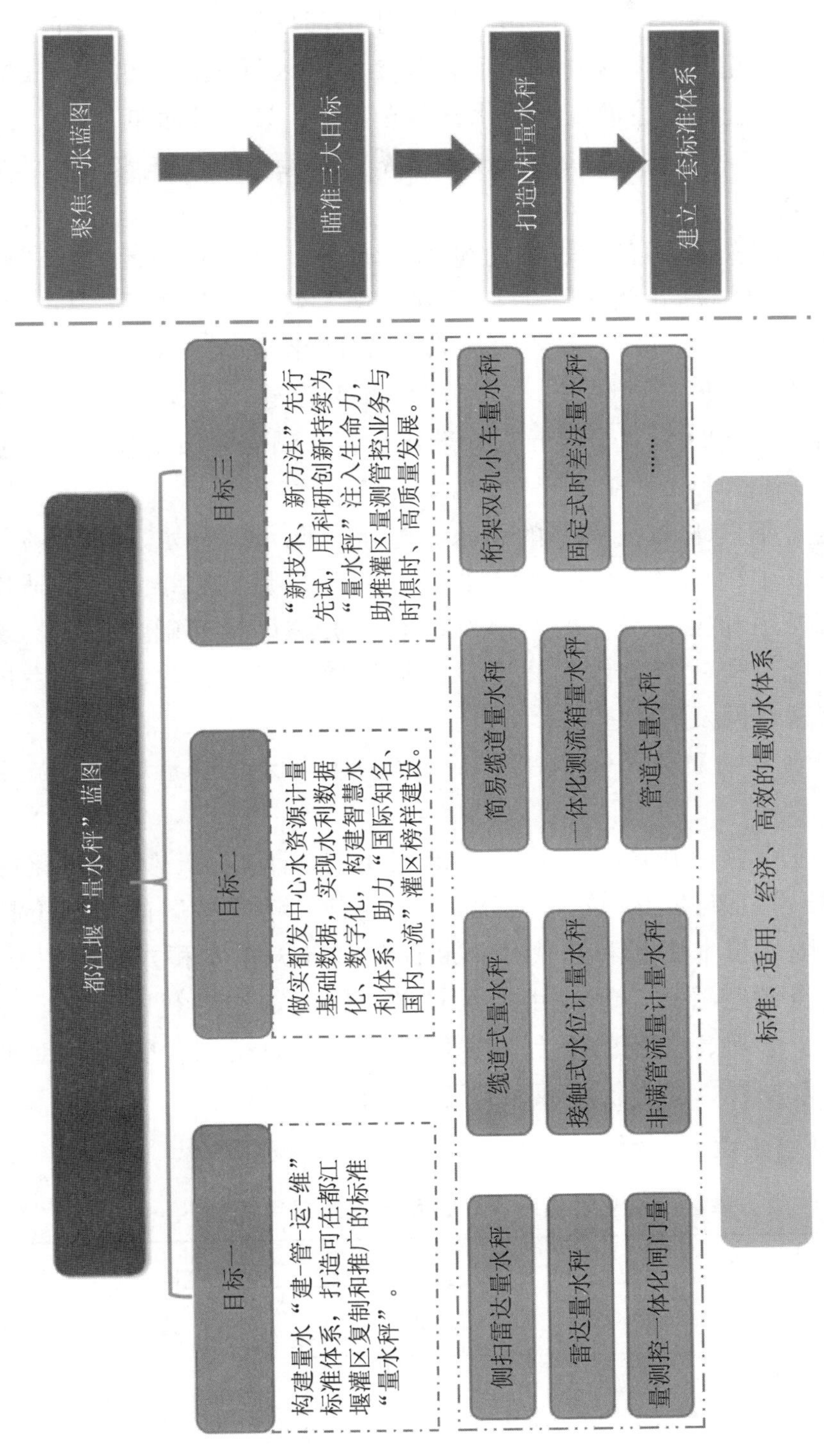

图 1 都江堰灌区标准化“量水秤”总体设计思路

“5＋1”水利大基础、建设“国际知名、国内一流”灌区榜样三年行动方案等总体部署，通过“量水秤”研究及应用加快构建都江堰灌区量测水标准体系，实现灌区水资源精细化管理，形成一套适合都江堰灌区可复制、可推广的标准规范，率先在水利行业内构建灌区标准化量测水体系。具体目标如下：

1. 构建“量水秤”建-管-运-维标准体系，打造一套可在都江堰灌区复制和推广的样板工程

因地制宜先行选择具有代表性的量测水场景，充分利用云大物移智等新一代信息技术，以标准化为主线，从“量水秤”建设、管理、运行、维护等环节，构建涵盖工程全场景、管水全流程的标准化量测水体系，助力“国际知名、国内一流”灌区榜样建设，为都江堰灌区已建站点后续标准化提升改造提供参考指导，同时为“十四五”标准化量测水站点建设提供建设依据。

2. 提炼 15 杆标准化“量水秤”，做实数据支撑

以打造涵盖都江堰灌区典型的引水、输水、配水、分水、排水场景精准量水为重点，以 15 杆精准“量水秤”探路先行，以量测精准、经济适用、运行稳定等作为抓手和突破点，做实都发中心水资源计量基础数据，实现水利数据化、数字化，构建智慧水利体系，是都江堰灌区现代化高质量发展、四川省现代化高速水网发展的基础。

3. 持续用科研创新为“量水秤”注入强劲生命力，助推灌区新质生产力长效发展

持续以科技引领、新产品新技术交流应用、成果转化、人才孵化等为目标导向，“新技术、新方法”先行先试，在 15 杆“量水秤”的基础上持续注入创新活力，随着技术更新和迭代，不断优化和补充量水秤类型，以 N 杆量水秤为灌区水资源智管理、慧应用持续护航。同时，建立智库专家联盟，搭建开放、共享、学习、交流的平台，实现灌区水资源精细化管理，助推灌区新质生产力长效发展，促进榜样灌区智慧化建设与时俱进。

3.3 标准化“量水秤”的应用场景

表 1　　灌区标准化“量水秤”适用场景及适用情况

序号	量水秤名称		应用场景	适用情况	渠宽（参考）
1	DJY-LSC-01：侧扫雷达量水秤		渠首、主干渠	水面有波浪（水纹波＞3cm）	30～600m
2	DJY-LSC-02：缆道式量水秤	DJY-LSC-02（常规）	渠首、主干渠	缆道断面与水流流向垂直	＞40m
		DJY-LSC-02（高规）			

续表

<table>
<tr><th>序号</th><th colspan="2">量 水 秤 名 称</th><th>应用场景</th><th>适用情况</th><th>渠宽（参考）</th></tr>
<tr><td rowspan="2">3</td><td rowspan="2">DJY－LSC－03：
简易缆道量水秤</td><td>DJY－LSC－03
（常规）</td><td rowspan="2">主干渠</td><td rowspan="2">水流有一定流速；
缆道断面与水流流向垂直</td><td rowspan="2">20～200m</td></tr>
<tr><td>DJY－LSC－03
（高规）</td></tr>
<tr><td>4</td><td colspan="2">DJY－LSC－04：
桁架双轨小车量水秤</td><td>干渠取水口或
交接断面</td><td>流速＜2m/s</td><td>20～40m</td></tr>
<tr><td rowspan="3">5</td><td rowspan="3">DJY－LSC－05：
雷达量水秤</td><td>DJY－LSC－05
（多功能）</td><td rowspan="2">分干、支渠、
汇入口明渠</td><td rowspan="2">流速＞0.5m/s</td><td>6～10m</td></tr>
<tr><td>DJY－LSC－05
（通用）</td><td>4～20m</td></tr>
<tr><td>DJY－LSC－05
（一体化）</td><td>支渠和斗渠</td><td>测流断面下游无壅水，
具有稳定水位流量关系</td><td>0.5～5m</td></tr>
<tr><td>6</td><td colspan="2">DJY－LSC－06：
接触式水位计量水秤</td><td>分干、支渠、
汇入口明渠</td><td>测流断面下游无壅水，
具有稳定水位流量关系</td><td>4～20m</td></tr>
<tr><td>7</td><td colspan="2">DJY－LSC－07：
一体化测流箱量水秤</td><td>明渠</td><td>断面水位面积关系稳定；
层流速分布有规律；
水里漂浮物、悬浮物少</td><td>0.5～1.5m</td></tr>
<tr><td>8</td><td colspan="2">DJY－LSC－08：
固定式时差法量水秤</td><td>明渠</td><td>断面水位面积关系稳定；
层流速分布有规律；
水里漂浮物、悬浮物少</td><td>0.5～15m</td></tr>
<tr><td rowspan="2">9</td><td rowspan="2">DJY－LSC－09
ADCP 量水秤</td><td>DJY－LSC－09
（侧壁式）</td><td>明渠</td><td>需要一定水深，水位变幅小；
断面水位面积关系稳定；
层流速分布有规律</td><td>1～300m</td></tr>
<tr><td>DJY－LSC－09
（渠底式）</td><td>明渠</td><td>渠底无淤积；
断面水位面积关系稳定；
层流速分布有规律</td><td>1～10m</td></tr>
<tr><td rowspan="3">10</td><td rowspan="3">DJY－LSC－10：
量测控一体化
闸门量水秤</td><td>DJY－LSC－10
（标准断面）</td><td>明渠、分水洞</td><td>上下游水位有一定落差</td><td>0.3～1.5m</td></tr>
<tr><td>DJY－LSC－10
（非标断面）</td><td>明渠、分水洞</td><td>流速＜10m/s</td><td>0.3～1.5m</td></tr>
<tr><td>DJY－LSC－10
（闸井）</td><td>涵管</td><td>流速＜10m/s</td><td>管径≤DN600</td></tr>
<tr><td>11</td><td colspan="2">DJY－LSC－11：
非满管流量计量水秤</td><td>管径≤DN600
的涵管或宽度
≤1.5m 的矩形渠</td><td>流速＜10m/s</td><td></td></tr>
</table>

续表

序号	量水秤名称	应用场景	适用情况	渠宽（参考）
12	DJY－LSC－12：堰槽量水秤	末级斗渠	根据流量大小确定堰槽规格	0.5～2m
13	DJY－LSC－13：管道式量水秤	现场管道		
14	DJY－LSC－14：闸门量水秤	泄洪闸、节制闸		
15	DJY－LSC－15：电功率推算量水秤	电站、泵站		

图 2 和图 3 为标准化“量水秤”建设效果。

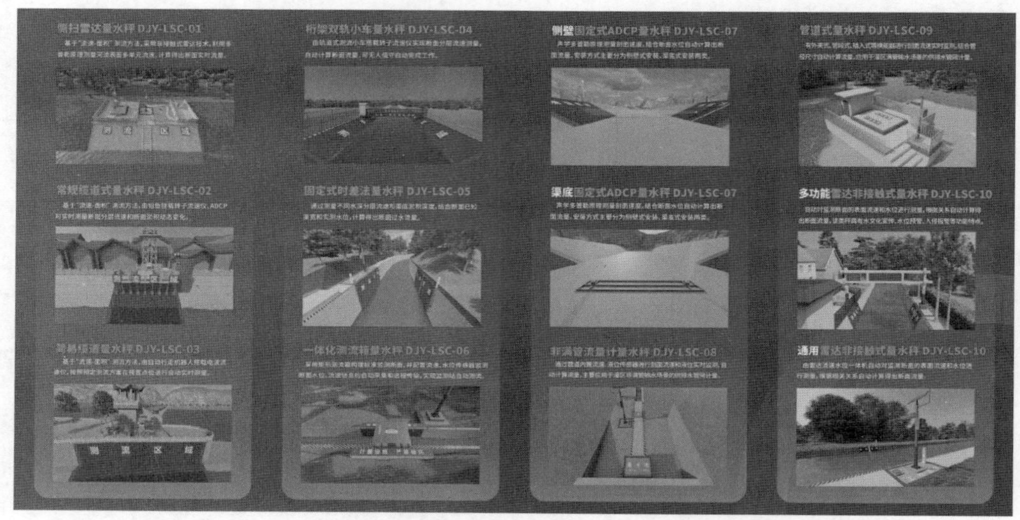

图 2　标准化“量水秤”建设效果 01

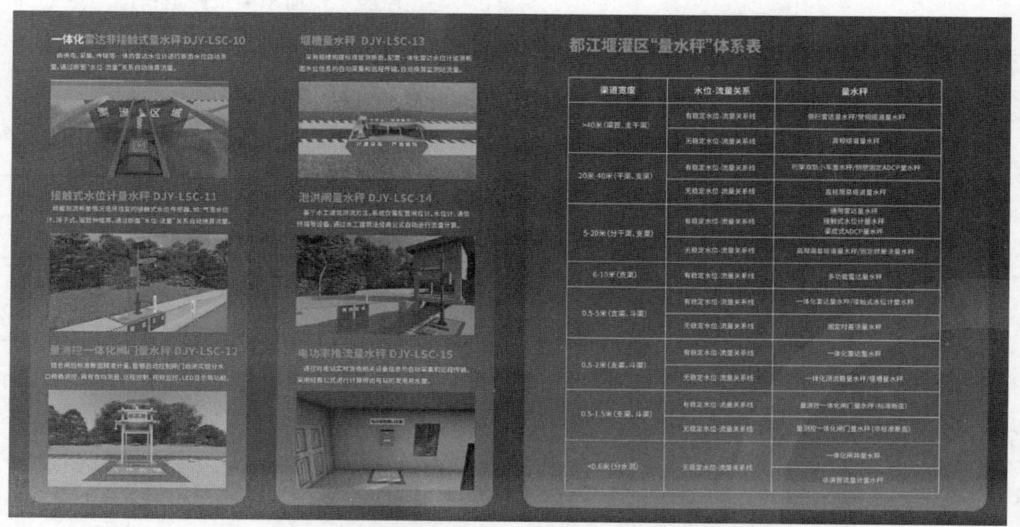

图 3　标准化“量水秤”建设效果 02

4 因地制宜，助推灌区传统量测水模式转型升级

标准化“量水秤”打造了一套创新高效、标准适用、经济可靠，可复制可推广的标准化量测水体系。都江堰灌区率先开展了“量水秤”典型试点建设，因地制宜以15杆精准“量水秤”探路先行。

4.1 标准化“量水秤”应用实践

都江堰灌区以量测精准、经济适用、运行稳定等作为抓手和突破点开展了典型试点建设，主要建设侧扫雷达量水秤、缆道式量水秤、简易缆道量水秤、桁架双轨小车量水秤、雷达量水秤、接触式水位计量水秤、一体化测流箱量水秤、固定式时差法量水秤、ADCP量水秤、量测控一体化闸门量水秤、非满管流量计量水秤、堰槽量水秤、管道式量水秤、闸门量水秤和电功率推算量水秤等15杆标准化“量水秤”。覆盖天然河道、干渠、支渠、斗渠、分干渠、分水洞、工业取水口、泄洪闸和水电站等，具有灌区的量测水场景和应用的代表性和典型示范建设效果。

图4 都江堰灌区标准化“量水秤”部分建设成果

4.2 标准化“量水秤”统一适用标准化特征

标准化“量水秤”实现了四个统一：统一测流方式、设施设备的选择标准；统一测流、工作、警戒不同功能区的划分标准；统一站点标识标牌的制作标准；统一设施外观风格、特征色彩使用标准。引领灌区向标准化、规范化方向发展。标准化特征主要是对站点环境、功能分区、设备安装设施、辅

助设施、信息展示牌等进行外观规范，通过视觉传达，辅助“量水秤”体系统一管理。

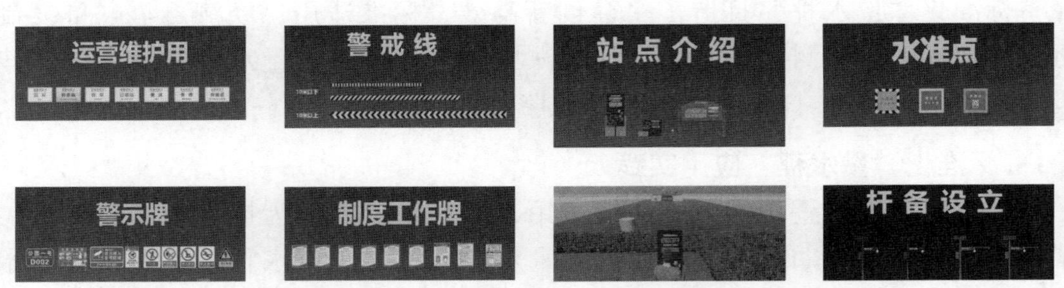

图 5　标准化“量水秤”适用标准化特征图集

4.3　标准化“量水秤”打造量测水新标杆

基于试点成功的基础上，都江堰灌区“十四五”续建配套与现代化改造工程量测水标段打造了标准化量测水新标杆，灌区内在建 1223 个重要点位布置量测水设施 1304 套，包含流量监测、水位监测、水质监测、视频监控、光纤铺设与数据集成建设等内容。涵盖了干渠、支渠、斗渠等各类量水环境。进一步为新时代智慧灌区标准化及精细化管理赋予高科技、高效能、高质量的特征。

4.4　标准化“量水秤”形成水利创新成果

水利技术标准对加快发展水利新质生产力、扎实推动水利高质量发展具有导向性、引领性、推动性、基础性作用。目前，都江堰灌区标准化“量水秤”研究及应用精确掌握了各类场景引配水量、实际用水情况，通过研究及应用形成了《远程控制闸门网络加密通信安全技术规范》《都江堰灌区标准化“量水秤”建设技术指南》等多个规范标准，同时申报了《四川省灌区量水设施设备建设指南》，以及实用新型专利、外观专利、商标、版权、软件著作权等 20 余项。

水利技术标准体系的完善是发展水利新质生产力的核心保障，标准化“量水秤”进一步提升了水利计量管理水平，为加速数字孪生灌区、水旱灾害“四预”、水网工程智能建造、智能灌溉技术、非常规水资源开发利用等新方向标准供给和质量提升提供了水量数据基础支撑，助力灌区水资源一体化、精细化管理。

5　走深走实，新质生产力赋能灌区高质量发展

5.1　优化水资源精细化管理与科学调配，促进技术成果应用与智慧转型

创新驱动、协调发展，“量水秤”的研究及应用，旨在以管理创新、制度

创新，提升工程支撑与技术支撑，改变灌区传统的量测水管理模式，提高水量观测精度，推动智慧灌区建设的全面发展。通过数字化管理、智能化决策等手段，实现对灌区水资源的精准监测和实时控制，构建灌区水资源高效、精细、集约管理样板，助力全面推进灌区内水资源的实时监控、高效管理、供需科学调度，有效缓解灌区内供水矛盾，提高居民和工农业供水保障率，最大限度地发挥水资源经济效益。

标准化“量水秤”实现灌区标准化量测水体系“从 0 到 1”的原始突破，带动“从 1 到无穷”的多领域产业链发展，体现了新质生产资料、新质劳动对象与新质生产力体系，体现了现代水利生产活动的深层次转型，即从以工程建设为主转向以信息处理、数字孪生建设、创新设计和知识转化为核心的生产方式，赋能灌区效益向更高水平跃升。

5.2 增强灌区公共服务意识和服务能力，统筹水生态环保与高水平治理

灌区标准化“量水秤”体系为提升水资源管理效率和水平提供基础支撑，是水生态环境保护与高水平治理的数据基石。围绕灌区精准计量、水资源精细化管理、深化水资源改革等方面，以打造榜样灌区为依托，紧扣灌区现代化改造整体目标，提升灌区水资源管理公共服务能力和各类公共数据的处理能力，促进灌区公共业务的信息公开。

进一步加强量测水体系的标准化建设，通过科学的水资源管理和生态环境治理，全面提升水资源监管各项活动的效率和效能，推动水资源监管现代化进程，统筹水生态环境保护与高水平治理，有助于保护河湖景观、复苏河湖生态环境，提升城市居民的生活质量和幸福感。

5.3 推进灌区管理体制改革与科技创新，充分发挥新时代智慧灌区效益

标准化“量水秤”的应用进一步助推管理手段进步，管理体制改革，建立职能清晰、权责明确的灌区管理体制，提高管理效率，赋能灌区供用水管理、水价改革、水费计收等方面标准化规范化管理，推动政策制度和管理规范革新，为灌区的可持续发展和智慧化转型提供重要支撑。

标准化“量水秤”也是促进创新成果应用、促进智慧灌区建设与产业发展融合的重要载体，标准化量测水体系的不断创新和应用，也是新时代智慧灌区转型的关键路径。通过技术创新和成果转化，推动灌区标准化与科技创新协同发展，本质是智慧灌区建设与水利科技、信息技术等产业的深度融合，为灌区的高质量发展和经济增长提供新动能。

6　结论

聚焦推动灌区高质量发展这个首要任务，发展好水利新质生产力，实现水利科技创新是核心，本文立足于都江堰灌区量测水体系的现状和水资源一体化统筹管理等需求，开展灌区标准化“量水秤”研究及应用，从技术上讲是成熟可靠、精准可用的，从理念上讲是改革创新的，从灌区打造榜样灌区工作上来讲是迫切需要的。目前，都江堰灌区十四五建设“量水秤”站点已全面展开，灌区标准化“量水秤”体系已初见雏形，精细化水资源管理链条也已初步融会贯通。

以新提质、以质催新，标准化“量水秤”以新技术、新理念、新模式赋能灌区量测水管理工作，将进一步提升灌区水资源用水效率、供水保障率，推动灌区高质量发展，但“量水秤”体系是一个系统持续性工程，持续将科技成果转化为现实生产力，需要在做好顶层规划设计的基础上，贯彻“需求牵引，应用至上”的核心理念，围绕灌区水资源精细化管理与调配，逐步扩大应用范围、持续提升量测精度、加速构建完整体系，因地制宜，让“量水秤”应用和都江堰灌区管理实际深度结合，同时加强新技术研究和成果孵化，加大创新力度与成果融合，并抓实“量水秤”体系持续性运维保障，以新质生产力强劲推动高质量发展，为都江堰灌区数字化、智能化、智慧化管理赋能。

参考文献

[1]　GB/T 21303—2017 灌溉渠道系统量水规范 [S]. 北京：中国标准出版社，2017.

[2]　左其亭，秦西，马军霞. 水利新质生产力：内涵解读、理论框架与实施路径 [J]. 华北水利水电大学学报（自然科学版），2024，45（3）：1-8.

[3]　丁相锋，李援农. 浅议大中型灌区输水系统信息化建设 [J]. 长江技术经济，2021，5（S2）：200-202.

[4]　马忠华. 灌区水利管理信息化建设现状及工程建管对策探析 [J]. 地下水，2019，41（6）：71-72.

[5]　彭静. 发展水利新质生产力 做好科技创新大文章 [J]. 中国水利，2024（6）：1-5.

[6]　戴济群. 关于因地制宜发展水利新质生产力的思考 [J]. 中国水利，2024（6）：6-11.

[7]　陈青松. 灌区水利管理信息化建设现状与维护管理初探 [J]. 水利科学与寒区工程，2021（4）：106-108.

[8]　楼豫红，周永清，王务华. 四川省都江堰灌区水利现代化建设初探 [J]. 四川水利，（2012）02-0002-04.

制度赋能“荆楚安澜”

——河长制视角下的灌区治理

任昱霏

西北政法大学

湖北省自全面实施河长制以来，严格落实《湖北省河湖长制工作规定》，落实各级河湖长工作责任，统筹多方力量，拓展“河湖长+”工作机制外延，形成河湖治理合力。得益于制度优势，湖北省水利厅在灌区治理方面统筹协商、精打细算，加强对策研究，深化农业水价综合改革，增进民生福祉，为助力粮食安全提供坚实水利保障。

大风泱泱，大潮滂滂。回望灌区建设走过的峥嵘岁月，固本开源的幸福河湖新画卷异彩纷呈。

1 提升流域综合治理水平，强化工作合力

推进河长制，实现河长治。作为政府部门之间，甚至跨政府部门之间的协作机制，河长制有效调动地方政府履行环境监管职责的执政能力。让各级党政主要负责人亲自抓环保，有利于统筹协调各部门力量，运用法律、经济、技术等手段保护环境，方便各级地方领导直接进行环保决策和管理。荆州市委书记吴锦在调研流域综合治理和河长制时强调，要坚持统筹规划和规划统筹并重，以荆州市流域综合治理和统筹发展规划纲要为统领，统筹上下游、左右岸、干支流，落实流域片区责任，统筹推进大保护、协同推进大治理。要以流域综合治理明确并守住水安全、水环境安全、粮食安全、生态安全和文物安全底线，确保江河安澜、社会安宁、人民安康。要坚持以水为媒、以水塑形、以水促产、以水安城、以水铸魂，清单化推动一批重大政策、重大项目、重大工程，尽快取得标志性、引领性的重大成果，加速形成体系完备的滨江城镇带、生态带、产业带。

河长上任，部门协同，上下一心，久久为功。自全面实施河长制以来，荆州灌区建设硕果累累。2023 年 5 月 28 日，位于湖北荆州的太湖港灌区正式

开工建设。太湖港灌区是蓄、引、提相结合联合运用的大型灌区，建设内容主要为水源工程加固、灌溉等。项目实施后，灌区灌溉面积可由 32 万亩扩大至 41.37 万亩。灌区工程还融合荆州特有的历史与乡村文化，助力乡村振兴。

此外，荆州市监利市西门渊灌区、荆州市石首市管家铺灌区、荆州市松滋市北河水库灌区、随州市随中灌区成为第三批省级标准化管理灌区。

流域综合治理管理的最终落脚点在于能够持续提供优质流域水资源、水环境及水生态产品，有效回应社会基本需求，不断满足人民的根本利益。统筹规划、系统治理，方可推动流域综合治理提质增效；实事求是、因地制宜，才能助力流域综合治理落地见效。

2 坚持整体推进检察监督，衔接行政司法

凝心聚力结硕果，奋楫扬帆谱新篇。湖北检察机关上下一体，能动履职解决了一批流域性、系统性问题，助力守牢荆楚大地水安全、水环境安全、粮食安全和生态环境安全底线。“‘四大检察’要协同履职、共同发力、务求实效。”湖北检察机关注重发挥多重监督的叠加效应，在流域综合治理中强化综合司法保护。襄阳市检察院更是与高校合作研发“汉江流域水环境保护法律监督模型”。

“硬碰硬问责、实打实奖励”。孝感市在全省创新建立“河湖长＋法院院长＋检察长＋警长”四位一体协作机制，深化河湖管理业务监督、行政执法、刑事司法、检察监督、裁判执行有机衔接，形成对河湖全链条闭环管理和全过程无死角监管。用最严格制度最严密法治保护河湖生态环境资源，有效预防和严厉打击涉河湖违法犯罪行为，努力提升水资源保护、水域岸线管理保护、水污染防治、水环境治理、水生态修复和执法监督能力，最终构建责任明确、协调有序、监管严格、保护有力的河湖管理保护机制。

孝感全市现有水库 449 座，其中大型水库 3 座，中型水库 16 座，小（1）型水库 96 座，小（2）型水库 334 座，蓄水总量约 19.83 亿 m^3，这些水库承担着该市防洪、灌溉、供水和生态等多重功能。依托该机制，孝感全力推进基层河湖库渠管护，让每一滴水流进田地，滋润农业生产，助力乡村振兴。

3 推进数字水利工程建设，打造智慧灌区

数字赋能，业务应用登上智能快车。“谁将画轴示人间，八百里漳河翠玉盘。”作为湖北省最大灌区、全国九大灌区之一，漳河灌区以数字化、网络化、智能化为主线，以数字化场景、智慧化模拟、精准化决策为路径，全面

推进算据、算法、算力建设，加快构建具有预报、预警、预演、预案“四预”功能的智慧灌区体系，打造国内首批数字孪生灌区试点示范区，为保障灌区粮食安全打下坚实基础。使工程运行管理走上规范、智能之路。通过工程标准化管理子系统的建设，进一步规范了巡视检查、运维养护、白蚁防治等方面工作内容、工作指标，建立起了一系列的监督检查和考核指标，工程标准化管理全套资料实现电子化，数据自动记录；将自动记录的数据与考核自动关联，自动考核，实现了考核过程电子化、自动化；视频监控、无人机的广泛应用，提高了智能化管理水平。探索出了一条解决数量巨大的口门量测水之路。针对灌区内近二万的分水口门，水量监测是痛点也是难点。在关键节点流量在线监测的基础上，提出了利用常规监测设备、结合断面基础资料进行人工量测、自动计算和上传结果的半自动量测方案，目前在灌区中得到初步推广和应用。

图 1　漳河渠首闸 BIM 模型

与此同时，漳河灌区率先建立智慧河湖信息系统，为河湖创建二维码，申领“身份证”；率先将 219 个小微水体纳入积分制管理，建立基础信息台账，制定小微水体整治标准，落实了小微水体“一长两员”和公益性岗位，确保小微水体“有人管、管到位”；建立了“河湖长”专管员制度，选聘了 60 名专管员，落实了管护经费，开展了“示范创建行动”“清四乱行动”和“水质提升行动”等专项整治行动，推进漳河流域 13 条（座）河湖库治理，实现“水清、水畅、水生态”。长期以来，漳河四干渠管理处以高度的责任感积极配合各级河长工作，扎实推进“河长制”工作，推动基层水利向着高质量发展行稳致远，将漳河灌区建设成为节水灌区、生态灌区、智慧灌区、文明灌区。

数字技术的发展运用，为智慧灌区插上科技的翅膀。灌区管理进入更加规范化、科学化的快道，水公共服务更加完善，河湖管理的现代化水平得到提升。勇毅担当的实际行动，为压紧压实河长制责任注入澎湃动力。各地河长巡河调研，争相谋划、实施、建成一批重大涉水项目，使千湖之省碧水长流，还城市之肺天朗气清。

丰年行人歌岁穰，时和余粮再盈盎。岁稔时安的民生答卷，为人水和谐共生写下生动注脚。从“有名有实”到“有能有效”，岸绿水长，河清湖晏，河湖长工作机制下的灌区治理取得了阶段性成效。在新时代，积极回应社会对河湖的关切，不断满足人民对美好生态环境的向往，更需要我们脚踏实地、埋头苦干，在传承中坚守，在砥砺中前行。

逐新纪元文化璀璨之光，绘水利高质量发展斑斓画卷

——学习贯彻习近平文化思想

石朋琳

水利部水工金属结构质量检验测试中心

在新时代的征程上，水利事业作为国家基础设施的重要组成部分，不仅承载着防洪安全、供水保障、水生态保护等多重功能，更是推动经济社会可持续发展、促进人与自然和谐共生的关键力量。习近平文化思想作为新时代中国特色社会主义思想的重要组成部分，为新时代治水实践提供了强大的思想武器和行动指南。本文旨在从多视角、多层面深化对习近平文化思想的学习、研究、阐释与宣传，准确把握其基本精神、核心要义、实践要求，全面理解习近平新时代中国特色社会主义思想在文化建设中的原创性贡献和重大实践指导意义，进而提炼新时代治水实践的理论总结，推动新阶段水利高质量发展。

1　习近平以人民为中心的文化发展理念

习近平文化思想始终坚持以人民为中心的发展思想，将满足人民精神文化需求作为文化建设的出发点和落脚点。这要求我们在治水实践中，不仅要关注水利工程的技术进步和效益提升，更要注重水利文化的培育与传播，让人民群众在享受水利发展成果的同时，感受到水利文化的魅力，增强对水利事业的认同感和归属感。在追求水利工程技术革新与效益优化的同时，我们必须深刻认识到，水利事业不仅仅是技术的堆砌与工程的堆砌，更是关乎民生福祉、社会和谐的重要基石。因此，培育与传播水利文化，让人民群众在水利发展的进程中不仅享受到物质层面的便利，更能从精神层面感受到水利事业的温度与魅力，显得尤为重要。

这要求我们不仅要加强水利工程的科普教育，让公众了解水利工程的原理、作用及其对社会经济发展的贡献，更要深入挖掘和弘扬水利文化中的历

史底蕴、人文精神与科学智慧，通过多种形式的文化活动，如水利博物馆展览、水利文化节庆等，让人民群众在参与中感受水利文化的独特魅力，增强对水利事业的认同感和归属感。这样，水利事业才能真正成为造福人民、凝聚人心的伟大事业。

2　习近平文化思想在水利领域的实践要求

水利是国民经济的命脉，也是生态文明建设的重要组成部分。近年来，我国水利事业取得了显著成就，但也面临着诸多挑战和问题。为了更好地推动水利事业发展，必须坚持以人民为中心的发展思想，加强水利基础设施建设，提高水资源利用效率，保障水安全。在这个过程中，习近平文化思想为我们提供了重要的理论指导和实践指引。

习近平总书记提出了“节水优先、空间均衡、系统治理、两手发力”的治水思路，为我们指明了水利工作的方向和目标。这一思路强调了水资源的重要性和有限性，要求我们坚持节水优先，实现水资源的合理配置和高效利用；同时注重空间均衡，统筹考虑不同地区、不同行业的水资源需求；加强系统治理，推进山水林田湖草沙一体化保护和系统治理；最后，要充分发挥政府和市场两只手的作用，形成多元共治的水利发展新格局。

2.1　强化水利文化建设，提升行业软实力

水利行业作为国民经济的基础产业，其文化建设同样重要。要深入挖掘水利历史文化遗产，传承和弘扬治水精神，如大禹治水的坚韧不拔、都江堰的科学智慧等，形成具有鲜明水利特色的行业文化。同时，加强水利科普教育，提高公众节水意识和水资源保护意识，营造全社会关心水、爱护水、节约水的良好氛围。

2.2　推动水利科技创新，实现高质量发展

习近平文化思想强调创新驱动发展战略，这对水利行业同样具有指导意义。要加快水利科技创新步伐，推动大数据、云计算、物联网等现代信息技术在水利领域的应用，提升水利工程的智能化、自动化水平。同时，注重水利科技人才培养和引进，打造一支高素质的水利科技队伍，为水利高质量发展提供有力支撑。

2.3　坚持绿色发展理念，促进人与自然和谐共生

习近平文化思想蕴含着深厚的生态文明思想，强调绿水青山就是金山银山的理念。在治水实践中，要始终坚持绿色发展理念，注重水生态保护与修

复，推动水资源节约集约利用。通过实施河湖长制、推进水生态文明建设等措施，构建人水和谐共生的良好生态环境，让人民群众在绿水青山中共享自然之美、生命之美。

3　新时代治水实践的理论总结提炼

3.1　治水理念的升华：从“工程治水”到“生态治水”

在经济社会迅猛发展的浪潮中，人民对美好生活的追求愈发强烈，这一追求不仅体现在物质生活的丰富上，更体现在对生态环境质量的更高要求上。治水理念的深刻转变，正是这一时代变迁的生动写照。从“工程治水”到“生态治水”的跨越，不仅仅是技术手段的升级，更是发展理念的根本性变革。“工程治水”时期，人们更多依赖于大规模的工程建设来抵御水患、调配水资源，虽然在一定程度上缓解了水问题，但也带来了生态平衡的破坏和水环境的恶化。而“生态治水”则强调人与自然的和谐共生，将治水与生态保护紧密结合，力求在解决水问题的同时，恢复和维系水生态系统的健康稳定。这一转变深刻体现了对自然规律的敬畏之心，以及对生态文明建设的深刻认识。它要求我们在治水过程中，不仅要关注经济效益和社会效益，更要注重生态效益，实现水资源的可持续利用和生态环境的良性循环。同时，“生态治水”也是新时代治水实践的重要理论成果，为我们提供了更加科学、合理、高效的治水思路和方法，为构建美丽中国、实现中华民族永续发展奠定了坚实基础。

3.2　治水方式的创新：科技引领与智慧水利

科技创新，作为时代发展的强大引擎，正以前所未有的力量驱动着水利事业向高质量发展阶段迈进。在新时代的治水实践中，我们深刻认识到，只有紧紧依靠科技创新，才能破解水利发展面临的瓶颈难题，实现水利事业的转型升级。现代信息技术手段的广泛应用，为水利工程的智能化、自动化建设插上了翅膀。通过物联网、大数据、云计算、人工智能等先进技术的深度融合，我们构建起了一个全面感知、智能分析、精准决策、高效执行的智慧水利体系。这一体系能够实现对水资源的全方位、全天候监测，为水资源的精准调度提供了科学依据；同时，通过智能预警系统和应急响应机制的建立，我们能够在第一时间发现并应对水灾害，有效保障了人民群众的生命财产安全。智慧水利体系的建设不仅提升了水利管理的效率和水平，还极大地促进了水资源的节约集约利用和生态环境保护。它使我们能够更加科学地规划和管理水资源，避免过度开发和浪费；同时，通过智能化的生态修复和保护措施，我们能够有效维护水生态系统的健康稳定，推动水利事业与生态环境保护的协调发展。

科技创新是推动水利高质量发展的关键所在。在新时代的治水实践中，我们将继续加大科技创新力度，推动信息技术与水利业务的深度融合，努力构建更加完善、高效、智能的水利管理体系，为经济社会发展和人民美好生活提供更加坚实的水安全保障。

3.3　治水文化的培育：传承与创新并重

治水文化，作为中华民族悠久历史长河中璀璨的明珠，不仅承载着先辈们治理水患、兴修水利的智慧与勇气，更是我们民族精神宝库中的宝贵财富。在新时代的治水实践中，我们肩负着传承与创新的双重使命。

一方面，我们要深入挖掘和整理治水文化的精髓，包括治水精神、治水理念、治水技术等，通过教育引导、宣传展示等多种形式，让这份文化遗产焕发出新的生机与活力。治水精神中的团结协作、勇于担当、科学创新等优秀品质，对于当代社会依然具有重要的借鉴意义；而治水智慧中的生态优先、综合治理、预防为主等先进理念，则为现代水利事业发展提供了重要的思想指导。

另一方面，我们还要紧密结合时代特点，对治水文化进行创新和发展。在水利科普教育中，我们可以运用现代科技手段，如虚拟现实、增强现实等，让水利知识更加生动直观、易于接受；在水利文化活动中，我们可以结合当地文化特色，开展丰富多彩的节水宣传、水利展览、河湖治理等活动，吸引更多的人民群众参与进来，共同关注水利、支持水利事业的发展。

通过这样的努力，我们不仅能够让治水文化在新时代得到更好地传承与弘扬，还能够激发广大人民群众对水利事业的热爱与关注，为推动我国水利事业高质量发展注入更加强劲的动力。

3.4　治水机制的完善：多元共治与协同发展

治水是一项系统工程需要政府、市场、社会等多方面的共同努力。在新时代治水实践中我们不断完善治水机制推动形成多元共治、协同发展的良好局面。通过实施河湖长制、建立水资源管理责任体系等措施明确各级政府和相关部门在治水工作中的职责和任务；同时鼓励社会资本参与水利工程建设和运营激发市场活力；加强公众参与和舆论监督形成全社会共同关心和支持水利事业发展的良好氛围。

勇于担负新的文化使命深入推进新阶段水利高质量发展是我们每一位水利工作者的责任和使命。我们要深入学习贯彻习近平文化思想准确把握其基本精神、核心要义和实践要求将文化建设贯穿于治水实践的全过程、各环节以文化人、以文育人、以文促发展不断推动水利事业高质量发展。

第三部分　叙事篇

我家门前有条河

方　毅

湖南省韶山灌区工程管理局

一

老家门前有一条河流过，离院子不足百米，到现在已经流淌了五十多个年头。

那条河——准确地说不能称作河，只是一条渠。河底面并不宽，平时水深只有一米多一点。河内流水潺潺，碧波荡漾，不疾不徐。在我很小的时候父亲就告诉我，那条河叫作“栗塘渠”，她是南干渠最长的支渠。

但在儿时的记忆里，那就是真真切切的一条河，一条很长很宽很深的河。那条河，承载着家乡所有的生计，养育了我们，是我们的母亲河。几十年来，她用清澈的浪波，默默地浇灌着我的家园，哺育着乡亲们，呵护着我们的成长。家乡数万亩农田春秋两季的灌溉，乡亲们喝水，种菜洗衣，禽畜饮水，靠的就是那条河。大家对那条河也有着深厚的感情，每每谈到那条水渠时都说是“河”，也常听到他们这么聊天：河里放高水位了，农田正要补水哒！这几天雨停了，河水返清好快哩！满满的人间烟火味道，淳朴而厚重。

20 世纪 60 年代，青年时代的父亲，和乡亲们一道，用最原始的锄头和箢箕，手提肩挑，用愚公移山、众志成城的壮志豪情，共同完成了栗塘渠的开挖修建并顺利通水。那条河，花费了乡亲们一年多的时间，从韶山灌区南干渠分水涵，穿山越岭，联乡接村，远近绵延近 30km，最后变成涓涓细流，消失在田间地头。

从此，我的家乡再无水旱之患，再无荒瘠之年，粮农物产，四季无忧。

栗塘渠水引自南干渠，是韶山灌区工程庞大水系的一部分。在党中央的号召下，原湖南省委书记处书记、副省长华国锋同志担任指挥长，主持修建韶山灌区，动员了十万民工，逢山开路，跨水架槽，仅用了短短 10 个月的时间，就建成了韶山灌区主体工程，总、南、北、左、右五条干渠长达 186km，干渠连同支渠、斗渠、农渠、毛渠，五大渠系累加起来有一万余公里。更重要的是，灌区工程全面联通了 $2500km^2$ 范围内的乡村水系。

韶山灌区，这个意义深远、泽被后世的民生工程，体现了党中央的高瞻远瞩，彰显了伟大的时代精神。千千万万的父老乡亲，用他们坚韧不拔、自发自觉的行动，完成了这一人间奇迹。他们所做的一切感天动地，气壮山河，他们的历史功勋，值得我们永远地铭记。

二

那条河，穿过山麓涵洞，流过广袤原野，也流经了我家的一片自留地。自留地里栽种着密密丛丛的荆竹林，那是我家最重要的经济来源。河水长年滋养，竹林一直长势很好，杆粗叶茂。父亲是竹篾工，为别人家编筐、编席，或做其他日用竹器，乡下叫“百家手艺”，竹子自然就是他最依赖的“老伙计”。母亲闲时在家编厨房用的清刷灶台和铁锅的刷把，用的材料也是竹子，竹刷把送到镇上卖掉，补贴家用。家里没有什么赚大钱的行当，随着姐弟仨先后出生、入学、长大，每一个阶段的花费都是一笔庞大的开支。

生活艰难，子女众多，并没有压垮父母亲，反而激起了全家人咬牙坚持的劲头。那条河的下游有一个小水电站，一年四季河水不绝。有了这个便利，父母亲一合计，利用空余时间开荒拓土，先后开垦了三亩左右的菜土。水源是现成的，那条河就在菜土下边，困难的就是要担水上长陡坡。最初是父母亲担水，我们姐弟仨负责淋。后来我们力气稍长，就提出要自己担，压得肩头直耸眉头一皱一皱的，母亲心疼地说：“你们少担点多担几路，莫性急……”

春夏秋冬每一季，父母亲总是提前种下时令菜，白菜、萝卜、黄瓜、辣椒、豆角……每天傍晚，母亲把摘回来的菜在河边洗得干干净净，拣去菜里的枯枝烂叶，整整齐齐地码在箢箕里，第二天天还没亮就沿着河堤一路挑到附近的镇上去卖。哗哗的流水声陪伴我们前行，是那么动听和亲切。每遇周末或假期，我就和母亲搭伴，用自己学的加减乘除帮助母亲算账。有时候买菜的大叔大婶饶有兴趣地“刁难”我：“咯个菜一角二一斤，买三斤，我出五角该找我多少钱?”我心里盘了一下就得出了答案：“要找你一角四呢!”母亲嘚瑟地说：“我崽肚子里有‘货’，长大肯定有出息!”

家里一直清贫，过得很紧张，欢声笑语不多，那条河，成为我们少年时代最快乐的伊甸园。没有玩具，姐弟仨就把荆竹林的竹叶采下来，折叠成小船，几十只一起码在一片宽木板上，搬到河边，一艘一艘地顺流而下，然后叫着追着，看看谁的船没有沉下去，就算全部沉了也不沮丧，继续折，继续随水漂走。

暑天照例是男孩子最盼望的时光。住在河边，游泳是必须学会的。每到傍晚，我一双赤脚就出了门，边跑边猴急脱衣服，在岸边一个助跑腾空而起“扑通”跳进河里，溅起的水花足有一米多高。这时候，母亲总是一个劲地嚷：“崽呀莫跳，莫跳，留神脚会摔断去!”我一个猛子顺着水流漂出十几米远才露出头来，抹着满脸水珠，朝着岸上追过来的母亲傻笑着。

河床底待着一些大石块，运气好可翻出一只大螃蟹，捉螃蟹要提前准备好，螃蟹贼溜，有响动嗖嗖就不见了。河道冬修时，河底薄薄的泥沼里，有时候可以挖到泥鳅。如果有一个小水洼，有时会有一捧小米虾，我如获至宝地捞起来，回家交给母亲。第二天清早，母亲把小米虾炒得香喷喷的，她尝一尝味道都不舍得，全部塞在我们的饭缸子里带到学校中餐好下饭。

三

我们姐弟仨在当时极其艰苦的条件下，学习都非常勤奋，先后考上了大学，远离了家乡，但是我们的根还扎在那里，我们的心还系在那里。遇到假期，我们就回到家乡，沿着河堤散步，一路走上很远，谈学习，谈人生志向。后来又挨个儿走上工作岗位，相继成家立业。有时候，我们相约一道回家，总是要在河边驻足停留，聊工作，聊家事，也聊到脚底下这条河，叙说浇水种菜的艰辛，说起捉螃蟹打水仗的趣事，扯到小时候的某些糗事，不觉哈哈一笑，回味无穷。

那条河，把我们一家人的心紧紧地拴在一起，那是最温馨的时刻。

2008年，百年不遇的冰灾席卷大江南北，感觉分外的刺骨严寒。我积劳成疾的母亲，还没有真正享受到儿女们答应给她的幸福生活，没能挺过去，在寒冷中永远地离开了我们。父亲把母亲葬在河岸边，让她日日夜夜聆听河水在她身边安静地流过，也让那条河永远地陪伴她。

2017年，组织上调我到韶山灌区工作，这也许就是命运所说的“宿缘”。父亲听了这个消息后，绽出笑脸：“这下好了，你要好好地照看这条河，好好地做些实事，家乡人都会支持你……”

一个周末，我又带着妻儿回到家乡。父亲已经老了，岁月如刀，在他的脸上刻满了皱纹，他佝偻着瘦小的身躯，一路小跑迎上来。儿子清脆地叫一声“爷爷好!”父亲说：“回来了？回来就好!”

我到河边看看母亲长眠的地方，心里默祷母亲在天国安康无恙。一家人漫步在河堤上，河堤依旧那么平整，河水依旧那么清澈，从未停歇，从未变样，蜿蜒着顽强地伸向远方。我们沿着河堤一路前行，倾听着水声哗哗，感受着河水奔流的激情，聊着许多话题。

儿子把自行车从汽车上卸下来，小家伙早就盘算着在河堤上痛快地骑几圈，只见他熟练地一蹬踏步，扔给我一个顽皮的笑脸，顺着河堤一溜烟跑了。我赶紧追上去："儿子莫急，慢点骑，稳住方向小心掉进河里！"

那一瞬间，我的脑子突然腾出一个画面：今天的我，就像当年的母亲——她在河堤上气喘吁吁，一边追逐着我前进的方向，一边远远地呼唤，她满怀期待的呼唤声里，安放了我童年所有的忧愁与欢乐，艰辛与梦想……

四

那条河，曾经浸染了父老乡亲勤劳汗水的美丽的母亲河，在新的历史时期，正发生着日新月异的变化。乡亲们心中纯朴的梦想，就是山清水秀百业兴旺，就是风调雨顺五谷丰登。看护好母亲河，建设好家乡，是我们的初心与梦想，更是我们事业的一脉传承。

遥远的梦想正在变成现实。放眼望去，当年沿岸栽下的小树已绿树成荫，它们深深地扎根，连同新装配的现代计量设施和高清监控，共同驻扎在岸边，牢牢地守护着这片河堤。大树嫩绿的枝叶迎风招展，恍如招呼远方的客人。河边新开凿的小渠将河水引进田间地头，远远近近的稻田参差交错，郁郁葱葱的庄稼随风起伏，是那么养眼，美不胜收。

我仿佛看到，在明媚的阳光下，乡亲们扛着锄头愉快地走在田埂上，不时地蹲下来抚摸着正在抽穗的水稻。在母亲河的呵护下，灌溉用水非常富足充沛，稻子来势喜人，风中若有若无地飘荡着稻花的清香，令人深深地陶醉，流连忘返。

那条河，在新时代焕发出更加亮丽的风采，更加呈现出她的勃勃生机。

——那里，有母亲的微笑；那里，有大地的丰收。

驯得泥龙降旱魃

李高艳

陕西省渭南市东雷抽黄工程管理中心

简介：黄河从最窄处的38m石门到合阳，河面陡然开阔，巨大的落差，尽显母亲河的雄壮瑰丽。地处合阳的东雷抽黄工程，因引黄河水上旱塬，造福万民而声名远播。这座号称“亚洲之最”的水利典范，改写了渭北贫瘠旱地历史的伟大工程，滋养秦东大地，培育沃野千里，润色五谷华章，在渭北旱塬奏响惠泽百姓的致富乐章。

一

黄河跃过龙门，进入关中平原腹地，此处地势平坦，黄河一改沿途跌宕湍急，褪尽暴虐，舒缓平静南流。西侧厚重的黄土层经长久的风雨冲刷，起伏绵延，犬牙交错，形成介乎于平原和高原的特殊地貌，渭北旱塬。地处关中平原向黄土高原过渡带，塬上沟峁交错纵横，水资源匮乏，土地贫瘠。“十年九旱，靠天吃饭；眼看黄河滚滚流，塬上无水千古愁；马尿泡馍馍，有苦也难说。”“宁给一个馍，不给一口水”这些民谣，道尽了千百年来渭北旱塬老百姓生存的艰难和辛酸。

中华人民共和国成立后，兴修水利是一项重要决策，伟大领袖毛泽东作出了“一定要把黄河的事情办好”的指示。随后国务院总理周恩来主持召开的北方农业会议上，把解决关中东部农业灌溉问题提上了议程。

1973年，时任渭南地委书记的李登瀛到渭北三县调研，沿路旱象触目惊心。站在东王坡头，百米土崖下，母亲河两侧的绿带子与身后蔫黄稀疏的庄稼形成强烈反差。看着塬上干涸贫瘠的土地，塬下空流的黄河，把黄河水引上塬成为他心头最大的牵挂。

1975年，“关中东部抽黄指挥部”正式成立，超过30km的黄河滩，一下子成为数万人改天换地的战场。党和国家提出修建抽黄工程，合阳、大荔、澄城老百姓一片欢呼，积极响应。国力羸弱，生产力低下，受益区群众自发

“有钱出钱，有力出力”。他们砸锅卖铁，勒紧裤腰带，拼上身家性命干抽黄。用汗水、泪水、血水谱写出了一曲荡气回肠、惊天动地的壮歌。

二

1975 年，年近花甲的渭南地委副书记冯光辉带领关中东部抽黄指挥部先遣人员到合阳，一块床板、一张桌子就是他的家。空荡荡的排房，没有床铺，先遣人员找来麦草。同志有怨言，冯光辉动情地说：“咱来是干事的，不是享福的。我们要发扬延安精神，自力更生，艰苦创业，只有沉下身子干实事，才能谈到为人民造福。”

村里大喇叭里传来声音：“上黄河记十分工，白馍馍不限量！”

“有白馍吃很重要，子孙有白馍吃才是正道。当然要去！”

太里湾誓师大会那天，通往河滩的土道上尘烟滚滚，来自合阳、大荔、澄县三县上万人坐着拖拉机、驾着牛车马车、更多的是步行说说笑笑，从四方赶来。参与过工程建设的老人回忆：“啥叫人民的力量，啥叫劳动竞赛，啥叫万人大会战，大喇叭里热血沸腾的表扬稿，30 里河滩红旗猎猎，人声鼎沸，车马喧嚣。当时别说机动车，就连架子车，一个村也没几辆。人们挥舞着铁锨洋镐，脚底生风。那气魄那场面，人人无所畏惧，满腔豪情，只有参与过，才能真正感受得到，我们的工地情，战友情。”

他清楚地记得牺牲的 58 位工友的名字，并记得那些令人无法忘怀的往事。草土围堰工程接近尾声，一名突击队员因倒土时用力过猛，架子车掉进黄河，许五喜马上跳下去打捞，水深风大浪急，几个漩涡，23 岁的小伙子成为工地上第一个牺牲的英雄。

总干渠首段隧洞，洋镐落到红胶泥土崖上，只能抠下火柴盒大的一块，后来改为在隧道里打铁钎。阴暗逼仄的洞体里，汉子们光着膀子，挥舞着大锤，一根根铁钎子被震破虎口的鲜血染红。渴了，喝几口黄河水，累了，就地歇歇乏。五百多个日夜，每天只能休息 6 个小时，终于凿通了这条 1175m 的“群英洞”。

那个微雨薄凉的清晨，18 岁的小文姑娘去千年土崖下取土，被坍塌的土崖砸中，再也没回来。工地上有个小伙，新婚 3 天就上了抽黄工地。许久未见的媳妇去工地看他，没想到这一见竟是最后一面。开始卸石头，突然拉石车开始倾斜，来不及躲避，滚石砸中了小伙。哗啦啦的黄河水流向田间，丰收的麦子堆满场，媳妇坐在麦堆上放声大哭：“水上塬了，粮食丰收了，村里再也不愁吃不愁喝，你看到了吗……”

从筹建到竣工，13 万父老乡亲整整用了 13 年。这份用生命撑起的厚重，是亲历者刻在生命里的烙印，值得渭北人民永远敬仰。东雷抽黄从渠首站引黄河水到总干渠，通过二次电力提灌，将水送上高塬。全长三十多公里的总干渠两侧，数条巨型管道斜卧在陡峭的黄土坡上，那是二级站的出水管道。垂直扬程高达 225m，管坡长 913m，共计 1569 级台阶的东雷二级站，号称“亚洲之最”，当时没有大型吊装机械，管坡所需的 1 万多吨片石、石子、水泥、沙子、钢筋、模板、预制件等，全凭民工担、抬、背、扛到施工现场。

总干渠号称“人工天河”，全长 35.5km 的渠道沿线，地貌复杂，既有填方段，又有挖方段，土源在数里外，条件好的村子有架子车，条件不好的，全凭人们肩挑手提。人们从金水沟、北坂村用架子车拉着石头，跋涉数十里送到工地现场，坡长路远，走进灌区的村庄，几乎每个村都有运石时被砸伤的人。除了衬砌渠道的块石，工地的米石更是稀缺。没有碎石机，上不了工地的老人和学生领到任务，在家门口用榔头敲碎青石。

“水不上塬不回家，水不上塬我不嫁”，是当时工地上年轻人豪情壮语。“上抽黄”已是渭北人民的时代印记与地域标签，他们把最好的青年、最好的粮食、最美的青春都送给了抽黄工程！

1987 年，东雷抽黄工程顺利通过竣工验收，黄河在万物之神的惊诧中爬过约莫 110 层楼的高度，呼啸着奔上渭北旱塬，奔向承载着千千万万农民生计的农田果林，从而使合阳、大荔、澄城、蒲城 4 县 12 镇 41.7 万人口，102 万亩土地受惠。灌区四处可见的“吨粮田”“万果园”，让群众赞不绝口。这是德政工程、富民工程、民心工程，是闪耀在渭北旱塬上的水利明珠。

三

东雷抽黄通水四十多年，见证了渭北人民从衣不蔽体食不果腹的贫困到温饱再到小康的沧桑巨变；是让黄河从无情流淌的泥浪滚滚，化为造福人民的绿波滔滔；是黄河流域高质量发展的坚强支撑和进步史、改变史、发展史。建设不是难堪日，战锦方是大问题。走进新时代，习近平总书记提出推动黄河流域高质量发展。从抽黄建设史中汲取时代进步的动力，以更加昂扬的姿态迈向新征程，那就是让母亲河永远成为造福人民的幸福河。

2022 年，东雷抽黄充分挖掘工程的历史价值和文化价值，以大量珍贵的历史资料、实物以及人物故事等为素材，建成了东雷抽黄工程展览馆。信息化平台的使用，有效降低了泵站运行管理成本，信息化中心利用光影、数字化档案、高分辨率渲染、AR、VR 和多媒体交互等技术，将灌区工程建设历史、故事、人物等资源进行整合归档、数字化加工，生动还原了工程建设时期的劳动场景，让人们近距离、多角度体验厚重的历史文化和现代水利工程的雄伟。开馆至今陆续接待省内外党政机关、企事业单位、学校开展的干部教育培训、主题党日、研学实践、水情教育、调研参观等活动近三百次，在引导党员干部筑牢初心使命、强化责任担当，增强干部群众爱党爱国情怀及保护母亲河、爱护水利工程意识等方面取得良好的成绩，现被列为渭南市干部教育培训现场教学点、党史教育基地，陕西水情教育基地。

充分运用信息化、数字化手段，建立灌区现代化管理平台，以 5G、人工智能、物联网等新技术手段，进一步扩大灌区水文化的传播力。东雷抽黄列入水利部第一批数字孪生先行先试灌区后，秉持科技创新的道路，将迎来空前发展。

串联黄河、总干渠、群英洞、东雷一二级站、东雷抽黄工程展览馆、黄河魂水利风景区等自然资源和工程资源，打造以“河图”“洛书”“铁码头”雕塑、“天亭”、黄河文化长廊等为主的文化景观带，使黄河文化、水文化、工程文化在水利风景区融为一体，实现文化空间集群“绽放”。正在推进的黄河魂水利风景区工程，让更多的人看到长河落日之美，地啼揭底之奇。站在富庶的渭北的土地上，看着黄河水向西流去，那群“天当被，地做床，田梳头，雨洗脸，水不上塬不回家”的人，在党的领导下，不辱使命，用青春和热血铸就了一座时代印记。

搬　　迁

赵冉元

甘肃省疏勒河流域水资源利用中心

一

林安出生的地方，山大沟深，云比山高，想要出去，就得走很长很长的沟，大概有十几里。小时候的他从来没有走到过沟的尽头。山里的风景很好，不缺花草，间有森林，却很难存住土。每天都得到山坡上背上背斗去挖土，因为大人说，少一抔土，可就少了一株苞谷。山里的柴很多，到处都是石头，挖完土，还要去捡柴，大人们就因地制宜给他搭起了石板床，每到夜里用柴把它烧得暖暖和和……山里的时间很快，每天都在用生存的细节去拼凑出充实的生活，让他很快地成长。

又是一年春水溶溶、飞花落絮的季节，林安也长成了一个身材健硕，眉目清秀的小伙子，恋上了同一条山沟沟里的姑娘。姑娘叫孙悦，同他一样坚定善良，淳朴自然，他们牵着彼此的手，很慢很慢地爬到山上，抬头望着天空万里无云，也不说话，沐着阳光，给静谧的山里添了分岁月静好的模样。

“我哥哥来电话了，说他服役结束了，想留在那里，不想回来了，他决定响应国家政府的号召，留在那里，建设那里！还说让我也考虑一下过去呢。”林安突如其来的一句话瞬间打破了静谧。

“我猜你是动心了，不然的话，你不会说。”孙悦看向他，眨了眨眼睛，添了一番忧愁，良久，却变得坚定。“不过，我支持你!”

“什么？我自己还没想好呢，你就又帮我想好了?”林安迟疑了一下，又笑着说道。

“呸呸呸！谁想了！我还不知道你？从小就待在这山里，看起来人在这里，心早都飞了！再说了，待在这山里天天就是刨土砍柴烧石头，地上也没啥收成，缺食少粮的，多少年了还是漏雨的石板房，还口口声声说娶我，做你的梦去吧!”孙悦嗔道。

“你家房子不也一样漏雨吗？年年还帮你家修……”林安话还没说完，耳朵就传来一阵疼。“疼疼疼，轻点，轻点……”

“你说什么？让你修房子了，是吗？累了你了？你再说！再说!”孙悦笑骂着。

“好啦好啦，我回去就找我老爹商量，再问问我哥，松手松手!”林安连忙告饶。

“这还差不多，暂且饶过你!”孙悦满意地搓了搓手，静静地又坐在了一旁。

“我要是走了，你一个人……”林安忽然想说什么，却看到孙悦只是静静地看着天边的云朵，伴着风，悄然散落，心里不由浮起两个字眼“且看”，便止住了话头，让一切重归静谧。

两个山沟里的年轻人，在嬉笑怒骂中，似乎找到了一个不错的方向。

二

3 年后。

“老爹，今早你看到了吗？林安他们两弟兄领着好几辆车来给乡亲们送年货来了。”孙悦陪着父亲孙开宝吃着饭，唠了起来。

“哼！你一个姑娘家的，一大早就跑出去，自家的事情还忙不过来，尽瞎操心别人家的事!”孙开宝训了女儿一句。

“老爹，我可是去帮你打听消息的，听林安说，他们建设的那个地方可是能挖到宝贝的地方，而且地方宽阔，去那边能分好多地呢!”孙悦就当没看见孙开宝发黑的脸色，依然笑闹着说道。

“丫头，我看你干脆改姓林得了，天天林安林安的，还拿这些有的没的东西来忽悠你老子，整天像什么话?”孙开宝怒道。

“老爹你别生气呀，我这不就是给你讲讲，你说乡亲们在这山沟沟里待了这么多年，遭了多少罪，好不容易有了这能走出去的机会，你是大队书记，不得带着乡亲们蹦着点盼头？再说了，我可是真在书里面看到，那地方有魏晋的宝贝，现在正在挖掘保护，帮着干可是能挣好多钱的，而且还能盖新房，多好啊！这漏雨的石板房我可是一天都不想住了。”孙悦继续说道。

孙开宝没有再接话，自顾自地扒拉着碗里的搅团。

翌日傍晚，林安拎着酒走进了孙开宝家，进门便看见孙开宝戴着老花镜盘坐在石板床上抽着老烟袋，翻弄着看着什么。

“非得搬?”孙开宝也不客套，直接就问了一句。

“孙叔，乡亲们一直待在山沟沟里，日子过得只有困难和缺钱，总得闯出一条路来。”林安说道。

“你说那什么河？哦！对！疏勒河，真的能挖出宝来？挖出宝来还能换钱?”孙开宝仔细打量着手里的地图，指着那个陌生的地名，突然眼睛一亮。

“那我可不能骗你，那地方不仅能挖出宝来，地方也阔，能开出不少地，而且还帮着盖房子，去了日子肯定差不了!”林安笑着说道。

“嗯……把酒倒上说吧!”孙开宝也不等林安反应，大声又喊道：“悦丫头，弄点菜来!”

“好嘞!”隔壁屋忙活的孙悦大声应了一句。

……

不多久，山沟沟里就架起了大喇叭，传出了向西走，呼儿嘿哟去挖宝的号角。

三

“疏勒河灌区是甘肃省最大的自流灌区，承担着玉门市、瓜州县134万亩农田灌溉任务，深秋时节，疏勒河灌区瓜果飘香，粮棉丰收，彩色的花卉将大地交织成一条彩带，灌区小麦、玉米、蜜瓜、棉花等农产品远销省内外，疏勒河为河西走廊粮食安全、乡村振兴提供坚实的水资源保障，一幅美丽和谐秋收画卷正在徐徐展开。”听着新闻里的播报，看着电视画面中一排排整整齐齐的新房子、一个个充满活力的新村庄，丰收的喜悦在这片迷人的土地里迸发，如今已经40多岁的林安不禁将思绪一下子带回到那曾经参与搬迁的那些日日夜夜。为了安置移民、发展农业，修渠人们靠着铁锤、凿子骑着马车驴车在戈壁滩上到处寻找水源，克服风沙、盐碱地板结等种种困难；护渠人们战胜孤独与荒凉，顶风冒雪，无畏严寒酷暑，每一天都兢兢业业、一丝不苟，观察水流情况、开水闸、打捞水面垃圾……通过30多年的修建、重建、扩建，凿出了一条条跨过戈壁荒漠的生命之渠，将疏勒河水引入到田间地头，形成较为完善的灌溉系统。

“爸爸，明天带我去河边挖宝吧!”小女儿的话打破了林安的思绪。

“你想挖什么宝啊?”林安亲昵地回应着，再看看一旁不远处的老丈人，不禁哂然。

“挖宝，挖宝，我的乖孙女，你可不能再被你这爸爸给带坏了，来，到爷爷这来，爷爷带你去玩!”孙开宝一把便将小孙女抱了过来。

“哈哈哈!”林安挠挠头，笑着。

看着头发已经花白的老丈人，林安的心里还是很愧疚的。这些年来，这个曾经满怀豪情走出大山的人，如今已是佝偻着身体，将满腔的赤诚奉献给了移民安置点的建设，在搬迁准备工作伊始，便没有了停歇，早出晚归、风餐露宿、蓬头垢面、伤痕累累，通过一遍遍测量、一遍遍核实、一遍遍沟通和一次次权衡，让一面五星红旗作为第一个也是唯一一个标志物，被插在了那本是光秃秃的土地上，那天，戈壁滩风沙骤起，那天，安置区项目建设开工仪式举行，也是那天，林安和孙悦举行了结婚仪式。

四

“林所长，记得我刚来的时候，你就对我说在这戈壁滩上可是能寻到宝的，可这都三四个月了，我可是把这荒滩转了个遍，可看见的只有孤坟和石头，要说有鬼我是信的……”这片土地有了新景象，自然就有了新面孔，说话的小伙子不久前刚刚入职，眼里写满了困惑。

“你是大学生，你猜么……”林安语气悠长地笑着说道，心中也不免生出些许感慨。是呀，寻宝，寻的是什么宝啊，他想到孙悦温柔美丽的脸，想到老丈人佝偻的身躯，想到走出大山继续用双手努力奋斗的乡亲，想到兢兢业业的同事们，想到为这片土地浇洒汗水的所有人，或许这些都是他寻到的宝吧！

晚上，林安接到了大女儿的电话。

“老爸，今年我可就毕业了，我想回家工作。”

“也好，那你便回来吧，你学的是节水灌溉工程专业，回来正好能用得上。”

“我可是做了很深入的调查研究，节水灌溉可是大趋势，农业生产和灌溉需要大量的水资源，减少水资源的浪费，做好农业灌溉中的节水工作，才能缓解水资源紧缺的现状……”

……

这通电话打了很久很久。

很近又很远

——致敬灌区水利人

张梦仙

江西省赣抚平原水利工程管理局

谈及变化，古语有“闲潭云影日悠悠，物换星移几度秋”，然而在万千变化中，人是永恒的参与者和见证者。为此，作为水利人，我更爱“江畔何人初见月，江月何年初照人”。

地跨南昌、宜春、抚州3市7县（市、区）37个乡镇，总土地面积2142km^2，有着共计368条约1025km的干、支、斗渠道和3600余座渠系建筑物的江南第一大灌区——赣抚平原灌区，又在何年何月初见了多少“新面孔”呢？

白头虽老赤心存

“我叫罗长里，是赣抚平原水利工程开工建设队伍中最小的一个，17岁来到这里，自此开启了完全不同的人生轨迹。灌区的每一次建设、每一步发展，对我来说仿若昨天，依旧历历在目。”

初知罗老先生是在筹备《赣抚印记》宣传纪录片拍摄讨论会上，一沓材料记录着访谈灌区老前辈们的二三事，第一篇便是罗老先生的《我与赣抚平原》。短短3000字难以写尽老先生与灌区的光阴岁月，短短3000字却道尽了老先生与灌区一生的情感羁绊。

赣抚平原是由赣江、抚河汇聚而成的三角洲平原。在1949年之前，这里旱涝灾害频频交替发生，民不聊生。在党和国家发出“大兴水利”的号召下，江西省赣抚平原水利工程被列入国家第二个五年计划之中，于1958年5月1日正式开工。14万名建设大军自带粮食、工具、被服齐聚焦石，掀起一场“激情燃烧治江河，鏖战山河换人间”的热浪。在日复一日十七八小时的辛勤劳动下，在雷雨交加仍跳入刺骨冰水抢修工期下，不到两年，第一期工程奇迹般地基本建成，江西省赣抚平原水利工程管理委员会也随之成立。

1988年，赣抚平原灌区开始了“一期”加固配套工程，主要包括柴埠口进水闸和船闸、焦石进水闸和船闸的除险加固、焦石大坝改建、天王渡船闸兴建和三条干渠的加固配套工程。为期7年的努力，终于实现了将柴埠口、焦石等主体水工建筑物20年一遇的防洪标准提高至50年一遇，有效地抵抗住了1998年的特大洪水。时任水利部副部长周文智特为焦石大坝改建工程题诗：“巧引抚河水，灌溉万顷田；造福于人民，改革开新颜。”

1997年，在国家的关怀支持下，赣抚平原灌区连续4年实施了续建配套与节水改造工程，对灌区东西总干和七条主要干渠的重要渠段进行了除险加固和必要的护坡衬砌处理。工程完工后，西总干渠险情段基本消除，再也没有出现汛期溃堤倒坝现象。

“那时候的条件是真苦，7—8月的夏天，手中的工具能够烫得手掌通红；12月、1月的严寒天，杆子上的冰块又冻得手掌通红。1982年那场特大洪水至今还记忆犹新，一把伞、一个手电筒就是最高配置了……”

每每翻看这些承载着过往情感与记忆的稿件，总觉得它们遥不可及。然而当在离退休党支部换届选举大会上再遇罗老先生时，其震撼无法言喻。原来那些看似遥远的人物和历史，其实一直都在我们身边。

那日，耄耋之年的他们重返焦石管理站，精神抖擞、气宇轩昂；那日，抚河的微风再次抚摸了他们的白发，像是很久未见的老朋友；那日，他们仍在诉说着“白头虽老赤心存，不忘初心跟党走!”

青丝未改志犹坚

“晚上十一点多等文件的时候，直接坐在沙发上睡着了半小时，人到中年身体就是吃不消了，既羡慕年轻人的年轻气盛，更羡慕退休同志的闲情惬意。可是，身在其位，必谋其职，灌区的一渠清水还要流入120万亩农田，滋养500万人民群众，可不能断流了。”

在赣抚平原灌区，有这样一群水利人，他们对灌区这片土地可谓是“爱恨交加”。爱之，是因为这里留有他们追求梦想最美的样子。每当谈及灌区大事记，他们尤为自豪与满足。而“恨”之，则是因为工作的繁忙让他们不得不牺牲与家人的陪伴，甚至有时还要面对身体的疲惫与健康的挑战。

2002年，江西省第一部、全国第二部为单个水利工程立法的地方性法规——《江西省赣抚平原灌区管理条例》，被江西省第九届人民代表大会常务委员会第32次会议通过，开创了赣抚平原灌区法制史上的重要里程碑。该条例的出台标志着灌区的建设与管理向法制化、规范化迈出了坚实的一步，对推进灌区依法治水、开创灌区水利事业新局面具有十分重要的意义。

2006年，江西省赣管局水管体制改革顺利通过省验收。此次水管体制改革明确了单位性质、管理权责，初步建立了灌区运行机制、工程维修养护制度、灌区管理政策法规保障体系，为灌区建立和完善新型的管理体制和运行机制奠定了扎实的基础，使灌区各项管理工作再上新的台阶。

2017年8月，江西省水利厅启动水利工程标准化管理创建工作。江西省赣管局作为灌区类工程标准化管理试点单位，编制完成了《江西省赣抚平原灌区工程管理手册》，以“管理十化”为工作标准，进一步推进了“五个一措施”的落实工作，提升了灌区工程的管理水平。

更别提多年来他们在灌区防汛抗旱的道路上洒下的热血与汗水，赣抚大厦张挂的一面面锦旗，成为他们青春最耀眼的印记。

听着他们的故事，像是在偷窥他们的青春，遥远却精彩。可当我抬头看见灌区水工建筑物的标准化管理；看见基层管理站闸房机室的整洁如新，看见早已建设健全的各项制度，我才恍然，没有前人栽树，哪有后人乘凉之地？我们无时无刻不在享用着他们辛勤耕耘的成果，却常常忽视了这些就在我们身边的铸就者，他们以“青丝未改志犹坚”的意志，于无声中绽放，用平凡书写着不平凡。

韶华不负意气发

“时代的车轮滚滚向前，灌区的接力棒很快就会交到你们年轻人手里。属于我们的工作，我们一把年纪仍拼尽全力去完成了，那你们呢？”

是啊，那我们呢？于前人树荫下乘凉惬意？于发展洪流中随波沉浮？于青春年华间肆意消遣？

着眼当下，为全面贯彻落实省委“大抓落实年”，江西省赣管局制定了《2024年部门重点工作和目标任务》共计52项。灌区“十四五”续建配套与现代化改造工程二期项目预计将于8月底完工，争创水利工程大禹奖仍需多方赋能。“十四五”信息化项目建设预计11月完工，灌区数字孪生建设力争进入全国排名前三的目标任务尚有一定距离。综合推动建设“节水、生态、创新、幸福、数字”的五型灌区还要凝心聚力。

规划近景，深化打造模范机关建设省直机关“四强”支部和厅直机关“四强”支部，全面谋划灌区“十五五”续建配套与现代化改造项目，持续优化灌区水资源配置工作……

放眼未来，聚焦水利关键技术难题，推动智能感知、大数据分析、云计算、物联网等现代信息技术与传统水利技术的深度融合，提升灌区水利工程的智能化、自动化水平。突破传统思维束缚，借助各方力量协同创新，推动政产学研用深度融合，构建开放合作、互利共赢的灌区创新生态体系。加强灌区工程监管和服务能力建设，打造灌区品牌，推进灌区信息化建设，提升灌区管理决策的智能化、精准化水平……通过科技赋能、模式创新、管理优化等多维度举措，推动赣抚平原灌区在创新中发展、在发展中创新，为实现灌区高质量发展目标贡献力量。

总以为未来很远，它其实就在我们不经意间悄然降临，从不因我们的不以为意而停下脚步。“身在兵位，胸为帅谋”不是口号，未来已来，好风正劲，作为赣抚平原灌区水利人要始终保持“韶华不负意气发”的态度，趁此东风，扬帆远航。

66年来，赣抚平原见证了一代代灌区水利人的心血与汗水。历史很远，如同天上的点点繁星，璀璨而不可及；历史很近，如同大树的圈圈年轮，精心雕琢在灌区的每一个角落。愿我们都能成为赣抚平原灌区事业的推动者和见证者，共同书写灌区辉煌的新篇章。

农家人眼中的引黄水

吴承旭

渭南市东雷二期抽黄工程管理中心

祥龙腾身跃旱塬，黄河奔流惠民安。

一渠黄河水，缓慢爬上渭北旱塬，渐渐汇聚成一股、一片，在平整的引黄渠中奔涌而来，在渭北旱塬上蜿蜒流淌。近30年过去了，渭北旱腰带变成了今日关中的粮果仓。农家人心中的灌区是什么样子？

一、保南村张东红心中的灌区

保南村，一个蒲城的小村庄。土房土墙土院子，一条坑坑洼洼的小路是张东红小时候上学的必经之路。来到老房前，断壁残垣，回想起儿时，院子里都是硕果累累的枣树和核桃树，张东红与弟弟妹妹们在院子里嬉戏打闹。过去爷爷养了几只羊，放羊时张东红就呼呼地跟着跑。那时的农村虽然残破，但是却很热闹。一辆木板车好像是万能的，什么都能拉。家里两个大铁桶，取水就在门口的水井，磨麦的石磨就在院里，村民们铆足了劲转呀转，转着转着岁月飞逝，如今的张东红已将近六旬。

小时候家里种小麦，辛辛苦苦一年，磨出一家的口粮，那时候张东红就在想，为什么地里小麦稀稀拉拉长不高，结下的穗只能用瘪瘦来形容。张东红清晰地记得，那时候一亩地打三四百斤都算是丰年了，大部分时间，一亩地就是200斤左右。曾祖父过去总是感叹，“天旱呀，没有水”。去年，张东红家一亩地平均下来秋麦两料已达1000kg，今年已过半年，小麦单产也在1000斤以上。抽黄工程是1997年开始灌溉的，一年比一年用水量大。刚来水那会儿还有些高地浇不到，现在到处都可以用上黄河水。一亩地浇一次也就五六十元，多了七八百斤的产量，慢慢地，农民也富起来了。张东红靠着家里的地，盖了房，有了车，给娃结了婚，也有了小外孙，生活每天都在变好。

二、岳兴村陈天喜心中的灌区

1997年夏天，人们一路上扭秧歌、放鞭炮、步行十里迎“贵客”。此前早些年，陈天喜所在的岳兴村和其他地方一样，虽然解决了自来水的问题，但在靠天吃饭的旱塬上，常常因干旱无雨导致庄稼绝收，孩子们因为缺吃少穿，变得营养不良，常常生病，长得面黄肌瘦。家家户户最多能满足基本的温饱，一年到头口袋里都抠不出多少钱。村里人土地虽多，却没水灌溉。田间多用水井灌溉。那时，几百亩地也只能靠一眼井。井水有限，越抽越少。一亩地需浇上大半天，甚至一天。遇上大旱之年，村民们只能吃救济粮，或外出谋生，生活十分艰难。

陈天喜是个农民，也是二黄灌区的一名基层水管员。渭北旱塬缺水、盼水。在灌溉期间，昼夜不分是常态。为防止跑、漏水等现象发生，陈天喜必须不间断地在渠上巡查，夜以继日，有时碰到大风、暴雨天气，要及时组织人员疏通渠道，遇到超警戒水位时，经常忙得不能按时吃饭。早些年条件艰苦，交通不便，夏季天气炎热，中暑是常事，冬季寒风凛冽，晚上时，就在地头生一堆柴火取暖。苦与累伴随的是哗哗的黄河水滋润着干旱的农田，带来的是乡亲爽朗的笑声。无论多苦，在陈天喜心里也是甜的。

抽黄工程确实改善了我们的生活。由于水量充足，水也来得及时，这些年灌区农民及时调整种植结构，不再是种植单一的小麦、玉米等粮食作物，还种植了油桃、苹果、葡萄等经济作物，促进了农民持续稳定增收，农民的钱包鼓起来了，生活越来越好，脸上的笑容也灿烂了许多。

三、保南村王百仓心中的灌区

时代变化得真快，王百仓原来以为种地是机械化作业就了不得了，结果现在浇地都科学化现代化了。去年，地头有了个高标准农田服务中心，给村民们带来了很大的实惠与便利。

2023 年 7 月，王百仓去听了一堂农业科技课，是一个西北农林科技大学的教授讲的课，抽黄孙镇总站组织搞的农业培训，地点没有在教室，就在村里的地头。起初王百仓是抱着试试的心态去的，心里想着：种地多少年我啥不知道？用得着你们这些“专家”给上课吗？但是认真听起来，老师讲的麦子种植技术与田地里的知识，确实让他受益匪浅。从作物品种、播种、追肥到打药，每个环节老师都讲得头头是道，回去了以后王百仓一查，这个教授叫张睿，是农业农村部小麦专家指导组成员、陕西省小麦产业体系首席科学家，很了不起！让王百仓更深刻地认识到：种地更需要科学技术。

现在，地头都安装了闸门，轻轻一提，水就进地了，很方便；村民们也能通过服务中心组织的农业技术培训及时了解国家有关农业水利方面的方针和政策。现在地头路边有很多灭虫灯，王百仓听工作人员说，从 4 月底到 6 月底，两个月的时间一个灯杀了超过 1 万只害虫。难怪打药的时候感觉虫少了。服务中心的人会时常请农业专家给村民们授课，王百仓也慢慢地懂得了科学种植的重要性。

四、郭庄村段长友心中的灌区

2022 年的时候，村民们给抽黄送了面锦旗，上面写着“抗旱救灾保民生、情系群众暖人心”，以表达老百姓对国家、对抽黄工程和水站的感谢。

送旗的想法，村民们已经酝酿了很久。过去的时候。郭庄十分干旱，种地一年基本只能种一季小麦。自从抽黄水来了以后，一年就能多种一茬玉米，村民们的收入明显提高了。这些年每到要浇地的时候，二黄就早早地开机灌溉了。有些年份特别旱，放在过去那肯定就是灾年，而现在有抽黄水灌溉，庄稼丝毫不受影响。是国家这个利民工程给村民们解决了种地的大问题，让一年的辛苦终有回报，功不唐捐！

2022 年 7 月，连阴雨不断，15 日的特大暴雨后，地头很多土埝被冲塌，树倒了不少，村里近 2km 的渠道几乎被泥土填平了，树枝横七竖八地倒在渠上。大雨过后将近整个月没有下雨。段长友的内心很悲观，因为渠道里头都是稀泥，很难清理，觉得站上肯定是到冬修才会清理，玉米上浆水应该是保证不了，这一茬玉米肯定要减产。大雨过了以后，段长友看见站上的职工在渠上查看情况，听他们说，“被填的渠太长，泥太稀，清理起来难度很大”，段长友更是不抱希望了。结果没想到，在玉米上浆前，来了几台挖掘机和一些人员，又是机器挖，又是人动手，大概用了一周时间把淤积物全部清理了，渠彻底通了！到 8 月初的时候水按时来了，群众别提有多高兴了！段长友听说，水站上的职工在下大暴雨的时候害怕洪水进入厂房，每次都要提前通排水，用沙袋堵在厂房大门口，严阵以待，整夜都不睡觉，就是害怕水淹了设备，影响了灌溉。村民们听了以后都十分感动，自发地到村委会大家一起商量，做了一面锦旗。大旱大雨都是灾，水站职工抗旱救灾，名副其实。

五、柳家村李安良心中的灌区

一渠水一条河，河水门口过。对于柳家村的人来说，就是这个样子的。从村里往上走，就来到了抽黄的大渠。这条渠一年有六七个月都在流水。在家门口就能感受到滚滚黄河水，感觉就是门口有条河流过。

说到对灌区的看法，像一年多打多少粮，我们生活水平提高了多少，这些都是老生常谈，李安良特别想说的是：我们这边只要渠里流水，沿着渠边骑电动摩托车让水站上的管理人员看见，他们就过来劝导，“渠边骑车不安全，随时有掉落的危险，这里是渠堤道路，禁止通行”。村里有时也有人说，“我骑我的，与你有啥关系?”“一年挂那些横幅有什么用？糟蹋钱!”“一开机开个车，喇叭响着满村跑。这里要注意安全，那里要注意安全，我们都不是小孩子了”。李安良很不喜欢这种说法。他说道：“每个人家里都有小孩，别人把你的安全挂心上，我们自己也要给自己常提醒。这几年，站上给大渠上装了好多防护网，沿村和每个桥上都有，这是我们过去一直期盼的，没想到很快就实现了。我记得第一次跟我媳妇说这个事时，她还取笑我说，‘那南方到处都是河，还能给河上装护栏?’现在这么多的护栏和防护网，大家出行的安全确实得到了保障！我听说这几年咱灌区这边一直在进行护栏和防护网的安装。我要给咱抽黄管理者点赞！他们不仅为老百姓的日子着想，还为老百姓的安全牵肠挂肚!”

二黄工程自 1997 年 6 月 30 日试通水以来，灌区粮食年亩产由灌前的二三百斤，增加到目前的接近一吨半，苹果、梨等也有 1 万斤的产量，灌区实实在在粮食作物实现了吨粮田、经济作物实现了万果园，抽黄工程把昔日渭北的旱腰带变成了今日关中的粮果仓，工程产生了显著的经济效益、社会效益和生态效益，被群众誉为德政工程、富民工程。

金黄的麦浪

翟高丽

渭南市东雷二期抽黄工程管理中心

在上小学开始写作文的时候，每每要描写到丰收的景象，我都会引用作文书上的那句："风儿吹过一望无际的麦田，金黄的麦浪翻滚不息"，可是在那个时代，不光是爸爸种的麦子，全村叔叔伯伯家的麦子，都看不到这种金黄的麦浪，地里成熟的麦子只有一尺多高，麦穗儿又短又细，麦粒儿又黑又瘦，爸爸说，种麦种了 30 斤，收麦打了 300 斤，今年的收成还不错啊！

我出生在 20 世纪 80 年代末，我的家乡在渭北旱腰带的陕西省蒲城县，这里的天气十年九旱，祖祖辈辈都在靠天吃饭。碰到特别干旱的年份，小麦早早地就干死了。成熟了，收割回来一过秤，不到 200 斤！爸爸说一亩地打了 300 斤，那可真是值得庆祝的好收成！麦收以后，全村的地光秃秃的，秋粮作物更是没有保证，有时候会种一点绿豆、黄豆。暑假期最大的农活就是锄地，妈妈说，"种成的麦，锄成的秋！"意思是小麦只要种的时候墒情好，收成就基本上过得去；而秋粮作物的生长期正逢三伏天，干旱少雨，锄地不光是除草，更重要的是保墒。只要老天爷开恩下一点点雨，妈妈就喊："走，明早地里锄地去！"

姑姑嫁给了原本在黄河滩的移民，在我两三岁的时候，姑姑随着姑父全家回到了大荔县，那里的麦子熟得早，爸爸带我去给她家收麦，这是我第一次看到了金黄的麦浪！一望无际的黄河滩，接天蔽日的金黄的麦浪！姑姑家的麦子一亩地能打五六百斤！爸爸喃喃地说："啥时候我们家的麦子能打这个量，我就知足了！"

记得在 1997 年，全国上下喜迎香港特别行政区回归祖国的怀抱，我们正围在电视机前看实况转播，爸爸激动地说，黄河水流过来了！我不禁暗暗纳闷，从姑姑家回来，要走那么多的上坡路，难道黄河之水还能倒流到我们蒲城吗？

我随着爸爸来到大渠的旁边，看到一股淌满渠底的黄泥水，果然从东往西流了过来。村里的人敲锣打鼓庆祝东雷二期抽黄工程（以下简称二黄）通水成功。爸爸说："是用大大的水泵一级一级抽上来的！我去看看站上雇人干活吗，不要钱我都愿意干！"就这样，爸爸去附近的抽水站，干上了季节工。只要抽水站开机，他就去站上干活。他干过捞草、修水泵打下手，慢慢地也成了技术工了！

又过了3年，直到2000年开始，二黄的水才慢慢地正常了，每年的11月开始冬灌，第二年的2月开始春灌，6月开始夏灌。刚开始是用土渠浇地，县里给每个村里逐步修了斗渠及田间的小渠道，修成水泥渠后，水损更小了，水费负担降低了。在开灌后的第二年，我第二次看到了金黄的麦浪！爸爸的麦田产量逐年提高，甚至达到了600斤以上，超过了姑姑家的产量！爸爸说："咱的地旱了成百上千年，只要有了水，比他黄河滩的地肥得多！"有了小麦的丰收，村里的叔叔伯伯们在麦收以后抢种玉米，一年两料都是好收成，吃饭问题解决了，叔叔伯伯们开始种果树在南边洛惠渠灌区的地里都是成片成片的果树。这里只要水有保证，海拔高、光照好，水果品质比他们那里好得多！有了水救命，渭北旱腰带的庄稼有了保障；有了水丰产，渭北旱腰带的地里有了收成；有了水致富，渭北旱腰带的人民腰包慢慢地鼓起来了！

每逢灌溉，爸爸在泵站干活，星期天我常常也去帮忙，夏灌的时候看到他们光着身子修水泵，打开盖子掏柴草，工具扔得到处都是；冬天穿着黄大衣在进水池捞草，回到机房里围在电炉子旁边暖暖身子，一会儿看看水位，一会儿接电话调整流量，遇到停电或者工程事故等紧急情况更是危险，忙得不亦乐乎，下班回到家一觉睡下去吃饭都叫不起来。大渠里每次来水，都是一渠的垃圾。在桥墩下，树枝和杂物堆得有一人多高。渠边就是道路，每年都有人掉下去溺亡。停水以后渠道半渠都是泥沙。村里浇地，管水的人换来换去，每次的价格都不一样，有的时候水量不稳，一亩地水费就得七八十元，农民们怨气很大。爸爸每次回来都嘟嘟囔囔，说个不停，听得人耳朵都长茧了！妈妈说："你不想去干就算了，别再说了！"

慢慢地，爸爸回来的话比原来更多了，但是少了抱怨，多了喜悦。上面给机房配空调了，夏天不热、冬天不冷了！上面要求上班要穿工作服、绝缘鞋、戴安全帽，不让光着膀子了！换班前还要站成一排开班前班后会，工具统一放置，实行"6S"管理了！国家给钱把水泵电机都换成节能的，现在比以前省电多了！国家把水泥管换成铸铁管，阀门都换成好的，现在再不会爆管了！新装了捞草机，再不要守在水边捞草了！装了视频摄像头，现在随时可以看到水位，用电脑开停机，开关阀门了！我笑着说："那人家自动化程度高了，就不要再雇你了!”爸爸一怔，随即说：“我盼了几十年了，看到二黄的设备更新和管理的变化，打心里高兴，不要我就不要，我没意见!”

假期回到家里，我也看到，大渠的旁边装上了栏杆，桥头安上了警示牌和摄像头，有的桥上还绑着救生绳；桥墩前面安装一个利用水流转动的圆筒子，避免了桥墩挂草；我看到渠道的两边栽上了槐树、柳树，外边坡的坡面种上了草；抽水站的墙壁上装饰着水文化方面的图片和资料；每次行水之后大渠里不再有那么多的淤积物了；听说，二黄不光是发展农业灌溉，二黄的水还送到了渭南市，经过处理后市民喝上了，解决了渭南缺水的困境，二黄的水还送到煤化工企业，为工业发展提供了有力的支撑。村里的叔叔伯伯缴水费用上了手机 App，水费按量计算地头价，不再有中间加价，管理站组织农民挖腰渠、修小畦搞节水灌溉，每亩地的水费负担比原来大大减轻了。

又到了麦收时节，我回到家里，又看到了金黄的麦浪。父亲在他流转的200 亩地里看着联合收割机将干净的麦粒倾倒进了三轮车，地头就有大货车在等着收购。“今年小麦亩产 1200 斤，明天马上就抢种玉米，水站已经开机了，三五天之后就能浇地，预计玉米亩产能达到 1400 斤!”我说：“爸，你这不就是政府要达到的吨半田吗?”

新中国成立 75 年以来，党和政府一直都特别重视农业、农村、农民问题，为我们世世代代面朝黄土背朝天的农民修建水利设施，完善基础设施，引导我们脱贫致富、实现乡村振兴。我们的渭北旱塬干旱了几千年，是黄河水改变了这个困境，让我们和塬下的农民一样种出了金黄的麦浪，是黄河水让我们跟上了时代的脚步，吃饱了肚子，鼓起了腰包，挺直了脊梁！没有二黄工程，家乡的农业就不会发展；没有二黄工程，脱贫致富奔小康无从谈起。感谢二黄水，感谢把黄河水送到渭北旱塬的灌区干部职工，让我年年都能看到金黄的麦浪!

蓄势赋能开新局　凝心聚力再出发

刘志琴

甘肃省引大入秦水资源利用中心

一、引来大通水，润泽秦王川

引大入秦工程是将发源于青海省木里山的大通河水跨流域调入兰州市以北 60km 的秦王川地区的一项大型水利工程，取水口位于甘肃和青海两省交界的甘肃省天祝县天堂镇境内。引大入秦工程是 20 世纪七八十年代国家投巨资建设的跨流域调水工程。工程跨甘肃和青海两省 4 市 6 县（区），支渠以上渠线长达 1265km，概算总投资 28.33 亿元，设计年引水量为 4.43 亿 m^3，规划农业灌溉面积为 66 万亩，生态灌溉面积为 7.34 万亩，供水范围覆盖兰州、白银、景泰、皋兰、永登、天祝和兰州新区等市、县，受益区人口达到 200 多万人。2011 年 2 月，甘肃省政府作出由引大入秦工程承担向兰州新区开发建设供水的重大决策，标志着引大入秦工程进入了新的发展阶段。2012 年 8 月国务院正式批复设立兰州新区，为引大入秦工程持续健康发展带来了重大的历史机遇、注入了新的活力。引大入秦工程通水运行以来，已累计向灌区及周边城镇供水 42 亿 m^3，为促进秦王川地区及周边城镇的经济、社会发展以及供水区群众脱贫致富提供了强有力的水资源支撑，历史性地改变了灌区农业生产条件，历史性地提高了灌区人民的生活水平，历史性地改善了区域生态环境，有力地促进了兰州新区的开发建设，工程的生态效益、社会效益和经济效益逐年提升，有力地促进了供水区经济社会的长足发展。引大入秦工程是一项旨在将丰水区域的水源引入缺水区域的重大水利工程。从 1976 年开始，在那艰苦的岁月里，经过无数个日夜的奋战，引大入秦工程总干渠于 1994 年 10 月建成通水。她的诞生为数万亩良田带来了水源，送去了一渠清清的大通河水，为秦王川地区的生活用水、农业生产和经济发展插上了腾飞的翅膀。前人栽树，后人乘凉，我们永远不会忘记那些血汗渗透的日子，我们永远不会忘记那些为水利事业奋斗终身的英雄。

二、矢志不渝筑长河，守得云开见月明

引大入秦工程建设成就举世瞩目，创造了甘肃省水利建设史上的许多奇迹，是中华人民共和国成立以来甘肃省最大的跨流域调水工程，被称为“西北都江堰”和“中国人工地下长河”，是改革开放以来甘肃省第一个引进外资、国际招标、国外参与建设的示范性工程，也是世界银行贷款援华项目的样板工程；是甘肃省迄今为止唯一写入《政府工作报告》的水利项目，是甘肃省首次载入《中华人民共和国建设成就概览》和《中华人民共和国大事记》，并被镌刻入北京“中华世纪坛青铜甬道铭文”的项目，也是全国首批爱国主义教育基地之一；被评为改革开放30年全省十大建设成就之一和建国60年甘肃省地标建筑之一，是展示甘肃省坚持改革开放、推进科学发展的重要窗口，被誉为“德政工程、民心工程、生存工程和发展工程”。

在工程建设方面，引大入秦工程已经完成了多项重大任务。通过建设输水渠道、泵站、水库等工程设施，确保了水源的稳定供应和有效利用。同时，工程的建成还极大地提高了秦王川地区的水资源利用效率，促进了农业生产的现代化和集约化。

在科技创新方面，引大入秦工程注重引进和研发新技术、新工艺、新设备，不断提高工程建设的科技含量和水平。通过不断的技术创新，不仅提高了工程的建设质量，还降低了工程的运行成本，为工程的可持续发展提供了有力的保障。

在水资源管理与调度方面，引大入秦工程建立了完善的水资源管理体系和调度机制。通过对水源的合理配置和调度，确保了秦王川地区水资源的均衡利用和有效供给。同时，还加强了对水资源的监测和预警，提高了应对突发事件的能力。

在生态环保方面，引大入秦工程始终坚持生态优先、保护优先的原则。通过采取一系列生态保护优先的原则。通过采取一系列生态保护措施，如建设生态湿地、推广节水灌溉等，有效地保护了秦王川地区的生态环境。同时，还注重水资源的可持续利用，确保了工程的长期稳定运行。

在经济效益方面，引大入秦工程的建设为秦王川地区带来了显著的经济效益。通过提供稳定可靠的水资源保障，促进了农业生产的增产增收和工业企业的快速发展。同时，还带动了相关产业的发展和就业的增加，为地区经济社会发展注入了新的活力。

在社会影响方面，引大入秦工程的建设不仅改善了秦王川地区人民的生

产生活条件，还提高了人民的生活质量和幸福感。工程的建成还为秦王川地区的生态文明建设和社会和谐稳定作出了积极贡献。

在管理体制与机制方面，引大入秦工程建立了完善的管理体制和高效的运行机制。通过明确各级政府的职责和权限，加强部门间的协调配合，确保了工程建设的顺利进行和后期管理的有效实施。同时，还注重发挥市场机制的作用，引入社会资本参与工程建设和管理，提高了工程的运营效率和服务水平。

近年来，引大中心领导班子以习近平新时代中国特色社会主义思想为指导，认真学习贯彻习近平总书记对甘肃省发表的重要讲话和指示精神，深入落实“节水优先、空间均衡、系统治理、两手发力”治水思路，贯彻落实新发展理念，以强化工程安全运行为主线，以保障“三大用水需求”为重点，以扩大供水总量为突破，以提升工程综合效益为目标，以全面从严治党为保证，以弘扬引大精神为动力，着力提高科学化、信息化、现代化管理水平，努力走出一条质量更高、结构更优、效益更好、优势更强的发展之路，为兰州新区开发建设、兰白经济区发展和供水区全面建成小康社会提供强有力的水资源支撑，不断开创新时代引大高质量发展新局面。

三、聚力青春建新功，续写时代水利新华章

从都江堰等早期水利工程到当今世界上最大的南水北调工程，中国的治水实践源远流长，中国的水利事业也取得了引人注目的成就。今天，水利行业的改革与发展正朝着新的方向迈进，水利工作已经进入改革的关键时期，更需要我们水利人长期践行“忠诚、干净、担当，科学、求实、创新”的新时代水利精神。豪情歌盛世，青春当报国。作为新时代的引大青年，我们更要有“求务实谋长远”的态度，继续发扬“艰苦奋斗、坚韧不拔”的引大精神，把对祖国的爱化为不竭的动力，将时代的赞歌为青春奏响。

记得我刚进单位，第一次参加水管所“两清一排”工作，同事开车进入水管所管辖的隧洞。在漆黑深长的隧洞前方，洞口若隐若现，我内心的震撼和激动不言而喻。我的眼前仿佛浮现出在荒山深沟里风餐露宿、开山劈路、跨壑架渠的引大先辈们青春矫健的身影和那红旗飘飘、轰轰烈烈、干得如火如荼的建设场面。

第一次来到国内屈指可数的输水渡槽——庄浪河大渡槽，我再一次直观地感受到引大工程的雄伟和壮观，也再一次坚信了自己的使命和追求，也更加清晰地认识到作为引大人的责任和担当。这是先辈们不畏艰险、不断探索、

勇于担当才创造出的举世瞩目的伟大业绩。也正是一代又一代水利工作者乐于奉献、敢于挑战、勇于奋斗的实干精神，才使中国当代水利事业取得了前所未有的跨越式发展。

丹心负使命，不泯青春意。引大入秦已是一本写满30年历史的书，从昨天到今天，从稚嫩到成熟。老藤不断繁衍出新的枝丫。一代又一代的引大人发挥自己的聪明才智，在“生命线”上谱写奉献的引大之歌，一颗颗赤诚的心化作建设引大的无穷力量。正如“艰苦奋斗，坚韧不拔”的引大精神是无数的引大先辈们用他们奋斗的汗水和实践经验为我们后代引大人总结出来的精神食粮，我们将铭记于心，践行到底。

“古之立大事者，亦必有坚忍。”俄国作家别林斯基也曾说：“任何伟大的创举之所以伟大，是因为他们所经历了痛苦的毅力和坚强勇气，以表现痛苦的形式，来达到痛苦磨练的结果才会成功。”在这个属于奋斗者的新时代，作为新时代的水利青年，人人都有追梦的权利，人人也都是梦想的筑造者。我们将积极追寻老一辈引大足迹，赓续引大人精神血脉，学习老一辈引大人艰苦朴素、勇于担当、苦干实干的工作作风，传承他们的奋斗精神并贯彻到底。

大通河水川流不息、源远流长、甘甜醇香、润人心肠。引大青年意气风发、活力激昂、与时俱进、斗志昂扬！渡槽磅礴，流水汩汩。引大的一景一物无不抒发着“古有都江堰、今有引大线”的豪情！前辈们用30年书写了引大飞跃的发展，我们更要积极主动作为，锻铸理想信念，勇担时代使命，砥砺奋发前行，以饱满热情来迎接下一个30年。努力在供水一线、工程现场、灌区前沿发挥生力军作用，在实现“十四五”规划任务的关键之年，以实际行动和优异的成绩谱写出一份满意的新时代“水利华章”，以吾辈之青春，共同谱写新时代引大之华章，一起去建设引大更加辉煌灿烂的明天。为“强省会”和供水区经济社会高质量发展以及全面推进乡村振兴提供强有力的水资源支撑，努力为推动中国式现代化甘肃实践作出新的更大的贡献。

西干渠：从旧貌到新颜，奏响水利现代化的奋进乐章

张　洋

宁夏西干渠管理处第一管理所

西干渠犹如一条蜿蜒的生命脉络盘踞在贺兰山东麓，见证了岁月的沧桑变迁，承载着无数的希望与梦想。新时代新征程中，宁夏水利践行习近平总书记“节水优先、空间均衡、系统治理、两手发力”治水思路，推动水利事业向更高质量、更可持续、更为安全发展。西干渠管理处准确识变、科学应变、主动求变，牢牢抓住水利现代化建设机遇，渠道基础设施和信息化建设一路高歌猛进，安全行水和供水服务能力大幅提升，灌域治水惠民正向着形态更高级、基础更牢固、保障更有力、功能更优化的阶段演进。

一、忆往昔，水利现代化之渴盼

2019年以前，西干渠灌区主要水利设施多为20世纪六七十年代建造，大部分渠道及建筑物老化失修，闸门封闭不严，灌区重建轻管的现象普遍存在。干渠斗口量水设施简陋，量水技术难以提高，部分渠道段落及退水闸节制闸千疮百孔，带病运行，信息化自动化建设更是“零”的状态。基层管理所段每日最为繁杂的工作就是闸门的开关和“一摞摞”水量结算供水证，以及渠道徒步一日三巡和4h一次的水位监测。那时候，西干渠水利工程建设标准低，信息化自动化建设滞后，灌溉调度与防汛调度矛盾突出，灌区生态环境人为破坏严重等，是一个方方面面都陈旧的灌区，亟待先进的技术设备和管理模式引进。

为着力发挥西干渠在系统治水中的关键作用，创建多元共治、系统治水体系。2019年，西干渠以银川都市圈城乡西线供水工程为契机，对西干渠未砌护及砌护破损比较严重的渠道进行砌护改造，对不满足过流能力、破损的水工建筑物进行翻修重建，全面改造提升西干渠灌溉输配水系统，干渠砌护率由不到30％提升至100％。同年，马场滩、鸽子山、莲湖、平吉堡4座抗旱

应急水源泵站工程相继完工，为贺兰山东麓葡萄产业及时输送了“血液”，灌域发展潜力巨大。

2021 年，西干渠在宁夏率先实现了 126 套测控一体化闸门渠道全覆盖，9 座节制闸和 11 座退水闸远程操控，安装视频监视 89 处。灌溉用水动态监测，数据实时上传，自动化管控、精准计量，其操作方式彻底告别了“人在渠上跑、扳手手中提”人力开关闸门的时代，为渠道安全运行提供了更加便捷的监测手段。这是西干渠现代化生态灌区建设和数字治水前沿探索的良好开端。

二、看今朝，赋能灌域现代化崛起

（一）以高效节约集约为导向，优化水资源配置

深入贯彻落实新发展理念，坚定不移地遵循“四水四定”原则，聚焦破解水瓶颈问题，做用水权改革的先行者，将全新的治水理念在灌区广泛推广，灌域信息化建设成果进一步推进农业节水工作。目前，西干渠灌区有小畦灌、水稻控灌、激光平地、喷滴灌、沟灌、玉米葡萄微灌等节水技术，节水技术的推广，大大减少了干渠引、耗水量。灌区葡萄、枸杞等节水型经济作物迅速发展，高效节水灌溉面积近 44 万亩，占灌区总面积 100 万亩的 44%，经济效益和节水效益显著。一轮灌水周期由原来的 18 天减少到 13 天，供水效率提高了 28%，全年灌溉用水量从 2000 年 6.45 亿 m^3 减少到 2023 年 4.36 亿 m^3，年新增节水能力 10%～15%，灌溉水利用系数由 2015 年的 0.442 提高到 2023 年的 0.572。

（二）构建水联网联调联控体系，实现精准调度

2021 年，西干渠全渠道远程智能联调联控的试验成功，是 60 年来西干水利人管水方式的历史性变革，数字治水活力逐步显现。通过全渠道控制模型算法，测控一体化闸门和节制闸根据干渠水位变化实时调节闸门开度，自动生成调度指令，实现了各供水斗口与节制闸实时感知、水信互联、过程跟踪、智能处理的联调联控技术，成功按既定配水计划精准计量、精准供水。经过渠道信息化建设和数字化改造，西干渠与各市县和水文部门完成数据互通互享，实现了洪水入渠提前预警，达到了数据采集、监测、控制、预警一体化，提高了灌溉调度与洪水调度的实时性、精准性，灌域供水能力和防灾减灾能力显著提高。

（三）加强水生态修复，守护绿色生态基底

谋定宁夏水生态文明建设总体思路，强化水资源管理和水生态保护措施，

严格开展渠道水行政执法，推动水生态水环境持续改善。近年来，西干渠管理处通过积极与属地公安、自然资源、环保、水务、乡镇社区等部门对接，于渠道保护范围严厉打击水事违法行为，动态清理“四乱”。于灌区群众广泛宣传水行政相关法律法规，凝聚全社会优势力量，筑牢贺兰山东麓水生态保护屏障，守护住、看护好灌区群众赖以生存的“生命线”。

三、展未来，引领西干渠水利高质量发展

（一）点燃数字治水引擎，驱动水利发展新跨越

聚力打造数字治水领先模式，加快数字孪生流域建设。按照“需求牵引、应用至上、数字赋能、提升能力”要求，以数字化、网络化、智能化为主线，建设数字孪生工程、贺兰山东麓防洪体系工程及水资源“四预”工程，加快构建智慧水利体系。全面推进算据、算法、算力建设，对物理流域全要素和水利治理管理全过程进行数字化映射、智能化模拟，通过数字赋能各类水利治理管理活动，在数字孪生流域上实现“2＋N”业务的“四预”。

（二）秉承生态优先理念，谱写绿色发展新篇章

牢固地树立山水林田湖草生命共同体思想，提升干渠水生态环境保护的成效，打造贺兰山东麓绿色生态发展廊道。在灌区土地集约化种植区域，大力发展水肥药一体化高效节水灌溉技术，自动监测灌区土壤墒情，实现智能化灌溉和精准施肥。加快推进田间高效节灌设施设备的智能化改造，努力将灌区的水资源利用率再提高10％，土壤肥力得到明显改善，农作物品质显著提升，绿色生态廊道的覆盖面积不断增大。与灌域各市县及农垦农场加强生态合作，共同打造更大范围的生态友好型农业产业带，为推动区域绿色发展、实现生态与经济的双赢目标不懈努力。

（三）优化现代化管理架构，构建高效治理新模式

积极推动水利现代化管理理念与管理方式、管理效率、管理能力相适应。一方面，水利现代化管理理念要与规范化标准化建设的精准要求紧密相适应，制定详细且科学的管理标准和规范，涵盖水利设施的维护、水资源的调配、水生态的保护等各个环节，确保每一项工作都有章可循。另一方面，促进管理理念与数字治水高质量发展的前沿趋势相匹配，加大对数字化技术的投入和应用，利用人工智能技术进行水利设施的故障预测和维护安排，提高管理效率。同时，加强管理人员的培训和教育，提升其运用新技术、新方法进行管理的能力，为水利现代化管理提供有力的人才队伍保障。

西干渠现代化生态灌区建设，是宁夏水利事业发展的一页精彩篇章，是有力推动灌区水利转型升级和高质量发展，加强水资源优化配置，保障宁夏特色产业用水需求，提升区域生态环境质量的重要保障。是为建设美丽新宁夏提供坚如磐石的水安全保障，让黄河孕育出的塞上江南始终保持蓬勃的生机和旺盛的活力，实现永续的繁荣发展，成为人们安居乐业的美好家园。

诗歌——《西干渠现代化生态灌区新貌》。

《西干渠现代化生态灌区新貌》

冬去春归大地苏，春耕备播恰当前。
滔滔黄水云端落，汩汩清泉埂畔趋。

智能改造灌渠新，更新设备智能殊。
夜半无人闸自控，晨曦有影水常输。
闸门测控精度准，流量调节效能凸。
所段门庭欢笑聚，田头禾黍翠青铺。
灌排有序心安稳，旱涝无忧意畅舒。

渠道拓宽基石固，堤坝筑牢土方铺。
泵站增容功率大，渡槽新建架构粗。
汛时雷暴难成患，暑日洪峰易制伏。

凝心聚力兴农务，克险攻坚绘壮图。
万顷良田丰岁景，千家农户乐安居。
贺兰山下说水甜，西干渠畔感党恩。

生态为底 文化为墨
擘画灌区高质量发展新画卷

李 蕊 黄晓珂

聊城市位山灌区管理服务中心

位山灌区地处山东省聊城市，始建于1958年，是全国第五、黄河中下游最大的灌区，栉风沐雨六十余载，灌区奋进的脚步从未停歇：从肩挑手推、人工凿石，到机械作业、数字孪生；从黄沙漫天、风起尘扬，到绿树成荫、鸟语花香；从田园风光、野趣乡间，到水韵弥漫、文旅胜地……其间，对生态的修复治理、对文化的传承弘扬，是灌区人念兹在兹、躬而行之的事业，也成为灌区高质量发展的最美底色、动力之源。

一、寻根灌区历史 赓续精神之脉

参天之木，必有其根；怀山之水，必有其源。在位山灌区三干渠“楷模大道·廉堤”笃行园，中国红花岗岩面上“惟奋斗向未来”六个大字赫然入目，灌区建设发展的历程沿着水纹时间轴清晰呈现。

新中国成立后，全国上下掀起大兴水利的热潮，黄河进入全面治理和开发的新阶段。1958年，聊城人民为减轻“十年九旱、旱涝交织”给农业生产带来的影响，向黄河寻求办法。几十万人齐上阵，担条筐、挥铁锨，靠肩挑手推，拉开位山引黄灌区的建设序幕。灌区历经停灌、复灌的考验，雏形初现。

伴随改革开放的步伐，位山灌区兴建了胡口、四河头、碱刘、七里河等4座大型渡槽和三十里铺、潘庄等大型节制闸，修建了王堤口渡槽、王铺渡槽等节制枢纽工程，灌区骨干灌排工程框架形成。面对天津市、河北省的严重干旱，灌区人民发扬顾全大局、无私奉献的精神，多次进行引黄济津、引黄入冀应急供水，有效地缓解了天津市、河北省用水紧缺的情况，保障了“华北明珠”白洋淀连续有水。

新时代以来，位山灌区为满足人民对美好生活的向往，做优供水服务，推进水资源节约集约利用；构建现代水网，提升水资源优化配置能力；优化生态环境，打造人水和谐共生的“幸福渠”；深化改革创新，持续提升现代化管理水平，着力推动传统粗放型灌区向现代化灌区的转变。

一路风雨一路歌，60余载的艰辛奋斗值得被记录。位山灌区将“修志”作为文化建设的基础工程，走基层、遍群众，广泛搜集灌区老文物、老物件、老影像等2000余件，出版了《位山灌区志》《位山灌区六十年概览》，细述在中国共产党的领导下灌区引黄灌溉、引黄治沙的历史与成就，进一步提炼与中华优秀传统文化理念、社会主义核心价值观相契合，体现历代灌区人特色的精神标识，总结“战天斗地、不怕牺牲、甘于奉献、求实创新”的灌区精神。建成位山灌区历史陈列馆，采取图文、视频、实物等展示方式，凝练近万字的文字介绍、调取百余幅史料图片、收集近百件珍贵实物，生动地展现了灌区的发展变迁，承载了灌区人的深厚情怀。

二、加强遗产保护　传承文化基因

在东阿县刘集镇位山村旁，位山引黄闸矗立黄河岸边，直潜河底的灰色闸墩、横卧渠道的青黄石拱桥，印证着时代的发展，澎湃着向上的力量。在位山引黄闸建成后的几十年里，闸起闸落间，潺潺黄河水浇灌鲁西平畴沃野，流往天津市和河北省，为津冀地区经济社会发展注入了生命活力。

距位山引黄闸约40km的四河头是一个重要的水利枢纽，因徒骇河、金线河、赵王河及京杭大运河等四河在此交汇而得名，可追溯至元朝。中华人民共和国成立后，其成为中国共产党领导灌区改建的第一批工程之一，在水旱灾害防御治理、保障群众生产生活安全、推动聊城经济社会发展等方面发挥了重要作用。

位山灌区坚持把水利遗产保护摆在突出位置，成立专班，专项推进，全面开展灌区水利工程遗产调查、红色旅游资源普查，加强对四河头枢纽旧址工程等水利遗产的保护，建成红色遗址公园，让群众在娱乐休闲的同时感受沧桑巨变，传承红色精神，守护水利遗产。2023年位山灌区及四河头枢纽工程列入山东省首批省级水利遗产名单。

深挖红色资源，利用紧邻孔繁森同志故居、孔繁森精神党性教育基地的优势，以孔繁森精神、灌区文化、廉洁文化为主线，建成三干渠“楷模大道·廉堤”，建设公仆园、忠诚园、笃行园、清正园等“水·堤”公园，探索建立“孔繁森纪念馆-三干渠楷模大道·廉堤-孔繁森党性教育基地-孔繁森故居”红色旅游路线，创建“水利文旅＋红色教育”特色模式，打造红色与生态旅游新名片。

三、厚植生态底色 共享文化成果

当浓郁的黄河文化覆上绿色的轻纱，会产生怎样的美景，擦出怎样的火花？行路见荫的绿道，花香鸟啼的公园，渠水草木与城镇相融相生，令人心旷神怡、享受美好生活，这是切切实实的生态福利，是可见可亲的文化绿廊。

位山灌区统筹水工程、水安全、水生态、水环境一体治理，把工程现代化改造、生态保护和文化弘扬系统结合、综合提升，形成“生态＋水利＋文旅”特色模式，让群众在享受生态福利的同时，共享品质文化生活。

结合灌区资源禀赋，高标准编制了《水利风景区十年发展规划》《沉沙池区生态保护与修复规划》，以突出黄河文化、水利精神、灌区精神为主线，明确了“一核（位山黄河公园）三带（东输沙渠——一干渠生态涵养带、总干渠——二干渠水利文化发展带、西输沙渠——三干渠水利风光休闲带）六区（输沙渠沉沙池生态保育区、景区综合服务区、科普教育体验区、城区文化休闲区、田园休闲体验区、生态农业观光区）”的发展定位，分阶段把位山灌区建设成为集水利功能、生态保护、科普教育、文化传承于一体的文旅综合示范区。

同步融合黄河文化、水文化、灌区文化和红色文化，新建超过 60km 道路、种植 2000 多亩防风固沙林带，建成位山黄河公园、一干渠渠首兴隆村等 8 处国家水利风景区，20 个水文化公园以及百公里生态绿廊，原来垃圾乱弃、环境脏差的堤防建成为“花堤”“翠堤”“廉堤”等不同主题的带状公园，成为群众娱乐休闲、文化体验的打卡地和聊城生态旅游新名片，实现文化惠民、文化为民、文化利民。2023 年参加水利部“水美中国”——第二届国家水利风景区高质量发展媒体推介会，获得“国家水利风景区高质量发展标杆景区”称号。

四、做大传播弘扬，讲好灌区故事

位山灌区抢抓国家文化公园、文化体验廊道建设机遇，立足灌区实际，深入挖掘黄河文化、灌区文化蕴含的时代价值，着力打造“一馆一廊一场一品牌一基地”文化矩阵，串珠成链、连线成片，推进黄河文化、灌区文化创造性转化、创新性发展。

“一馆”即位山灌区历史陈列馆，“一廊”即依托灌区骨干渠道而建的生态廊道，一干渠·乡村绿道，二干渠·城市漫道，三干渠·楷模大道自成特色、文脉绵长，依廊而建的二干渠城市生态公园水文化景石林立，建有宪法文化长廊，在“世界水日”“中国水周”“国家宪法日”等广泛开展涉水法律法规、水文化等不同主题宣传教育活动，获评山东省法治文化建设示范基地；“一场”即沿渠建设的水·堤文化广场，广场配套健身器材、休闲座椅、文化小品等基础设施，成为集健康休闲、便民娱乐、水文化传播等功能于一体的民心公园；“一品牌”即“‘位’来说”文化品牌，位山灌区成立了文化宣讲队伍，常态化进社区、进学校、进村户，用心用情传播黄河文化、红色文化，讲好灌区故事，年均受众上千人次；“一基地”即水情教育基地，灌区深挖水利常识、水利法治、水利科技等主题同灌区工程、水利风景区的融合点，建成集水利科普、节水宣传、文化弘扬等于一体的水情教育体系，每年开展“小河长”“小手拉大手·争当节水小先锋”等各类水情教育活动50余场，累计接待参观人数3万余人，成为文化传播窗口、水情教育阵地，2024年1月获评山东省首批水情教育基地。

水韵悠悠，文脉绵绵。新征程上，位山灌区将主动担负起新的使命，继续深耕文化传承弘扬这片沃土，做好与生态的融合文章，讲好水利故事、黄河故事、灌区故事，延续历史文脉、坚定文化自信、擦亮文化名片，奋力擘画灌区高质量发展新画卷！

黄河儿女视角下的引黄灌区成长记

张　双　刘洪玲

滨州市引黄灌溉服务中心簸箕李灌区

不知道21世纪的今天，还有多少人知道“沙土布袋育婴儿”，这种用黄河冲积的细面沙土为婴儿接屎接尿、干爽皮肤的养育方法，听起来不那么卫生，却也是现代年轻妈妈们会在网上寻找的治疗婴儿红屁股、湿疹的良方。我就是曾经穿着沙土布袋长大的黄河儿女，生在黄河滩，长在黄河湾，喝着黄河水，枕着黄土眠，黄河养育了我，我对黄河水也有着难以割舍的血脉亲情。新中国历史沧桑75年，我走过了一大半，从出生开始，眼见着黄河下游的引黄灌区，将一条条土渠修缮成蜿蜒旖旎的生态长廊，似是黄河流域的绿色血管一般，给四周的土地输送养分，滋养了一片土地，富裕了一方百姓。

黄河之水，既是恩赐，也是挑战。它带来了丰富的泥沙，造就了广袤的平原，为农业生产提供了得天独厚的条件。然而，历史上的黄河经常性的决口改道，给下游地区带来了无尽的灾难。洪水泛滥时，家园被淹没，百姓流离失所；干旱时节，河水断流，土地干裂，庄稼颗粒无收。

新中国成立前，黄河下游的引黄灌区只是规模小、渠系不完善、设施简陋。农民们只能靠天吃饭，在洪水的肆虐与干旱的轮番威胁下艰难地生存着。1949年，新中国成立，犹如一道曙光，照亮了黄河下游的大地。

在那个激情燃烧的岁月里，无数的建设者们怀揣着对祖国的热爱和对未来的憧憬，奔赴黄河岸边，没有先进的机械设备，他们就用家里的农具；没有足够的技术经验，他们就边干边学。小时候常听爸妈说起，那时候的人们很憨厚、淳朴，看到建设者们在烈日下辛苦劳作修建渠道时，附近的村民不要工钱，带着自己的儿子，毫不犹豫地加入进来，肩挑手扛，挖土筑堤，建渠修道。他们说：“这是为了我们自己的土地，为了我们的子孙后代。”他们过够了因为干旱而歉收，一年到头看天吃饭、收成甚微的苦难生活。在大家的共同努力下，渠道终于修成通水了，村民们看着黄河水流入自己的农田，激动得热泪盈眶。艰苦的条件并没有阻挡灌区建设者们前进的步伐，他们和周围的农民一起，以顽强的毅力和坚定的信念，在黄河之畔挥洒着汗水，让这片土地焕发出了新的生机。

然而，引黄灌区的建设并非一帆风顺。在发展的过程中，也遇到了许多困难和挑战。由于黄河水中含有大量的泥沙，渠道容易淤积，影响了工程运行效率。为了解决这个问题，水利专家们经过反复研究和实践，探索出了一系列的泥沙处理方法。他们修建沉沙池集中沉沙，采用远距离输沙分散处理等技术，有效地减少了渠道淤积，提高了灌溉效益。我的父亲就是那个年代的基层水利建设者，我和姐姐在渠道边出生，从小就在停水间期的渠道里踩脚印、玩泥巴、捉小鱼，童年的回忆里充满了朴实的快乐。但是当时发生了一件事，让我对渠道多了一份敬畏，清晰记得有一次姐姐在渠道小桥上路过时，不慎跌入水中，挣扎着漂了十几米，在当时的我眼里，像是有好几千米那么远，幸运的是姐姐被新修建的渠底齿墙拦截住了，岸上的我喊来附近的叔叔阿姨将姐姐救起，受到惊吓的我们从此再也不敢随意踏入渠道玩耍。

印象中困扰父亲很长时间的还有水资源的合理分配这个难题，黄河下游地区人口众多，农业用水量大，如何节约水资源，保证更多的耕地得以灌溉，成了摆在人们面前的重要课题。小时候经常听父亲说基层水利设施被偷水的人砸坏了，也经常听到附近村民争水抢水的吵闹谩骂声，感觉父亲的水利工作如此艰难……后来，政府部门加强了水资源管理，制定了科学的用水计划，推广节水灌溉技术，提高了水资源的利用效率，在曲折中前行，在探索中进步，父亲这一代水利人克服重重困难，逐渐减小了用水矛盾，使灌区的发展逐步走上正轨。小时候看见过父亲的工作日记里这样写道："我理解那些因为浇不上地而焦躁怒张的老百姓，今天种下的粮食，就是他们一年的收成，是他们家里老人小孩的命啊，我想帮帮他们"！这一句誓言影响我至今。

随着时代的进步，科技的发展为引黄灌区的建设注入了新的活力。自动化灌溉系统的引入，实现了对农田灌溉的精准控制。通过感应器和数据传输处理技术，可以实时监测土壤湿度、气象条件等参数，根据农作物的需水情况自动调节灌溉水量。这不仅提高了水资源的利用效率，还减少了人力成本，为农业生产带来了极大的便利。同时，水利科研人员不断探索创新，研发出了一系列适合黄河下游引黄灌区的新型灌溉技术，滴灌、喷灌等高效节水灌溉方式得到了广泛推广，有效地缓解了水资源短缺的矛盾。在灌区管理方面，信息化技术的应用也大大提高了管理效率。通过建立灌区信息管理系统，可以实现对渠道水位、流量等数据的实时监测和感知，及时发现和处理问题，确保灌区的安全运行。科技创新，让引黄灌区迈向了现代化的新征程。唯一遗憾的是，把百姓当作亲人一样的父亲并没有看到这一天。而我，很幸运地成了新时代的水利工作者，我也立下铮铮誓言，要更好地服务于百姓，成为他们的贴心人，帮助他们摆脱困境。

回顾新中国成立75周年黄河下游引黄灌区的发展历程，也是我父亲的一生和我的前半生，感到无比自豪，从艰苦创业到科技引领，从脱贫攻坚到乡村振兴，从资源开发到生态保护，引黄灌区发生了翻天覆地的变化。我对这方土地的爱与日俱增，我热爱这黄河支支脉脉的渠道血管，滋养着这片充满希望的田野。展望未来，在新时代的征程上，我们将以更加坚定的步伐，与灌区人民一起书写出更加辉煌的篇章，创造出更加美好的明天。

水利梦，在这里启航

杨　芸

滨州市引黄灌溉服务中心

50 年前，我出生在一个水利世家。30 年前，我投身于水利事业，成为一名水利工作者。26 年前，我与一名同样致力于水利事业的人携手步入婚姻的殿堂。三十多年的水利工作生涯，使我和水利结下了不解之缘。

记得 21 年前，我参与的第一个工程建设项目是沙河渡槽工程。那时，我们住在工地旁边孙集村一间简陋的小屋内，不足 $10m^2$ 的空间里，窗户尚未安装，只能用塑料布和木条暂时封住，以防蚊虫侵扰。每天清晨 7 点，我和设计院的杨井然大姐一起前往工地进行监理工作，直到夕阳西下才返回。晚饭后，我们召开碰头会，记录当天的施工情况，直到晚上九点才能回到闷热的小屋，用蒲扇驱赶蚊蝇，枕着隔壁养蚕室不断传来的沙沙沙的蚕食声入睡。记得我们和施工队一起吃大锅饭，常常是一手掐着馒头，一手端着汤碗，或站或蹲，边吃边聊。说说施工监理中遇到的新问题，谈谈各自的看法和见解，也常常会搁下饭碗，摊开图纸研究讨论个热火朝天。正是那段日子，我学到了许多施工监理知识，更被同事们那种执着与坚韧的水利精神所深深感染着。

2000 年年初，灌区成立了第一个管理所。那时我和爱人傅建国刚刚结婚，因工作需要，他被任命为管理所所长。引水期间需要 24h 不间断值守，所里人员稀少，大约每隔两个月，他才能回家一次。那个“五一”假期，我又未能与他相聚，就决定去管理所探望他。那是我第一次踏入他的工作环境：偌大的空旷院子，几间孤零零的瓦房，厨房的门虚掩着，推门进去，满屋的苍蝇呼地飞起来，沉重的煤气罐，单孔的炉灶，地上堆放着半袋土豆，碗筷杂乱无章地摆放在桌上。屋角有个大水罐，满地都是泥脚印。见到这一幕，我心头不禁一酸，立刻卷起袖子开始忙碌起来，清洗锅碗瓢盆，整理灶台，切土豆丝，拖地板，忙得满头大汗。当我从整洁的厨房走出来时，远远地，看到他和两个同事正骑着自行车回来了。

“哎，嫂子，你来啦！咋不提前来个电话呢?”小黄老远就和我打招呼。

江涛边停自行车边说道："嫂子想咱哥了吧，刚才俺们去测流来啊，早知道你来让俺哥在这等你呀！"爱人卸下测流仪，笑着说："老远还想，咦，这是谁家的美女啊，仔细一瞅，原来是俺媳妇来！"

大伙儿热情地让进了厨房，我想他们一定会感到惊喜。"呀，你咋用了这么多好水呀？这是昨晚刚从市里拉来的供我们饮用的水啊！"爱人的话让我有些不知所措，"打扫卫生咋不用地下水呢？你这才来一会儿，就用掉了大半桶，够俺们喝好几天了！"听到这话，我心里好失落，一个多月没见，刚来就忙活了一个多小时，辛劳和委屈顿时涌上心头，泪水在眼眶里直打转。

"嫂子，别生气哈，平常我们洗洗刷刷都是用地下水。你看你一来就忙活，拾掇得这么干净，真是帮了俺们大忙了！"

"你知道吗，嫂子，刚建所，连地下水也没有，寒冬腊月里，俺哥带着俺们去渠道砸开冰，舀黄河水挑回来，烧开了喝。现在条件好多了，可以用大水桶拉水喝了，院子里也有了地下水，方便多了，要是现在再去渠道里舀水，说不定还能喝出蛤蟆蝌蚪子来呢！"

同事的话一下子又把我说乐了。从那以后，不管多忙，每个月我都会抽出一两个周末的时间去管理所帮忙打扫。连续 6 个年头的元旦、五一、国庆和除夕夜，都是和爱人一起在管理所度过的。所里的小伙子们都还没有成家，作为他们的大姐，我很乐意为他们包饺子、煮面条、缝扣子、补衣服。岁月不拘，时节如流，虽然已经过去了很多年，但我依然会时常想起那些在管理所里的点点滴滴——那辆天天测流掉链子的旧自行车，笨重的铅鱼、测流仪，伴着风沙在测点上吃的包子，零下十几度破冰引水时冻成冰坨的茶水，雨雪天断粮断水的所站，还有日夜巡坝坚守渠堤的同事们……

每当引水期到来，都需要值班巡坝，每天至少 2 次测流，2000 年管理所仅有的交通工具就是两辆老旧的大金鹿自行车。土渠上长满了红荆条和蒺藜，每天往返数十公里测流的自行车，总是在土渠上颠簸得掉链子，爆胎也是常有的事。为了节省时间，同事们早上骑自行车出门测流时，都会带着大饼咸菜或是包子油条，在测流点上简单解决午餐，忙到天黑才能回去吃上一顿热腾腾的饭菜。爱人常和管理所年轻的同事们说："咱这帮弟兄呀，就像这渠道两岸的红荆条，要深深扎下根来，守护着这条流向人民心中的河。"

当滚滚的黄河水在田间地头尽情浇灌，当甘甜的自来水通到千家万户，那一刻，我突然意识到，没有什么喜悦能与这份成就感相提并论，那一刻，我也真正理解了基层水利工作的意义。

我还清晰地记得和同事们一起去测流的情景，骑着自行车在颠簸的土渠上，我们亮开嗓门大声高歌："我要飞得更高，飞得更高，狂风一样舞蹈，"那一刻，我深深感触到，在一线水利人的青春字典里，有的是库桥涵闸、工地工棚，是干支斗农、铅鱼测杆。他们在河堤上奉献青春，在沟渠里流淌岁月。

难以忘记1998年底小开河灌区通水的那一幕。当滚滚的黄河水在田间地头尽情浇灌，当清澈健康的自来水通入千家万户，街头巷尾一片欢腾。村民们用"小白龙"（一种小型灌溉设备）将黄河水引入农田，当灌区为村村通自来水工程提供了可靠的水源，每家每户都用上了甘甜的自来水，就连八十岁的老人心里都乐开了花，激动地说："小开河，真是人民心中的河啊！"这句话道出了我们小开河人的梦想——我们的梦想就是建成一条造福民生、流淌在百姓心中的河流！

随着灌区不断发展和进步，现在的小开河灌区早已逐步实现了向节水高效灌区的转变。2022年被水利部授予"节水型灌区"称号。改造后的小开河灌区，提高了灌区输水效率，"十四五"以来，完成引黄水量超过6亿m^3，保障生活供水2亿m^3，灌溉农田近200万亩次，生产粮食近20亿kg，供给工业用水2亿m^3，改善灌溉面积1.5万亩，年节约水量100万m^3，保障了灌区的可持续发展。近年来，我们引进了一系列先进的技术装备，包括智能灌溉系统、遥感监测技术、水位自动监测站等，通过这些高科技手段，大大提高了水资源利用效率。此外，我们还建立了数字化管理平台，通过大数据分析和云计算技术，实现了灌区管理的精细化和智能化。

同时，小开河灌区围绕灌区工程管理、供水调度等业务工作，总投资2000余万元，全方位打造了感知监测体系，全面推进"数字赋能"，着力打造"智慧"灌区。沿途安装高清视频监控、水位、闸位、流量监测等信息化设施343处，基本实现了灌区关键部位视频监控全覆盖和干渠、支渠流量的自动监测。灌区依托"十四五"大型灌区现代化改造，加快构建具有预报、预警、预演、预案功能的智慧水利体系，积极开展数字孪生灌区建设。2022年12月，灌区被水利部列入数字孪生灌区先行先试建设名单。

"肩扛日月风霜里，脚踏云霜雨露中；渠道通水心欲醉，登高远望笑苍穹。"如今，小开河灌区已经建成通水26年，曾经白茫茫的盐碱地早已变成了肥沃的土地，成了丰收的田野。以"一带六区"闻名的小开河国家水利风景区，蜿蜒曲折的水系中生长着茂密的芦苇，柳树林中鸟儿栖息，万顷荷塘美景如画，人与自然和谐共处。96km的绿色长廊装点了"粮丰林茂，北国江南"的美丽景象。阳信鸭梨、沾化冬枣、无棣金丝小枣等地方特色水果享誉中外，小开河已经成为一条滋润民心的民生之河。

回首过去的30年，小开河灌区从无到有，从有到优，见证了水利事业的巨大进步。作为一名水利工作者，我们不仅是这些变化的见证者，更是参与者和推动者。看今朝，能为水利事业贡献一份力量，我们深感荣幸；展未来，我们将继续秉承初心，勇担使命，为实现中华民族伟大复兴的中国梦不懈奋斗。

梦想牵引，照亮灌区发展之路

史立红

滨州市引黄灌溉服务中心

一、儿时的梦 构建职业理想

我的家就在黄河岸边，黄河在村南约 1km 处自西向东汤汤而过。大河与大坝之间的土地是村里的高产田，也是孩子跟着大人们劳作的主战场。20 世纪 70 年代的童年都是在“放养中”度过的，放学后挖菜割草、玩泥摸鱼、追兔捉蝉……都是我们的日常。看着滚滚河水向东奔流而去，心里总是充满着好奇、敬畏。村北有一条叫作“大沟”的引水渠（后来才知道是簸箕李灌区的杨集干沟）。大沟引水的日子是一段兴奋、期盼的美好时光。那时候，孩子们兴奋地奔走相告“大沟里来水了!”此时可以看大人撒网捕鱼，也可以待停水后，孩子们拿脸盆、水瓢等各种用具在残留水的洼地“涸泽而渔”。

在 20 世纪 70 年代的以土屋、土墙为主基调农村建筑的衬托下，由浆砌石、钢筋混凝土等建成的簸箕李引黄闸，就算是十分“宏伟”的建筑物了。因此，簸箕李引黄闸属于方圆 10km 范围内的重要景观。每逢大年初一，人们自发地集结于此，好像召开盛会一般。

这就是“引黄”让我感受到的最初幸福，也启发了我以后建设或管理“引黄工程”的职业理想。

二、不负韶华 传承灌区精神

1992 年 7 月，我如愿分配到了簸箕李灌溉局。当时簸箕李灌区世界银行贷款项目正在实施过程中，科里的同志们都加班加点，制图、计算工程量、做预算等一系列工作忙而不乱，顺便对我这个初出茅庐的学生“传、帮、带”，从此沙子、水泥、混凝土成了我生活中的重要元素；秋冬季清淤开始了，我作为唯一的女同志参加干渠测量，第一次以“主人翁”的身份来到了簸箕李引黄闸。测量从渠首开始，沿岸都是三四米高的堆沙，踩上去每一步都是鞋子陷入沙中一半，真是步履维艰。扛水准仪的老同志看着不紧不慢，但是我需要一溜小跑才能跟得上他。即便这样，我们仍取得了一天完成23km的战绩。因为没有通信设施，在出发前和后勤组约定好在某个桥集合的事，经常是因为测量组提前到达、不舍得耽误时间坐等而是选择继续前行，导致后勤组的同志拉着包子和开水找不到我们。最惨的一次是遇到下雨，等后勤组找到我们的时候已经是下午2点多，真是“饥寒交迫”的体验。对于参加测量人员的特质，老同志总结的是：鹰眼、兔子腿、骆驼肚子、蛤蟆嘴。其含义是：视力如鹰，视距很远也能看清水准仪，且能以最宽阔的视角看地形地貌；走起路来速度如兔；有骆驼般的储藏能量功能，错过吃饭时间照样干活而精力不减；吃饭时张开大口狼吞虎咽，速战速决然后马上投入工作。由此可见，虽然大家苦中作乐，20世纪90年代的灌区条件还是有点艰苦的。

按水利局团委要求，簸箕李灌溉局改选了团支部，我有幸被大家选为支部副书记。这支党的后备军由20多位年轻人组成：有常年在渠道巡渠、测水的所站小伙子，有经常在野外施工的安装队技术员；有试验站、灌溉科搜集整理数据的姑娘。在局党支部里各位党员的带领下，不论哪个岗位，大家都干劲十足。每当遇到应急性任务或突击抢险，我们年轻同志跟着经验丰富的老同志，关键时刻冲得上，艰巨任务拿得下。1996年春极度干旱，小麦面临减产的危机，灌区上游的惠民、阳信两县抢引黄河水灌溉，而最下游无棣县则面临居民饮用水断水的紧急情况。簸箕李灌溉局按市政府要求，不惜一切困难管控上游支渠口门出水闸，确保无棣人饮用水。当时，每个支渠闸上安排了一名工作人员负责劝导群众，号召群众发扬“龙江风格”。我的岗位是蹲守总干渠支13闸。白天，我和附近村里的村民苦口婆心地讲政策。夜幕降临，渠道上各级领导巡视的车辆来来往往，身在野外的我竟然忘了害怕。晚上10点30以后，考虑到一个女同志在野外不安全，我又被抽到沙河所值班，每小时测水并上报水量。第二天清晨又恢复原岗位蹲守，直到傍晚。大家都连续工作了约37h，最终完成了给无棣县水库的供水任务。此时的灌区，支渠闸门管控及测水量水设备还比较原始落后，但是灌区被管理得井井有条，这益于一大批扎根基层、默默奉献的水利人！

作为助手和后备军，我们年轻人在党支部及老同志们的带领下，完成了一个又一个重要任务，也使我看到了水利人严谨、敬业的职业道德品质。不管任务多重，从不言累与苦！

三、岗位奉献 助力灌区发展

在簸箕李灌溉局党支部的培养及老党员的示范引领下，1999 年 6 月，我光荣地加入了中国共产党。在对着党旗宣誓的那一刻，我心潮澎湃，激动振奋，给自己立下“一定要岗位奉献，助力灌区发展”的行为准则。多年来，我一直是唯一的女同志，参加历年簸箕李灌区测量、灌区续建配套与节水改造等野外施工工作。随着社会和科技的发展，1998 年科里配备了电脑，那时处理器最先进的是“486”，这套装备对我们来说太高大上了。我应用 CAD 软件和数学 UCS 坐标知识，结合实际，独立研究出清淤内业的渠道纵、横断面绘制等内业处理程序，使该项工作效率提高十余倍。再后来，单位的测量设备也由水准仪提升为 GPS，工作效率更是突飞猛进。我在不断提高自己的基础上，也注重培养年轻人，主动给他们讲解专业知识和灌区工作经验。直到有一天被一位女同事问道：“你一个女同志不喜欢化妆、时尚服装，却对钢筋、砌石、混凝土这些灰蒙蒙的东西感兴趣，不觉得枯燥吗?”这句问话让我重新回顾思索了一下多年来的历程。我是按着少年时的职业规划一路走来的，灌区的每一条渠道、每一个建筑物在我心目中都是有生命的，都是有颜色的。每当看到滚滚黄河水流过干渠、渡槽，从各分水闸进入农田、润泽三县，我的心田仿佛也被滋润了。

2020 年 10 月—2021 年 4 月，我主持完成省级重点水利工程——簸箕李灌区农业节水工程建设工作。在这期工程中，我们遭遇了历史极端低温天气、环保应急响应停工频繁、水利工程施工资源短缺、工期要求严格等不利因素。和我一起工作的两个年轻人工作态度十分认真，我们曾经连续 3 个月不休班地紧盯在施工现场，14.8km 的渠道衬砌，每天来来回回好几趟。也曾冒着零下 18℃严寒严把质量关，也曾一天驾车 600km 到处寻找预制厂……不知是年轻人感染了我，还是我带动了他们，我们这个“三叉戟”小组完成了这项艰难的任务，该工程在全省同类项目中质量外观获得省检查组好评。

利用国家加强大型灌区续建配套与节水改造的契机，簸箕李灌区自 2005 年开始，于“十一五”“十二五”“十三五”期间共实施了 17 期续建配套与节水改造项目，累计投资约 6.1 亿元。完成干级渠道衬砌 134.6km，改建了徒骇河渡槽等大型交叉建筑物。尤其是干级渠道沿岸建起来沥青混凝土管理道路，两岸堆积如山的弃土得以外运，彻底改变了只能徒步沿渠巡查的局面。续建配套节水改造工程建设使灌区灌排工程配套更加完善，灌区受益面积不断扩大，大大提高了安全运行和输水能力，节水效率显著提高。灌区干渠衬砌率达到90%以上。结合灌区续建配套与节水改造工程建设，实施自动闸门控制、干渠和支渠流量自动监测、渠道视频监控、干渠水位自动监测、数据远程传输等项目建设。灌区创新性开发太阳能直驱技术，实现10～15t闸门的远程自动控制和本地遥控，在灌区推广应用，大大提高了管理效率。灌区建立了智慧灌区管理系统，能够实时查看水情和闸门监控情况，提高了灌区现代化管理水平。2022年12月，簸箕李灌区被水利部授予“节水型灌区”，还被列入数字孪生灌区先行先试建设名单。几十年来，几代灌区人不断“接力”和“传承”，我和大家一起辛勤耕耘和燃情付出，见证着灌区日新月异的发展！

四、结语

每当我站在簸箕李引黄闸旁，自豪感就会油然而生。尽管看惯了城市中的高楼大厦，也领略过跨海大桥的雄姿，在基础设施飞速发展的今天，簸箕李引黄闸依然是我心目中那座“最宏伟的建筑”！

韶山灌区：流淌在时光里的家国情怀

刘静远

湖南省韶山灌区工程管理局

在湘中的腹地，有一处被青山绿水环抱的地域，那里不仅镌刻着一段红色的记忆，还流淌着一段绿色的传奇——韶山灌区。这是一片被赋予了特殊使命的土地，它不仅是滋养一方百姓的命脉，更承载着家国情怀的深厚底蕴。在这里，每一滴水都仿佛在诉说着故事，每一寸土都浸透着深情。

溯源·那一抹最初的绿意

韶山灌区，始于20世纪60年代，那时的中国，正处在百废待兴的关键时期。在那个物资匮乏、技术有限的年代，党一声令下，10万名建设者汇聚于此，他们凭着“愚公有移山之志，我们有穿山之勇”的壮志豪情，用最原始的锄头、铁钎、簸箕、扁担，靠手挖肩扛，劈开110座山头，架设26座渡槽，打穿10个隧洞，开凿出一条生命之渠，把湘中“靠天吃饭”的土地变成“大粮仓”，实现当年设计、当年施工、当年建成、当年受益，创造了世界水利建设史上的奇迹。

这是一场对家国情怀的深情告白。就像老话说的“众人拾柴火焰高”，是无数双勤劳巧手共同铸就灌区；也可以说，是不计报酬，不辞辛苦，甘于奉献的淳朴民风铸就灌区；是“敢教日月换新天”集中力量办大事的制度优势造就灌区；更是“人民渠道人民建，修好渠道为人民”的为民宗旨造就灌区。

耕耘·那些年田野上的诗篇

走在韶山灌区的田埂上，你会看到一幅幅生动的画卷。金黄的稻浪随风摇曳，仿佛在跳着欢快的舞蹈；清澈的渠水蜿蜒流淌，宛如大地的脉搏，律动着生命的节奏。这里，每一粒种子都蕴含着希望，每一片叶子都书写着故事。而那些辛勤耕耘的灌区人，就像是大自然最忠实的诗人，用汗水和智慧，在这片土地上描绘出一首首关于丰收与幸福的田园诗篇。

从贫瘠变得肥沃，从荒凉变得繁盛，这一切，都离不开那些年头的汗水与欢笑。这里的人，他们用心血和智慧浇灌着每一寸土地，就像对待自己的孩子一样悉心照料。每当收获的季节，金黄的稻浪翻滚，空气中弥漫着稻香，那是大自然最质朴的馈赠，也是家国情怀最真实的体现。“谁知盘中餐，粒粒皆辛苦。”这句话在这里有了更为深刻的含义，它不仅是对粮食的珍惜，更是对劳动的尊重，对家的思念，对国的担当。

赓续·那一脉相承的精神信仰

韶山灌区的故事，是一部关于传承的史诗。随着岁月的流逝，韶山灌区的年轻一代接过了前辈手中的接力棒，他们不仅继承了先辈的智慧，更以创新的精神，让“花甲”灌区焕发了新的活力。在他们的努力下，韶山灌区从传统的灌溉方式向现代化的智能管理转变，从单一的水利功能向多元化的生态服务转变。韶山灌区现已全面开启现代化建设新征程，它正朝着全国现代化灌区的标杆昂首迈步，让这片土地成了绿色发展的先行者。

这些年来，韶山灌区经历了从“人定胜天”到“人水和谐”，从传统到现代的蜕变，就像一个人的成长，充满了挑战与机遇。新一代的韶灌人，他们或许不再像先辈那样面朝黄土背朝天，但他们对土地的热爱，对家国的深情，从未改变。因为他们深知，只有保护好这片土地，才能真正守护住心中的家园。在这里，“艰苦创业、无私奉献、攻坚克难、勇于创新”的韶灌精神一脉相承，走在灌区，你可以既看到现代农业的影子，也能感受到传统文化的魅力。新一代的韶灌人，正用实际行动诠释着“饮水思源”的道理，正用自己的方式续写着家国情怀的新篇章，让灌区的绿色脉络在新时代的画卷上更加生动。正如那句俚语所说，“长江后浪推前浪”，韶山灌区的变迁，正是家国情怀薪火相传的生动写照。

共融·那一份家国同在的深情

韶山灌区，不仅是一处水利设施，更是一条情感的纽带，连接着每一个韶灌人的心。无论是春夏秋冬，还是风雨雷电，这片土地上的每一棵作物，都见证着灌区人民对家的眷恋，对国的深情。在国家需要的时候，他们总是挺身而出，无论是防汛救灾，还是抗旱保灌，抑或是乡村振兴……他们总是冲在最前线，用实际行动诠释“初心不改，笃行不怠”的使命担当。

无论是身处繁华都市，还是偏远乡村，我们都能在韶山灌区的故事中找到共鸣。因为我们都是这片土地的孩子，都有着对家的眷恋，对国的深情。

无论走得多远，都不能忘记来时的路。因为，只有根植于深厚的家国情怀，我们的脚步才能更加坚定，我们的梦想才能飞得更高。

征程·那一份流淌的希望

韶山灌区的故事，就像是一条条蜿蜒的小溪，最终汇聚成奔腾的大河。这些故事，或许没有轰轰烈烈的英雄事迹，但却如同家常便饭一样，朴实无华却又饱含深情。它们提醒我们，真正的伟大，往往隐藏在平凡之中，就像那不起眼的泥土，孕育出最绚烂的生命。它的故事，仍是一首未完的诗，等待着更多人来续写。

韶山灌区的本身，不仅是一片土地上的水利奇迹，也是韶灌人民与国家命运紧密相连的象征，亦是中国精神的缩影，更是流淌在时光里的家国情怀。这份情怀，如同那永不干涸的水源，滋养着这片土地，也滋养着每一位韶灌儿女的心田。

在未来的日子里，韶山灌区将继续流淌，永不停息，永远向前，熠熠生辉。而这一流淌在时光里的家国情怀，它也在教会我们，无论世界如何变化，只要我们心中有信仰，脚下有力量，但问耕耘，不问收获，就能创造属于自己的辉煌，就能走好新的长征路。

灌 区 土 坝

何永洲

湖南省永兴县文学艺术联合会

山呈龙势，水呈龙形，放眼远望，群山成线。而群山脚下环绕着绿水，连同群山宛如一条巨龙，在半空中盘旋。这就是曾轰动全国水利界、专家设计小组被邀派代表上北京参加国庆观礼、十万大军风雪无阻肩挑背驮、用“愚公移山，改造中国”精神成功筑成亚洲第一大土坝、创造了确保39.79万亩水稻灌溉和大坝下游38万亩农田安全度汛的领先奇迹、实现了农业和文化旅游的新融合、2015年被评为国家水利风景区的湖南省郴州市青山垅水库。

然而60年前曾有人断言，这里修不了高坝，更不能筑土坝。而永兴、安仁、资兴等三县人民破除迷信，解放思想，自己设计，土法上马。不仅在这里修起了高55m的土坝，拦腰斩断永乐江，形成一个长达40余里的人造湖，还一鼓作气在短短几年内削平、劈开500多座大小山头，凿通了27座全长18里的隧洞，架起了42座共长达15里的渡槽，开挖出658里渠道，用自己的智慧和力量，绘出了一幅调山遣水的壮丽图画。

郴州区域地形复杂，历史上自然条件恶劣，旱魃成灾，洪涝为害，史料上有“赤地千里”“江流俱绝”“泉井皆涸”“耕者失时”“麦禾无收”和“大旱之后继以大饥”“饿殍载道”“死者枕藉”“饥人相食”的记载，人民群众饱受摧残。20世纪后，历代郴州劳动人民为防御水、旱灾害，发展农业生产进行了积极不懈的斗争。

在长期与自然灾害的斗争实践中，发源于南岭山脉的永乐江那滔滔的江水曾给穷苦大众带来了无尽的苦难。新中国成立后，永兴、安仁、资兴等地方党委深入调研，听取民意，充分认识到：水的问题不解决，老百姓就过不上好日子，青山垅水库不仅要建，还非常急迫。

据《郴州水利志》记载，1963—1965年郴州地区连遭大旱，惊动了党中央。1964年秋，时任中共中央中南局第一书记陶铸来郴州考察旱情时，郴州专署将青山垅水库修建计划作了请示汇报，得到陶铸同志的大力支持。于是，青山垅水库工程于1965年由湖南省水电设计院勘测规划、郴州专署水利局设计。1966年10月拉开了建设大幕。在水库建设过程中，施工队伍行动军事化、劳动战斗化，在生活条件非常艰苦、技术条件非常落后的情况下，10万名农民工肩挑背扛，历经8年奋战，终于筑成一座集灌溉、防洪、发电、供水、旅游休闲等综合功能、总库容1.14亿m^3的大（2）型水库，保障了永兴、安仁、资兴等三县（市）25个乡（镇）39.79万亩农田灌溉和城乡生活、生产、生态用水。

在水库建成后，有效地调节了永乐江下游的洪水水位，不仅使沿河40万亩农田减轻了水灾程度，还有数千亩沙洲开垦良田。如今，在青山垅水库大坝观测站办公楼前，清晰地绘制着一张青山垅灌区工程分布图，青资干渠、青柏干渠、柏永干渠、柏安干渠等众多干渠像人体主动脉，众多支干渠像毛细血管一样密密麻麻地分布在永兴、安仁、资兴等三县（市）25个乡（镇）220个自然村，受益总人口达61.34万人。

多年来，青山垅灌区水电管理局秉承“绿水青山就是金山银山”的理念，把生态环境放在第一位，尊重自然、顺应自然，全面贯彻新发展理念，加快构建生产、生活、生态全方位、全链条的绿色发展方式，走全面协调可持续的绿色发展道路。

一是生态立库。在建设管理过程中，青山垅库区坚守生态底线，落实禁伐、禁荒、禁火、禁猎、禁牧措施，推进蓝天、碧水、洁气、净土工程，保护好青山绿水。通过抓好封山育林、美化造林、抚育管护、景观提质、补植补造和重点区域绿化建设，按照“生态优先、产业支撑、文化引领”的发展思路，以林产品多样化需求为导向，以兴林富民为目标，以转方式、调结构为主线，强力推进林业产业升级增效，实现生态建设与产业发展良性互动。

二是联动治理水源。作为一级水源地，青山垅水库承担着30多万名周边县乡居民的饮用水重任。为确保青山垅库区的水质安全，当地政府出台了《关于加强青山垅库区饮用水源环境保护的决定》《青山垅库区饮用水源环境保护实施办法》等规章制度，明确将青山垅水库保护区内的森林全部划为生态公益林，严禁砍伐，严禁在保护区建厂办企业，严禁在保护区搞家禽养殖。

在2004年前，青山垅水库大坝四周建有8个高能耗、高污染工厂，大坝周边耸立着多个烟囱。为了呵护一库碧水，一场生态立库、整治周边环境的战役打响了：管理者们到周边厂家逐个做工作，来回上百次，用法律教育、用政策说服、用真情打动，用大义感化。在交涉中，个别老板以合同未到期为由，开出60万元天价补偿条件。面对如此困境，管理者们没有退缩，通过不厌其烦、和风细雨般的耐心工作，一些老板被他们锲而不舍的精神所感动，从开始的不配合、乱要价，到主动配合、不讨价，仅用了半年时间，库区 8 个高污染的工厂全部关停、拆迁，原本需要数百万元的拆迁费用，最后仅花了 11 万元。

不能办厂，但可以养鱼，一些老板又看中了青山垅水库的水质和环境，主动上门寻求合作，但当得知合作方是采用饲料喂鱼、投放化学药品防治鱼病时，青山垅管理局立即拒绝了丰厚的租金，终止了在青山垅水库承包养鱼，确保青山垅库区饮用水源水质不受污染。渔业老板继而转向与周边 4 个村组合作，实施生态养鱼。尽管每年减收 10 多万元，但为了这湖水，他们觉得很值！

2020 年，青山垅水库开展了鱼类人工增殖放流活动，累计投放鲢鱼、鳙鱼、夏花鱼种 200 万尾，“以鱼养水”保护和改善水库水质。今年，又投放价值约 10 万元的 300 万尾鱼苗，保持水库自清洁生物链系统稳定。目前，青山垅——龙潭水库库区水质一直保持在国家规定的 GB 5749—2006《生活饮用水卫生标准》一级标准。

三是推进生态经济，擦亮“绿色”金名片。要着力构建绿色发展格局，依托青山垅库区良好的生态资源和独特的人文资源，发展生态经济，不断擦亮绿色发展的生态“底色”，把“山区”变成“景区”，把“风景”变成“钱景”，推动青山垅库区驶向绿色发展的快车道。

发展休闲旅游业。青山垅库区内水域宽广，风光旖旎，独具“青山绿水、蓝天白云、生态宁静”魅力，因山水灵动而远近闻名，素有“青山明珠”“天然氧吧”之美誉，是放飞心灵、亲近自然、领略田园风光的好去处。2015 年获水利部批准为国家水利风景区。景区水利工程巧夺天工、气势宏伟，从高空俯瞰，青山垅水库和龙潭水库，活生生犹如一条腾飞的巨龙和一只振翅的凤凰。景区树木苍郁，静谧幽雅，鸟语花香，丹霞地貌与库塘风光相映成趣，原始次森林与精致人工林相得益彰，山中有水，水中有山，水光山色浑然一体，享有“青山明珠”“天然氧吧”之美誉。景区内神龟出洞、来仙岭、猴面石、营坪老屋、雷公山和盐坦、辖神庙、汇龙寺、国陵寺、木陂仙等自然景观和人文景观相互映衬，搭配得体，形成了独特壮观的“丹霞美景长廊”“宗教文化长廊”和“十里生态长廊”，独具“青山绿水、蓝天白云、生态宁静”特色的青山垅灌区尽情绽放着她的静、她的柔、她的美。

发展特色种植业。青山垅水库建成后，灌区内农业生产条件得到了有效改善，经济作物呈现多元发展，除主要种植水稻外，还种植烤烟、玉米、花生、油菜等。例如，青山垅水库所在地龙形市乡已发展特色农业，以邓家、石阳村为片区，种植优质水稻富硒米800余亩；以石阳、营坪村为片区，新增油茶400亩；以三河洲、八甲村为片区，种植西瓜、水果玉米600余亩；以刘家、大枧村为片区，种植金丝皇菊200亩。库区内的鲤鱼塘镇更是素有“永兴粮仓”之称。如今，灌区已成为郴州市最大的粮食生产与经济作物基地。

四是立足乡村振兴，构建“农文旅融合”共同体。青山垅水库区域内民俗文化底蕴浓厚，有多种形式的民间文艺，龙狮舞、花鼓戏风格独特；土特产主要有金丝皇菊、腊制品、生姜、山苍子油、干笋、蕨根粉等；饮食文化脍炙人口，如尝新、立夏粥、婚嫁喜宴等，是人们休闲、度假、观光、旅游和科普、文化、教育的理想场所。要充分利用青山垅库区及周边乡镇的红色资源和绿色优势，以红色旅游为主打文化名片，通过打造红色旅游，以点带面，从线到片，着力打造一村一品、一村一景的乡村旅游景观，发展乡村旅游。在建设国家级水利风景区的过程中，青山垅管理局在财政并不宽裕的情况下，挤出200多万元硬化了龙形市乡政府至水库大坝4.5km的防汛公路，美化了大坝景观，装饰了青山垅宾馆，灌区面貌焕然一新。昔日杂草丛生的大坝变成了绿草如茵、亮丽整洁的旅游景观；昔日破烂不堪的站所变成了宽敞明亮、环境幽雅的花园式单位；昔日千疮百孔的渠道变成了水流畅通、坚如磐石的工程景观。青山垅库区已初步具备发展旅游业的条件。

青山垅水库所在的龙形市乡属亚热带季风性湿润气候区，气候温和、多雨少旱，多年平均气温为18.1℃，年平均降水量为1450.5mm。青山垅库区森林资源丰富，生态优美，是名副其实的天然氧吧和休闲、度假、避暑、养生的好地方。因此，可以紧紧围绕“绿水青山养眼、负氧离子养生、红色文化养心、淳朴民风养德、绿色食品养身”理念，以青山垅水库国家级水利风景区为依托，开展度假、游憩、疗养等休闲养生服务；挖掘当地的中药材、养生饮食、土特产品等资源，开发休闲养生产品；挖掘山区文化、民俗文化，因地制宜提供用于林间绿道、徒步野营等野外健身场所，综合打造“红绿”文旅康养体系，带动了民宿、自驾旅游等新业态的发展，推动民宿经济全面提质升级，确保乡村振兴发展“质效叠加”。

黄河岸边的故事

任社会

大禹渡扬水工程服务中心

黄河是中华民族的母亲河。在黄河岸边有许许多多故事，见证着世事的变迁和中华民族前进的脚步。

我是一个在黄河边出生长大的黄河人。从我记事的时候起，我们村就是一个十年九旱、靠天吃饭的旱土圪塔村。村里为解决人畜喝水问题，先是打了一眼 36 丈深的井，因没有水而放弃了。后来又在县城东边地下水层较浅的地方打了多眼水井，修建了“五星渠”，但因水量不足，用皮碗水车吸上来的水流不到我们村就没水了。人畜喝水问题多年都未解决，人们只好打旱井收集不多的雨水维持生计。地里的庄稼只能靠天等雨，一年只能种一茬小麦，年景好时一亩能收二三百斤，年景不好时几近绝收。

1970 年，一场引黄河水上高塬的战斗在芮城县的黄河北岸打响了。在“农业学大寨”运动推动下，芮城县委一班人在国家大办水利的统一布点规划下，决定举全县之力兴建大禹渡引黄电灌站。经水利电力部山西省水利勘测设计院勘测、规划、设计，1970 年 10 月 1 日即庆祝中华人民共和国成立 21 周年的大喜之日，大禹渡电灌站枢纽工程正式动工建设。

当年，我正在芮城中学就读初中二年级。我同全县人民一样，听到这一消息激动不已。全县人民奔走相告，喜笑颜开。当时县上提出的口号是：举全县之力，建设社会主义大工程。工程设计砌石量 26700m^3，全部是发动群众，依靠集体的力量，大打采石送石的人民战争完成的。全县五车（汽车、拖拉机、胶轮车、小平车、自行车）齐出动，工厂、农村、机关、学校等全民总动员，男女老少齐上阵。记得我们在校学生部分从农村家里拉来了小平车，由班主任和代课老师带队，分成若干小组，先后徒步奔赴北山根、小沟边等地，寻找石料，装车往大禹渡工地运送。从中条山到黄河边 25km 的路上，到处可以见到寻找石头的人群和运送石料的车辆。

1974 年 10 月 1 日，在喜迎国庆 25 周年的欢庆之中，大禹渡电灌站枢纽工程提前一年顺利建成上水，全县人民欢欣鼓舞。当时已从县高中毕业回村的我同村里的大人小孩一样喜不自禁，冒雨踏着泥泞的土路行走了20余里[1]，赶到枢纽站口的庆祝大会会场，见证和参加了上水的庆祝活动。

1974年10月，我有幸被村、社推荐，来到了大禹渡电灌站。到2016年退休，我先后担任过灌区工程施工员、灌溉用水试验员、大型泵站八项技经指标考核员、灌区配水调度员、大禹渡扬水工程管理局办公室主任、大禹渡扬水局党委副书记以及灌区管委会委员、节水续建项目部副主任、新增项目建设领导组成员等职务，在大禹渡度过了自己的美好年华，了解、见证和参与了大禹渡扬水工程的历史、变化和发展。

大禹渡扬水工程是山西省大型引黄高灌工程之一，是芮城县唯一的大型水利骨干工程。

芮城县位于山西省最南端，北依中条山，南临黄河水，虽然居两阳之地，但却是个十年九旱的半山区。大禹渡神柏下有一通石碑，上书《光绪初年荒旱灾伤记》。碑文载道：三年不雨，赤地千里。升米五百钱，石粟四十两。衣服、田产无常价，值一两只卖数分；房屋、木料难济急，重十斤仅售三文。或靠槐实以疗饥，或剥榆皮而延命，或拾雁粪以作饼，或煮皮绳而为羹。人食人而犬食犬，腥气冲天，鬼神为之夜哭。父弃子而夫弃妻，饿尸横野……

中华人民共和国成立后，大禹渡一带还流传着这样一首民谣：住在黄河沿，吃水比油难；滔滔水东流，干旱使人愁。

当历史的脚步跨入20世纪70年代，勤劳智慧的芮城人民在中国共产党的领导下，开始了引黄河水上高塬的奋斗。

大禹渡扬水工程的设计先进，布局合理。枢纽工程设计巧妙，新颖别致，建筑宏伟，打破了以往的旧模式，一级站抽水采用移动式泵车，7台泵车安装14台机组由绞车牵引，电动引擎，在混凝土轨道梁上随着黄河水位的升降可上下滑动，开创了在库区黄河水位不稳的条件下稳定取水的先例。在一、二级扬水站之间设计建造了总容积4万m^3的两厢沉沙池，一级站抽上来的黄河浑水通过沉沙池沉淀，表层清水输往二级扬水站上塬浇地，池内沉淀的泥沙经冲沙程序排入黄河。两厢沉沙池可交替运行，较好地解决了抽黄引水中泥沙不易处理的难题。二级扬水站一次扬高193.2m，破解了当时单级扬程不能超过100m的极限，开创了当时国内单级扬程最高的先河。

大禹渡扬水工程枢纽站一期工程于1974年10月1日提前一年竣工上水。

---

[1] 1里＝0.5km。

上水剪彩之日，万民欢腾，前来祝贺；芮城全县人民喜气洋洋，奔走相告，国内外媒体以“中国社会主义建设的十大工程”之一对外报道。1980年，工程设计获山西省20世纪70年代优秀设计奖。1981年获国家优秀设计表扬奖。1986年获山西省科技进步奖。

工程建设初期，工地生活十分艰苦，神柏峪茅草丛生，风沙弥漫，工地住宿没着落，吃住在塬上的村子里，每天往返。指挥部设在两孔破土窑洞里，技术人员在小工棚里搞设计，民工有的借住在大禹渡、半斜、成村、黄斜等塬上附近村的村民家中，有的居住在工地简易帐篷里。夏天气温高达40℃，寒冬腊月河风刺骨。参加工程建设的人们为早日实现引黄上高塬的企盼，妻送郎、父送子、父子兵、夫妻工、爷孙工地比输赢，感人的事迹数不胜数。在工程设计与建设过程中，设计人员和施工人员科技领先，大胆谋划，克服了资金不足、场地有限、设备缺乏、自然条件恶劣等意想不到的困难，大家团结一心，共同奋斗，“有条件要上，没有条件创造条件也要上”，想出了许多土办法，土洋结合，共克难关，先后解决了二级厂房30根、每根重达数十吨的预制大梁吊装、一级站水下钢筋水泥柱浇筑和轨道梁安装、二级站管道坡长650m、内径800mm的6条平行管道的拉运安装以及一级站黄河围堰抢险救援、沉沙池斜坡面施工蜻蜓式悬空架拐的大胆设想革新和运用等许多大难题，不仅保证了工程质量和进度，还为国家节约了大量的施工用木材和钢材，涌现了一批“土专家”和小能人。

一级站采用移动泵车式设计，需将管道坡轨道梁直插河底。当时采用了比砌石围堰更简单、更节约资金的土围堰水下施工的办法。计划赶在三门峡库区每年春季蓄水期以前完工，时间紧，任务重，施工人员加班加点，克服种种困难加快进度。1973年1月，施工进入紧张阶段。1973年1月7日晚，气温骤降，黄河上大片大片的冰块直向围堰涌来，黄河水位也以每小时30cm的速度急剧上涨。冰块很快就堆起了2m多高，河水眼看就要冲进围堰。指挥部一声令下，各指挥带领的学张营突击队、南卫营抢险队、东垆营施工队、城关营炸冰突击队、西陌基干民兵突击队很快来到现场，打树桩，背树枝，扛土沙袋，在泥水中飞跑，推土机紧跟着推土碾压。围堰外河水夹着冰块在继续升高，围堰内是4m多深的作业坑，退伍军人、共产党员、推土机手闫养兵紧握操纵杆，驾驶“东方红”推土机在仅有三四米宽的围堰上快速前推后碾，来回穿梭。河水涨了3m多，围堰也迅速增高了3m多，保住了围堰，谱写了一曲冰河抢险保围堰的集体主义之歌。

工程建成后，为芮城的农业丰收和农村经济发展发挥了重要的支撑作用。

到1990年，灌区总增产值累计1.03亿元，是工程建设投资的3.6倍。灌区人均粮食产量达到564.5kg，是受益前的1.6倍。村办企业发展到825家，年纯收入482万元。农业年总收入由上水前的1200万元提高到4826万元。1988年10月1日，芮城县委、县政府在枢纽站前树立了一座高大的“大禹渡工程纪念碑”，将建站功绩镌刻记载，千秋传颂。

1994年后，大禹渡扬水工程又进行了全面的续建配套和升级改造。通过改造，提水流量大幅提高，一级站由建站时的$7m^3/s$提高到$15m^3/s$，二级站由$5.7m^3/s$提高到$15m^3/s$，单方水耗电由改造前的1.06kW·h下降到0.83kW·h。2012年总上水量达1亿m^3，是工程改造前年历史最高上水量的6倍。灌区粮食和经济作物连年稳产丰产，一批高效观光农业和水产养殖等现代农村经济蓬勃发展，灌区耕地复播指数由以前的30%提高到90%以上。我们村同灌区各村一样也依靠大禹渡水利工程的有力支撑和党中央农村政策的有效落实一步一步走上致富路，村里真正是开小车、住楼房，红火日子喜洋洋，村容整洁，环境舒畅，正在朝着乡村振兴的路上奔跑。

2024年5月13日，当我随同县直离退休老干部观摩团队再次走进我曾经奋斗过40余年的旧地时，满眼都是惊喜。经过更新改造的各机站焕然一新，设备先进，数字赋能，管理一流。工作和生活环境优美，输水运行高效。放眼灌区，麦田浓绿，一片丰收景象。树木葱茏，到处是勃勃生机。这些无不令人心情舒畅，感慨万端。大禹渡扬水工程在芮城县委、县政府的坚强领导下，通过几代人的团结奋斗，从困难走向光明，从顺利走向辉煌，正在一步一个脚印地在以水利现代化推动农业、农村现代化的道路上大步前进！

在观摩期间，我兴奋难抑，不由赋诗赞之：

古渡神奇九域巅，
工程新创史无前。
黄龙腾起惊王禹，
华夏文明开锦篇。
犹记当年劳建苦，
更歌今日策筹先。
壮怀展处山河秀，
喜览云峰有洞天。

一位基层提灌站管理员44年的无悔坚守

王光英

河南省白沙水库运行中心

白沙水库位于淮河流域沙颍河水系颍河上游，主坝坐落在禹州市与登封市交界的白沙村北300m处。水库于1951年4月开工兴建，1953年8月基本建成，1956—1957年扩建，2003—2006年除险加固。水库控制流域面积985km^2，占颍河流域面积的13.6%，总库容2.78亿m^3，是一项以防洪灌溉为主，兼顾工业供水、水产养殖、旅游等综合利用的大（2）型水利枢纽工程。水库下游有禹州、许昌、襄城、临颍、漯河等重要城市，以及京广铁路、京港澳高速、盐洛高速、郑栾高速、107国道、郑万高铁等国家重要的交通干线，直接关系着下游239平方公里范围内152万人的生命财产安全，防汛地位十分重要。

一、以水为业，以站为家

在白沙水库主坝的西南侧坐落着一个小型提灌站——白沙水库提灌站。提灌站内住着一位年近花甲的老人，她就是提灌站的管理员谢玉琴。谢玉琴，女，初中文化，1948年出生，现年75岁，禹州市花石镇白北村人。自从1979年担任村提灌站管理员以来，44年如一日，坚守在村西白沙水库旁边逍遥岭上的白沙提灌站，让这个有着40多年历史的提灌站至今仍保持着正常的灌溉功能。她用自己44年的坚守换取了基层农业水利设施和百姓粮食安全。

出生于中华人民共和国成立之前的谢玉琴，深受毛泽东思想的洗礼，正值青年的她被组织上推荐为“代表”到北京天安门接受毛主席等国家领导人的检阅。也正是因为这次近距离地感受到毛主席的关怀，深受毛泽东思想的影响的她自北京归来后，便受组织委派扎根花石镇白沙提灌站，一干就是44年，保障了白沙提灌站的正常运行和水利设施的安全。

“以前，毛主席曾说：‘水利是农业的命脉’……”这是记者见到这位老人时，听到她说的第一句话，也正是因为这句话改变了她一生的命运。当时，

国家正大力推行修建水利、振兴农业的政策，花石镇白沙提灌站的建设关系到周边多个乡镇几十个村庄的农业振兴。当面对上级指派到花石镇白沙提灌站工作的任务时，她义无反顾地便接受了。在这里，她也收获了爱情；结婚后，便与丈夫一起在这里扎了根，以站为家、以水为业，夫妻俩共同管理着提灌站。改革开放后，国家发展政策发生了变化，乡镇府财政无法再承担白沙提灌站维护，把资产转交给村集体运营，夫妻俩的工资待遇也发生了变化。虽然俩人的工资待遇降低了不少，但从老人的口中听得出来，她没任何怨言，听到最多的还是对党的感激之情。

1979 年，时年 31 岁的谢玉琴被选派到白沙提灌站担任管理员，负责看管电机水泵，满足群众抗旱浇水的需求。提灌站远离村子，孤单单地坐落在逍遥岭上，附近没有一户人家。谢玉琴二话没说，就和丈夫把家搬了过去。

二、恪尽职守，技术过硬

“打开电源、设置泵位、启动供水……”这一系列娴熟的动作，是一位花甲老人的日常工作。作为一名女同志，早些年因为工伤还造成了肢体残疾，但是她没有向命运屈服，经过多年来锻炼，她成了丈夫的生活帮手，照顾家庭，养育 2 个女儿；还是岗位的能手，技术过硬，会设备维修、懂电路连接、通灌溉要点。也正是由于她年复一年地守护、日复一日地维护保养，白沙提灌站现在是禹州市境内唯一一个 20 世纪 70 年代修建，至今还能够正常灌溉的提灌站，为周边 2 个村庄 5000 多亩土地服务着。

不懂电路、水泵原理，她就向电工师傅学；不会判断水泵是不是出了毛

病，她就慢慢通过听声音是否正常，判断机器的各种故障；遇到小毛病怎么解决？她逐步学会了使用工具接线头、换保险丝等维修技术，成了提灌站机器维护使用的行家里手。“你看，这些是电源、启动、运转、停止的按钮，我闭着眼睛都摸不错！”谢玉琴熟练地指着配电盘上的操作按钮逐个介绍道。

为了更好地服务群众，谢玉琴把农民种庄稼的节气农时记得清清楚楚。“秋分早、霜降迟，寒露种麦正当时”，“头伏萝卜二伏芥、三伏头上种白菜”，什么时候浇“封冻水”、什么时候浇“返青水”、什么时候浇“拔节水”等，她都要提前准备，把机器保养、维护、试验一下，确保打开电源就能正常出水使用。

谢玉琴对工作认真负责。白沙提灌站负责着全村1750多亩庄稼的灌溉供水，并且还能延伸到下游的白龙、程庄等村。每年的小麦冬季保墒、春季返青、灌浆打包，夏季的玉米抢种、扬花授粉季节，如果地里墒情不足，就需要及时灌溉。一到开泵浇水时间，她和丈夫就日夜守在水泵旁边，吃饭、睡觉都是轮换班。冬天天冷水泵上冻，她还要提前烧柴把机器烤热。“最紧张的是玉米旱时抢时间浇地，一天24小时不停歇。一开泵，人就一刻也不能离开，随时守在机器旁，仔细听着运转的声音是否正常，要不可就要误事了。”谢玉琴说。

三、心系水利，无私奉献

“现在，习近平总书记说：手中有粮，心中不慌……”谢玉琴说。她虽然已经75岁高龄，但对于白沙提灌站的运营管理还是很清晰，什么时候开始进行“返青水”浇灌、什么时候开始进行“封冻水”浇灌、什么时候开始进行“拔节水”浇灌……她讲述得都非常详细；翻开她的工作记录本，每一次设备维修、每一次放水记录、每一笔账目都列得清清楚楚。现在，她继续在用自己的微薄之力守护着白沙提灌站周边群众的粮食安全。据老人介绍，就在2021年，由于白沙提灌站浇灌及时，周边群众的小麦亩产值达到了每亩地1400斤。

44年间，谢玉琴从最初的每月领几十块钱工资，慢慢涨到如今的每月250元补助。对于这样低的待遇，许多人都劝她不要再干了，可她却坚决不肯：“都不干了，咱的提灌站谁管？乡亲们的庄稼咋浇？我在站里种菜养鸡，还有一亩多庄稼，顾住生活没问题。只要我还干得动，就要继续为乡亲们服好务!”谢玉琴坚定地说。

星星之火，可以燎原。微光虽微，但可以不断点燃火种。谢玉琴身处逆境而不屈服、面对困难勇于拼搏，以不屈之心扛过了“三年”自然灾害、经受住了白沙水库“库区干旱”、度过了“7·20”特大暴雨，用“微光”照亮“水利兴业”之光，用“星星之火”点燃“粮食安全”之火。

进入新时代，谢玉琴将继续用自己的行动书写着白沙提灌站的历史、守护着国家的水利设施、守护着人民群众的粮食安全。

一起接住的每一滴水

黄正伟

广西百色水文中心田东水文中心站

2017年11月1日，大学刚毕业的我来到城厢镇人民政府报到，内心激动又带有一丝丝紧张。一直向往着毕业后步入社会的生活，这一天终于到来了。在镇里工作的那些年，正是开展脱贫攻坚工作的关键期，让我看到了农村翻天覆地的变化，作为一名水利人对水有特殊的情感，让我印象最深刻的也一定是水的变化了。

报到的第一天，我就跟着镇党委书记下村开展工作，可能是因为第一天开展工作，所以下村前书记也没让我做什么准备，带着一本笔记本就跟着上车去了。这一天走了三个村，让我印象最深的是那个到处是石头的和平村，这一路上偶尔能看见种有一些玉米和喂牛的象草，其他什么作物都没有，全是山。心里有很多的疑惑，他们哪里来的粮食？哪里来的水？哪里来的收入……但是又不敢主动问，只会回答书记的问题。来到一个小寨子，这里有十户左右，有砖混房，有木房，路上偶尔看到未及时处理的牛粪，心想这样的自然环境也只能靠养殖增加收入了。我们到的时候已经有一个村干部在那里等着了，他带着我们走了一段路，来到一个木瓦房，看起来有些破旧，但是还有炊烟从瓦缝飘出，说明里面还有人住着。推开他用竹子做的大院门，院子里散养着鸡鸭，虽然地上有点脏，但是我也在村里见惯了这样的环境，并不觉得奇怪。他一楼是养殖的，人住在二楼，我们走上去就有一个中年男子出来迎接，他也没说话，只是冲着书记笑了笑便返回屋里拿凳子。我在旁边认真听他们聊天才知道，我们的目的是动员他搬迁到交通方便、饮水方便的地方，但是他表示习惯了现在这里的生活，不同意搬迁。这一天走了十几户，搬迁的意愿都不强。这样的生活环境竟然不想搬出去，让我百思不得其解。但是这一天让我感受到了干部的真诚、感受到了群众的淳朴、体会到了农民的不易。后来我一直负责搬迁这项工作，经过反复动员，做了无数次思想工作，最终也将条件较差的五十几户搬了出来，解决了他们饮水、道路、用电等问题，特别是在石山区的搬迁户的饮水问题改变得更为明显，整体生活环境和质量都有质的变化。

2018 年 5 月的一天早上，刚到办公室就被叫到副镇长的办公室，说要带我去进村认识新的“同事”，那刻开始我就是永靖村扶贫工作队了，主要是作为镇和村的沟通桥梁，协助村两委和驻村工作队开展各项工作。进村的时候发现这个村并不远，距离镇政府只有十公里左右。车行驶了几分钟就开始盘山而上，路很窄，但车很少，所以一路走得挺顺。从上坡路段开始，一路都是石头，作为一个水利专业毕业的人，我心里呈现的就是缺水。来到村里，村干部和驻村工作队都在村部忙着，打过招呼之后支书和第一书记跟着我们的车去到附近的一个屯，走了 8 户贫困户，这里的人很淳朴，见到我们去入户很是开心，也很热情，端来开水还配上他们自己的蜂蜜，说是野外掏的，对于这种美味我们都无法抗拒，而且群众也是希望我们尝尝。入户完了之后还去贫困户农谋欢的养殖棚，这户每年都会养两批鸭子，我第一次去的时候他养了六百多只。他说他养的鸭都比较好销，熟客都是电话预订的，因为他养的鸭子是用玉米喂养的，从鸭苗到出栏没得喂几天饲料，所以肉质口感更优于市场上的。但是养殖的过程中也遇到一些问题，比如缺水、粪便难处理等。入户走访了解到的这些问题成为我们的心头病，使得我们有了明确的方向。

我去永靖村担任扶贫工作队的时候，第一书记也是刚报到，所以他几乎每次入户了解情况的时候都叫上我，我们也成了要好的朋友。那时候需要去了解的事情很多，包括人口、住房、医疗、教育、饮水等，而在永靖村最难解决的是饮水问题，这里没有水源，一直以来都是“靠天”喝水。经过了解，每个屯都有一个大水池，雨季的时候可以存一些水，然后一年就靠这个大水池养活屯里所有人和牲畜。第一书记说：“这样的石山地区，没有经济林，没有规模化种植产业的土地条件，最好的选择就是发展养殖和中药材，但是都离不开水，所以首先解决饮水问题。”后来党委政府也全面部署饮水安全保障攻坚工作，在资金和技术上全力支持，各个地方的饮水都得到有效保障。我们着眼当下，再展望未来，先抓小问题，再推大项目，充分利用有限的资源，争取资源利用最大化。

2018 年底，群众反映已经没有水喝了，我们去到实地察看，大水池里的水已经用尽。经了解，往年也有缺水的情况，但是也基本够用，今年之所以这么快就用完，怀疑是大水池出现渗漏问题。第一书记第一时间联系了消防大队请求送水支援，但是由于路太弯太窄，消防车无法到达，只能利用第一书记经费请村里的货车装上水塔运送，每次运的量不多，所以帮忙的群众也在水池边耐心等待。在闲等的时候大家开始激烈地讨论，有人说重新建一个大水池，有人说维修加固，有人埋怨隔壁家养猪牛太费水……有些发言比较搞笑，但不无道理。考虑到缓急和难易问题，最后选择维修，但是因为经费问题，只能买材料来了让群众投工投劳，群众也表示非常的支持。经过大家的努力，不到两个星期水池就修好了。按照水池周边的地形，平时集雨面积太小，很难将水池灌满，所以又将四周清理干净并硬化，增加了几十平方米的集雨面积。

维修了大水池之后总算是稳住了群众的饮水问题，但是面对产业发展所需用水还是觉得远远不足。根据当时的政策，可以申请建设家庭水柜，经过多方的努力和有关部门的大力支持，又陆续新建了几座家庭水柜。有了家庭水柜和集体大水池的双重保障，群众除了人饮得到保障之外，也给养殖业注入不少活力。养鸭大户说以前每次都养六百只左右，现在水比较充足，能养到一千只左右。养猪户也开始加大养殖规模，扩大规模比较明显的户增加了二十几头。养牛户也从一两头发展到二三十头，养殖发展展现出前所未有的朝气。

水量保证了，开始研究考虑水质的问题。当地人为了能及时发现水质状况，都会在水柜里放几条鱼，除了“监测”水质作用还能起到一定的净化作用。不得不说“土办法”也是充满了智慧。但是这样的方式毕竟不比活水和净化器有效，所以首先考虑水源，其次是净化器。听群众说，在半山腰上有一个地方，以前去放牛的时候得在那里喝水，但是因为水量太少流不到外面。听到这个消息后我们又组织几个人清出一条路到那个地方，确实看到一小滩水，没看到明显的水流，但是周围很潮湿。虽然谈不上惊喜，但是也看到了一丝希望。这里距离大水池有几百米，后来买了水管，从小水滩直接引到大水池，虽然水量不多，但是至少是源源不断地补给，给村里的群众饮水问题提供更持续的保障。群众的生活质量提高了，安全意识也逐步提高，所以家家户户开始买小型的家用净化器，人饮问题总算是从缺到足，从足到优的历史性飞跃。

谋生存，也谋发展。村寨上的水池建设得基本满足人们的需求后，我们开始研究农业用水问题。因为是石山区，可利用土地很少，适宜发展的产业也不多，田间地头没有可利用的水源，所以产业发展滞后。为了扭转这样的局面，又分成两步走，第一步先考察研究适合石山区发展的产业，第二步协调解决用水问题。经过外出考察对比，发现花椒的抗旱能力强，最后选择种植花椒。最先由村集体带头发展，后来种植规模越来越大，建起了厂房，加工设备也更加齐全，群众纷纷放弃了“祖传”已久的玉米种上花椒，效益大大高于往年。产业规模不断扩大，面临的问题就是水的问题，群众去喷农药还要来回走几公里路到家里取水，浪费了很多劳作时间、一定程度上打击群众发展的积极性。后来为了进一步满足发展需求，总共建了四座地头水柜，产业比较集中的地方还布设水管，实现了人们期盼的水量充足、用水便捷的美好愿望。

记得第一书记说过一句话，村里下的每一滴雨都是“钱”，只是看你接不接得住。后来能把雨接住了，产业也发展起来了，接住的雨确实变成了钱。虽然现在离开镇府几年了，但是那些年的事情依然历历在目，那些群众的爱和尊重一直都在，激励着我初心不改。

通灵陂和姜师度

——盛唐背后的名字

冷　莹

长江委信息宣中心大江文艺杂志社

唐朝，众所周知是中国历史上最繁华的时期之一。盛唐时的都城长安，也是世界上人口最多的城市。长安的富庶稳定，乃至唐朝的兴荣，都与当时的一项水利壮举有所关联，那便是古通灵陂，今日的陕西省大荔县仍存有其遗址。

它的组织修建者，是在我国古代的杰出治水者当中，治水成就突出却并不为人们所熟知、史书上对他治水业绩的记载不仅零落还颇有微词，甚至有人以“一心穿地”对其进行讥讽的姜师度。

姜师度，约653—723年，河北魏县人，历任丹陵尉、龙岗令、多地刺史。无论是为政一方，还是供职中央，他都十分重视水利建设，为官一地，治水一方，直到老骥伏枥之年依然忙于修建水利工程以兴利除弊，造福百姓，可谓是终其一生将水利建设事业进行到底。姜师度一生中主持兴建的水利工程众多，有史料可循的便有13项，占到唐初北方水利工程的1/10，有力推动了当时水利事业发展。古通灵陂工程，是姜师度一生中改水造田的最大手笔。

通灵陂在唐关内道同州朝邑（今陕西大荔东）北四里。据史书记载曰，开元七年（公元719年），时任刺史的姜师度就古陂重开。姜师度不仅引入洛水，而且在黄河上作堰导水，引黄河水入渠，增加了渠水的水量，大大提高了通灵陂的灌溉能力。遂“收弃田二千顷为上田，置十余屯”，当年就大获丰收。

重修通灵陂大获成功，在当时意义重大。当时同样算得繁华的古罗马城仅有居民5万人，而长安居民已是城内100万人，城外100万人，长安城粮食的需求量很大，丰饶的关中平原也无法满足长安城的粮食供应。唐前期，关中的税粮不能满足长安中央财政的需求，只得从山东、河南漕运税粮。因路途遥远、道路艰难等原因，造成巨大的财政耗损。民间传言“用斗钱运斗米”，可见当时运粮的成本之高、财政负担之重。姜师度修复通灵陂后，大兴屯田，化大面积的盐碱滩为良田。玄宗大喜，下诏褒奖姜师度，并下令把一部分官屯熟田还给逃亡复归的原主，或分给贫穷的欠地之户。姜师度修复通灵陂以及利用该项水利兴置屯田，不但大大增加了唐朝京城的仓储，也直接造福了当地农民。

时光跨越千年，1929 年关中大旱，整个关中平原和渭北高原焦土千里，饿殍载道，数百万人丧生，甚至发生人吃人的凄烈景象，酿成“民国十八年年馑”惨祸。兴修水利的呼声越来越高。当时著名的水利专家李仪祉立刻放弃高官厚禄，回陕西任建设厅厅长。他带领水利队伍，先后建成了一批在全国处于领先地位的新式灌溉工程，其中最有名的，就是“关中八惠”。李仪祉跑遍了陕西的山山水水，风餐露宿，勘测设计，修建了泾、洛、渭、梅四大水利工程，加上设计的黑、涝、沣、泔四个小水利工程，称作“关中八惠”。它们把数百万群众从死亡线上挽救回来，结束了“民国十八年馑”的噩梦，这八惠至今仍造福着关中人民，灌溉面积达 300 万亩。其中洛惠渠的前身，就是古通灵陂。遥隔历史的尘光，古今的水利专家在同一片土地上辛勤的身影交叠，续力着水利造福民生的伟业。

除了古通灵陂，姜师度还在华州华阴郡华阴西部开凿排水渠——敷水渠，有效阻止了水害；在郑县疏导了两条旧渠——利俗渠和罗文渠，支分溉田，既可排涝，又用于灌田。这三条水渠的开凿与修整，使关中农田水利系统向渭南地区扩展，在古代关中农田水利开发史上具有重要意义。他还在蓟州沿海开平虏渠运粮；在长安城中修渠开河，使得长安城中绿水长绕，舟楫不绝；并巧妙地将水利工程直接运用于军事防御，在渔阳以北“涨水为沟”“以水御敌”，有效阻挡契丹、奚人骑兵的侵扰……姜师度思路灵活，总能根据当地的实际情况，结合防洪、排涝、灌溉、运河、水障（军事水工）等需求选择合适的水利工程类型，最大限度地发挥水利工程的作用。他一生中多数时间献给了水利建设，年近七旬时依然以高龄之躯奔走治水。

这样一位以水利业绩造益当代并遗泽后世的唐代水利专家，理应受到赞誉。但事实并非全然如此。据史书所载，姜师度虽治水成绩斐然，受到朝野赞誉，但也广招非议。一来他兴修水利工程众多，局限于当时水文学知识的匮乏，不可能每一个都很完美，也偶有不太成功的时候。如在长安城开凿水渠，虽有积极作用，但因对来水量估计有误，以致“水涨则奔突，水缩则竭涸”。二是姜师度多修水利，不免要役使民力，自然会纷扰一方。当时有不少人批评他不惜民力。随着科学技术的进步，水利相关学科的蓬勃发展，在现代，姜师度出现的失误已不太可能发生。而姜师度所兴修的水利从短期利益看虽需有投入付出，但却产生长远效益，促进了唐朝的繁荣，造福人类、泽被后代。后世不断开始为姜师度正名，肯定他的功绩。今年水利部首次发布的12位历史治水名人，姜师度身列其中，也再次证实了历史和人心的公允。

姜师度一生致力水利事业的热情令人感佩，在辉煌大唐的历史上，正是像姜师度这样的人，用自己的脊梁撑起了唐朝的富庶与繁华。在水利人的精神殿堂，匠心可敬、勤勉可佩的姜师度更是不朽荣光。

榜样的力量比烟花更灿烂

——记一名水利“后浪”所悟所感

徐诚鹏

漳河工程管理局四干渠管理处

时间是奋斗的见证者，镌刻着四干渠前行的足迹，时间是历史的书写者，记录着四干渠近60年走过的点滴。这里不仅有英雄儿女战天斗地、改造山河的惊天壮举，也有20世纪后期改革创新、砥砺前行的坚实脚步，更有新时代坚决扛牢治水兴水责任使命的时代赞歌。历经近六十余载岁月洗礼，这条被灌区群众视为“生命渠”、全长174.05km的“人工天河”，经过初创、配套、加固和节水改造，俨然成为承担荆门城区水利命脉重任的百里长渠，引漳河水滋润着荆楚大地。

峥嵘岁月愚公志，敢教灌区换新颜

谁引漳水润荆楚？十万愚公上高山。漳河四干渠是董必武副主席为漳河建设题词“干渠开发分四支”中最长最复杂最艰巨的干渠，由于四干渠盘山开渠，战线长建筑物多，是渠系工程中“难啃的硬骨头”。20世纪60年代，荆楚儿女以气壮山河的惊天壮举，自力更生，艰苦奋斗，用汗水、鲜血和生命，兴建了四干渠，谱写了英雄凯歌，创造了水利奇迹。汩汩流淌的渠水滋养着万亩良田，也诉说着建设者们的丰功伟绩，绘就了一幅气势恢宏的历史长卷。面对当时缺技术、缺资金、缺机械等重重困难，灌区建设大军发扬“愚公移山”精神，兵不解甲，马不停蹄，粮钱工具自带，土方自挖自挑，不管风霜雨雪、不分白天黑夜，工地上开展“比、学、赶、超、帮”劳动竞赛，劳动号子响彻工地两岸，以气吞山河的气魄，傍山开渠道，遇水架渡槽，穿山凿隧洞，革命先辈们顶酷暑、冒严寒，用锄头、铁镐、铁锹、手推车，凭肩挑手挖，夜以继日。经过艰苦卓绝的奋斗，终于，一条荆门百姓翘首以盼的“生命渠”“幸福渠”展现在荆楚大地上。在四干渠174.05km长的战线上，劈开了100多座山头、架设了10座渡槽、打穿了4个隧洞，挖通了19处暗涵，建设了 20 座节制闸、10 处泄洪闸、2 座分水闸和 400 多处饮水工程，纵横交织的渠系建筑有效保障了灌区人民倾盆大雨不受洪，旱来漳水满田流的历史实事。

在漳河四干渠灌区，那些逝去的革命建设前辈，变成了漳河的一部分，融进了泥土里。而现在生活在这里的人，日日饮用漳河水，漳水也融进了他们的血液中。触摸历史、回望过去，深切体悟建设年代的艰辛和“山高没有我的热情高、石坚没有我的信念坚”的革命英雄主义本色，了解革命建设前辈的如磐初心与使命担当。如今建设四干渠的队伍早已不复存在，然而那段激情燃烧的岁月却永远铭刻在人们的记忆里——铁锤挥舞战漳河，愚公移山开渠忙；誓把渡槽重抖擞，披荆斩棘铸辉煌。

初心如光照灌区，使命如水润漳河

漳河灌区是省管最大的灌区，而四干渠无疑是漳河灌区中最耀眼的明珠，漳河四干渠灌区的故事太多太长，随便截取一段，就是一部“艰苦奋斗、开拓创新、担当善为、求实奉献”的建设史、奋斗史！

夜深人静，昏暗的月光下，“巡渠人”手中的手电筒还在夜幕中闪烁，他们心中牢记群众对丰收的期待，时刻坚守在渠道、闸门旁，随时处理夜间渠道险情，让漳水从干渠到支渠，最后由“毛渠”流到农田。毛渠，细小之渠，如同毛细血管，流进农田里，也流进老百姓的幸福生活里。

“吃饭靠送、巡渠靠走、通信靠吼、治安靠狗、娱乐没有”，这是龙泉段严伟段长讲述他 17 岁来到漳河工作时的真实写照，也是严段长青春记忆中最深切的感受，光阴的故事里流淌着过往的点点滴滴。严段长是我的师傅，1984 年至今，他一直坚守在基层段所，常年奔波于烈日下，也让他身上“嵌”了一件特殊的“白背心”。今年是我入职漳河局四干渠经历的第一个农业灌溉放水，跟随严段长到龙安交接断面测流桥学测流，渠道里的水草和树枝影响测流设备的准确度，严段长和安栈口青年段长刘俣舟在做好简单的安全防护措施后面不改色的蹚近渠水中，“绳子再松一段，好，可以了，就是这里”，找准位置，屏住呼吸，时而蹿入水道深处捞水草，时而冒出头来换气，在凛冽与炎热中来回穿梭，不一会，堤岸旁已积满他们从水道中带来的“战利品”——水草、树枝。这样的情景让第一次参加灌溉测流的我为之动容，因为临近退休的严段长能够冲锋在前，多年来，严段长不知疲倦地将全部心血播撒在四干渠河畔，经常早出晚归奔波在调闸放水，巡渠查险，维护设备的路上，没有豪言壮语，没有惊天壮举，严段长用辛勤的劳动和无悔的付出，演绎着自己的水利人生，这难道不是在用行动来给我们传承和延续漳河精神吗？这不，刚测完流，青年段长刘俣舟的手机就响了。“有个老伯农田要水，我得过去放闸。”说完，他骑着摩托车轰隆隆地驶去。

这一幕幕只是四干渠普通水利人的一个工作缩影，关键时刻，会有一个又一个“严段长”“刘段长”这样的水利人站出来，用汗水擦亮“荆楚明珠”，换来百里渠道百里林，树绿堤固水长青。

踏平坎坷成大道，斗罢艰险又出发

党的十八大以来，四干渠人加快转变治水思路，坚持绿色发展，生态治理绘就水清渠畅四干新画卷，水利建设与管理步入发展快车道。四干渠人认真贯彻落实习近平总书记“节水优先、空间均衡、系统治理、两手发力”治水思路，为了充分发挥水利工程效益，四干渠管理处积极探索灌区综合改革，试行管养分离、灌区综合改革、科学技术革新、基层段所建设。管理处多举措构建“党建+”矩阵建设，深化和拓展“活力四干、润泽一方”党建品牌内涵，通过“遵规守纪”教育活动、“清风惠民”服务活动、“以廉润心”培元活动、“品牌创建”特色活动，常态长效加强作风建设，打造良好行业形象，推动全面从严治党向纵深发展，努力营造风清气正良好氛围；在“共同缔造”上下真功求实效，共谋共建、共管共治、共同分享，通过积极参加社区志愿服务、创城创卫、党员下沉社区等活动，多种形式参与基层治理，“共同缔造”持续往纵深推进，沿渠居民的居住环境更美了，“守渠人”与沿渠居民人际关系改善了，“爱渠”“护渠”参与意识增强了，主人翁意识更加浓了，进一步“擦亮”了幸福生活底色；党的二十大对生态文明建设做出了新部署、提出新要求，治河也非一日之功，随着河湖长制工作的深入推进，四干渠以美丽幸福河湖为抓手，形成河湖长带头履职、各部门合力攻坚、上下游联防共治的治理格局，河湖水环境面貌显著改善，河湖长治工作成效突出。经过多年的发展，昔日的三边工程（边勘测、边设计、边施工）逐步建设成为水清岸美、综合利用、运行高效的现代水利工程，种种荣誉和肯定，也凝结着四干渠人的智慧和汗水。站在荆门之巅，密如蛛网的渠系似一条条洁白的“玉带”在飘逸，星罗棋布的水工建筑物如一颗颗“明珠”在闪烁，虎牙关水库、团结街水库、香格里拉、华能前池等渠段，一处一景，各具特色，护栏蜿蜒，路平水碧，曲径通幽处花红柳绿，亭台楼榭，无不是一个亲水休闲的好去处！

漳水悠悠，流逝着岁月；渠道坚固，凝结着匠心。漫步在渠道边，清清漳水缓缓流淌，穿行在渡槽旁，当年建设者们手植的行道树亭亭如盖。回望这蜿蜒绵长的渠道，58 年前用简陋工具建成的水利工程依然坚固，固如磐石的渠道上镌刻着一道道劳动印记。58 年风吹雨打，58 载时间检验，建设者们用匠心创造精品水利工程的奇迹，守护者们用匠心呵护一座红色水利的丰碑。半个多世纪以来，四干水利人长年累月坚守在渠道和库区，有的人一干就是一辈子。近 60 年来，一代又一代四干渠水利人专注于一件事——护好渠、管好水、服好务。接过革命前辈们的接力棒，无数榜样激励着我们在今后的工作和生活中把漳河精神转化为坚定理想、锤炼品格的强大力量，刻苦学习、练就本领，在漳河这个广袤的舞台绽放自我、建功立业。

灌区建设驰而不息，条条渠道泽润大地。奔流而来的漳河水奏响一首首生命的赞歌，清风拂过，渠水泛起波澜，劳动的号子犹在耳边响起，从未停歇……

他在风雨雷电里前行防御
——记襄阳宜城市水利局党组书记、局长屈广俊同志

冯祖稳

襄阳宜城市水利局

风雨来临时他离开自己的办公室，于是宜城市水利局钉钉工作群里立即看到一个瘦高的身影：他左手打着雨伞，右手握着水电筒，眼睛盯着沟渠的洪水雨水污水，从手电筒射出的光线中，才看清他就是我们的局长屈广俊，他就是宜城市水利局党组书记局长屈广俊同志。

水旱灾害在他眼里就是天大的事，因为关乎老百姓的生命财产安全，每年夏季是水旱频发的关键时期，他时刻关注着襄阳市水旱灾害防御工作群，宜城水利灾害防御 QQ 群，线上他用手指点安排，线下他脚踏湿地踩在水里实地查看，水里印不出他的脚印，却把他的身影印在雨里写在沟渠写在排涝泵房的机房里。2021 年他从市委政协机关被调到水利局担此重任，他从头开始学习水利基础知识，上任一个月他走遍宜城市大小水库 101 座，走遍宜城灌溉沟渠大约 500km，深入水旱灾害受涝现场 100 余次，安排排除洪涝灾害疑难问题 50 多个，使全市农田作物免受损失 1000 万元。

洪水泛滥你在暴雨里

2022 年 8 月 13 日夜，一场暴雨以每小时两百毫米席卷宜城市板桥店镇全境河流沟渠水库，河流水势猛涨，一小时之间全部集镇街道被淹，镇上低洼处洪水已经爬楼上瓦，严重威胁着群众的生命财产，他接到灾情后，在半夜火速赶往离县城 50km 的灾情现场，身着雨衣在齐腰深的洪水中挽起老人，抱着小孩转到安全地带，帮助居民背起残疾老人离开家中，保护群众的宝贵生命和财产安全。

他在防汛值班的夜里

每年的 5 月 1 日—10 月 15 日是防汛值班的主汛期，也是水旱灾害防御期

和指挥指导防御的关键时间段，他亲自带队组织 56 名干部 24h 轮流换岗值班，值班室里整齐摆放着 6 本防汛值班记录本，一张张白纸黑字里手写的每一天的水旱情况，每天水位、库容、降雨、出库、入库、几点几分上报雨情一排排整齐清晰的数据，连小数点精确到两位数。其中 2023 年 9 月防汛值班记录表中有这样一段白纸黑字手写的文字：9 月 11 日，17 时 03 分，电话通知南营办值班室及桐树村责任人核实雨情，加强防范，做好险情及处置及信息反馈工作。17 时 57 分，水利部减灾中心电话核查降雨及值班值守情况，已作详细汇报，20 时 15 分，宜城市应急局通知要求做好山洪灾害防范工作及时妥善处置各类险情，已向主要领导屈广俊同志报备。表格中降雨一栏显示莺河一库 83.05mm，郝家冲水库 158.05mm，等 10 座大中水库和 10 座小水库，像这样的文字每天都有记录，虽然字迹密密麻麻，但是数据真实有力。

他任水利局局长 2 年，他要求值班人员在极端天气预警时要求电话随时畅通，防御灾害发生时电话响铃两声必须接听，实行问责追责机制，严格防御责任。

雷电里，他未躲避，他在防御

每当收到天气预报有雷电活动时，他提前第一时间出现在有险情的水库沟渠指导防御，处置应急措施，夏季夜里雨里雷电交加的突变极端恶劣天气，他都亲临风雨与雷电站在大堤上屹立在洪水里处置应急，保护了群众的生命财产。水灾他屹立不倒，高瘦的个头却壮如一座大山坚韧不拔，意志坚定，旱灾时他为民担忧，引水抗旱，启动抗旱资金 500 万元，为 5 个旱情严重的乡镇村组水车拉水抗旱，靠前指挥调度，把群众作物损失降到最低。

他没有一句豪言壮语，没有一句纸上谈兵，没有指手画脚的姿势，在渠道上、在水库堤坝上、在风雨里，有他的身影，默默地查看水情、旱情，关注极端天气突变的雷电无常变化，他也随时做好了紧急应对的准备。他节约开支，从招待费中省出来的钱安装防御灾害视频会商电视，一有灾情他就与各地在视频上商议重要灾情，及时处理处置，深入现场调研探讨，制定可行方案得以落实生根。

他在雨里、夜里、雷电里前行

宜城市现有水库有 127 座，其中襄阳市直管 4 座（鲤鱼桥、邬家冲、胡岗、武当湖水库），包括大型 1 座、中型 9 座、小（1）型 12 座、这些水库功能有效保障了农业灌溉和人畜饮水的正常需求。

为确保每天向蛮河引水 10 个流量灌溉宜城，旱情发展时他从南漳县清凉河补入长渠为宜城灌区抗旱，他亲自督导水利工程发挥灌溉功能，启动抗旱泵站 603 座，机电井 1870 眼，累计引调提放水 1.43 亿 m^3，3 年累计完成抗旱浇灌面积 71.62 万亩，为全市抗旱保丰收奠定坚实基础。

水旱灾害临战时，他还是与风雨不离不弃

他组织各水库单位及乡镇水利站对 19 座市管水库和 107 座镇管水库四类安全管理责任人明确职责，督促各地更新并落实水库管理“四个责任人”上岗履职、完成线上培训。下发《做好全市水旱灾害防御工作的紧急通知》，强调各级各类水旱灾害防御责任人责任，抓实抓细防汛抗旱各项应对措施。督办各镇办印发辖区内的《病险水库控制运用通知》，进一步压实主体责任，严格控制运用，加强值守巡查，确保水库度汛安全。同时积极传达省、市关于水库运行管理、水旱灾害防御、山洪灾害防治等业务培训课件，要求相关单位积极组织学习，提高业务水平。

隐患排查他也仍然前行

3 年以来他联合宜城市应急管理局下发《关于开展 2023 年汛前大检查的通知》，要求各水库湖泊单位严格落实辖区内水库、堤防隐患排查，及时清除水库溢洪道和河道内的行洪障碍物。他亲自组织参与水政执法大队对全市部分水库及汉江、蛮河堤防涵闸进行了抽查，建立了隐患台账，制定了整改措施，也制定了相应的防范措施。

根据年初的气象预报，他要求各单位提前通知水库河流单位把握降雨时机，针对遭遇持续晴热高温少雨天气，降水异常偏少，较常年同期平均偏少 80%，水库、堰塘蓄水较多年同期偏低的气候特点，他主张启动抗旱Ⅳ级应急响应。为有效应对旱情最大限度减少损失，他提前准备、认真谋划、多管齐下。他充分利用水库塘堰等工程科学蓄水保水，对灌区渠道进行清淤疏浚，提高灌溉用水利用系数；安排荣河电泵站进行机电及资金设备的维修养护和人员培训工作，随时做好灌溉补水，抗旱期间 3 年累计提水 1274 万 m^3；通知所辖灌区内的镇村调整农业种植结构，减少水田种植面积。

强降雨时他在雨水里、过境洪水时他没躲避

宜城市 3 年共遭遇 4 次强降雨和汉江蛮河沿线秋汛，他当机果断启动防汛Ⅲ级应急响应 1 次、汉江防洪Ⅳ级应急响应 1 次、蛮河防洪Ⅳ级应急响应 1

次。主要洪涝险情有：2023 年 7 月 3—4 日期间强降雨最为严重，普降暴雨至大暴雨，最大降雨量为小河镇 201.7mm，最大小时雨量为 57.9mm；9 月 19 日—10 月 5 日期间，受汉江上游和本地持续降雨双重影响，遭遇历史罕见秋汛，汉江、蛮河同时出现超警戒水位情况。在强降雨和过境洪水处置过程中，他带领人员到岗到位，提前发布强降雨、山洪等预警预报，他夜不合眼和同志们一起 24h 不间断值守，密切关注水情、工情变化，强化预警响应，协调加强水库、河道堤防涵闸等重点部位的巡查监测，严格落实各类应急预案，提前转移受灾群众，全年防汛工作中未出现伤亡事故，牢牢守住了人民群众生命安全底线。2023 年 8 月根据鄂汛字〔2023〕11 号、襄汛字〔2023〕5 号、宜汛字〔2023〕5 号文件，他安排工作专班开展洪水复盘工作，目前《宜城市历史极端强降雨防范应对复盘推演报告》《宜城市严家嘴、龙王冲水库超标准洪水应对复盘推演检视报告》初稿均已报送襄阳市水利和湖泊局审核。

2023 年，9 座水库已全部开工建设，并完成了主体工程。他逐步推动水库雨水情测报及大坝安全监测设施建设，向政府请示资金，完成鳝鱼沟等 6 条山洪沟治理的项目申报。

荆竹水库话沧桑

吴红文

武穴市荆竹水库管理处

在武穴市余川镇北部山区，钟灵毓秀、雄奇险幽的横岗山南麓，20 世纪 50 年代，武穴人民为了治理水患，发展生产，在荆竹河上，用最原始的工具，筑坝拦洪，兴利除害，全县先后 5 万多人参加，历时 5 年，终于建成武穴市最大的中型水库——荆竹水库，总库容 7710 万 m^3。

听老一辈水利人讲，水库建成接管后，百废待兴，工作和生活条件非常艰苦，职工们发扬中华民族不怕苦不怕累的开拓精神，没有住房自己建，没有生活物资就开荒种地，在那个物资匮乏的年代，老水利人不是在工程建设就是在农业生产。为了提高经济收入，他们种植水果；为了降低养殖成本，他们挖鱼池搞孵化；为了节约资金，小型工程建设一律自己动手……在几年的时光里，灌区职工夜以继日、奋不顾身地顽强拼搏，在广袤的水利战场，他们硬是用自己的血肉之躯战天斗地，创造了历史：荆竹水库的防汛抗旱职能得到了充分发挥，灌区再也没有发生过较大洪灾和旱灾，9 万多亩良田也结束了看天吃饭的历史，成为武穴市农业稳产高产的重要保障；灌区内部建设也欣欣向荣，曾经的荒山荒坡，早已被多种果树披绿，每到收获季节，不仅提高了职工的收入，也壮大了集体经济；还有渔业养殖，成为灌区重要经济来源，为武穴市水利事业快速发展提供了资金支撑。

我是 20 世纪 90 年代参加工作的，在印象中，单位发展进入了瓶颈期，水利工程设施由于初期建设标准低，经过几十年的运行，荆竹水库坝体和干渠都出现了不同程度的渗漏，渠道多处成了险工险段，工程隐患单凭职工一腔热血的小打小闹不能解决根本问题，最终因水库蓄水和渠道输水能力大幅下降，导致荆竹水库灌溉功能逐年萎缩，下游旱灾时有发生，灌区形象逐渐受损；赖以生存的水费收取率也一年不如一年，由于体制的原因，没有财政支持，导致职工工资随之大幅缩水，为了生活，部分管理人员开始外出谋生，荆竹灌区发展进入最艰难时期。

灌区发展真正有了转机是从 2005 年开始的。在期盼中，荆竹水库除险加固项目上马实施，大坝渗漏进行了全面整治，输水闸门也进行了更换，溢洪道基础得到了加固（由于资金原因没有全面完成），水库安全隐患得到了基本解决；2008 年水利体制改革全面铺开，根据计划，荆竹灌区 26 人纳入财政供给范畴，临时聘请人员全部清退，有财政资金大力支持，又甩掉临时人员的包袱，荆竹灌区发展轻装上阵，后劲充足。

2012 年，武穴市为了解决北部农村群众饮水安全问题，荆竹灌区迎来了新的发展机遇，武穴市最大的农村安全饮水工程——荆竹水厂开始动工。经过 1 年多的建设，2014 年，一座日供水 1 万 t 的水厂正式运行，荆竹水库从此不但肩负武穴市 5 个乡镇 9 万多亩农田灌溉任务，保护着荆竹灌区 20 万人民群众生命财产和下游 105 国道、沪渝高速公路以及京九铁路防洪安全，而且承担起了 8 万多农村群众和 150 多家企事业单位的饮水安全重任，历史赋予荆竹水库新的职责。

在做好传统防汛抗旱工作的同时，面对全新的农村安全饮水职责，荆竹灌区管理人员边干边学，不断提升专业水平。由于都是门外汉，在水厂运行初期，受技术水平、人员队伍、管理经验等诸多因素的困扰，存在着入户安装不及时、供水保障差、管道维修慢、水质安全难保障等诸多方面的不足，职工在灌区群众心目中的形象受到较大影响，群众用水投诉时有发生。来自社会的质疑声深深刺痛了职工们的心，水厂如何发展？灌区全体干部职工没有彷徨，没有胆怯，更没有逃避，他们深深明白，责任在肩，唯有充分发挥脚踏实地、锐意进取、永不言败的水利精神，甩开膀子扎实干，才是最终的出路。静下心，钻进去，干起来，技术钻研、经验积累、人才培养，从水厂运行、管理一片空白起步，通过 3 年的艰苦创业，砥砺前行，荆竹灌区职工最终熟练掌握了水厂发展中的各项技术，并成功解决了前进路上的拦路虎。

2016 年，以技术和经验为支撑，管理处及时调整水厂工作思路，开启水厂管理新模式，把优化服务水平，提升水厂保障能力和供水质量，提高社会影响力作为水厂发展的工作重心，突出水厂科学管理、规范管理、高效管理，为此，组建了荆竹供水站，成立了专业维修队、入户安装工作队、水质安全督查队，全面指挥调度水厂工作。同时，对水厂干支管网进行了认真梳理，绘制了荆竹供水站管网图，并对管网进行了编号，埋设了标志桩；在各灌区村广泛宣传农村安全饮水政策，设立了便民公示牌，公布服务、投诉电话；在水质保障上下功夫，完善了水厂各项规章制度和操作规程，并要求厂长每天必须亲自把关制水生产，督导制水生产工作流程，检测员每天及时反馈检测结果，厂长随时掌握水质信息；在服务质量方面明确要求，把管道维修通水时间、群众入户安装申请落实时间、群众举报问题化解时间列入干部职工年终考核内容……全方位，多举措，大力度，积极推进水厂管理新模式、新举措。2017 年，在属地单位履责考评中，荆竹灌区群众满意率排名靠前，优质的服务赢得了百姓的尊重。

担责于心，履责于行。荆竹灌区始终把创新发展作为推动各项工作不断前进的动力，过去以防汛抗旱传统产业为抓手，全力保障灌区人民群众农业生产；进入新世纪，以农村安全饮水工作为抓手，对内创新水厂管理，强化职工作风建设、素质培养，对外提升行业地位，注重单位形象、社会影响力，荆竹供水站凭借出色的表现，被评为省级“百佳十优”水厂，成为武穴市农村安全饮水金字招牌。

找准时代的风向标，奋力推进灌区管理单位新形象。为了深入贯彻落实习近平总书记“创新、协调、绿色、开放、共享”生态理念，积极把握国家“加快发展旅游业”和“发展国民休闲旅游”宏观战略的历史机遇，荆竹灌区管理单位紧密结合武穴市加快旅游业跨越发展，建设旅游强市目标，以“民生水利”为发展理念，以“和谐生活”为发展方向，以“生态旅游”为发展基础，以“循环经济”为建设目标，整合水域、水利工程与自然、人文景观资源，弘扬水文化，彰显水利综合服务功能，保护修复水域生态环境，改善人居环境，加快推进灌区绿色发展，不断对外推介荆竹灌区风景名片，并开始谋划申报省级水利风景区。

在积极谋划的同时，灌区管理单位与相关职能部门落实最严格的水资源管理办法，多措并举加强治理和保护。在武穴市河长办的主导下，协助市、镇、村各级库长层层压实责任，做到上下联动，一线办公，协调解决相关突出问题，从水源地保护、岸线治理、水污染防治，水生态修复、执法管理等方面开展工作，先后永久关停养猪场 5 座，采石场 2 处，设置安全围网 1200m……通过实地巡察、调研，找不足，抓整改。为了当好环保“卫士”，避免水质污染，灌区成立了水面保洁工作队，始终坚持隔天一次小洁，每周一次大行动，对发现的漂浮物和生活垃圾，及时打捞清理，特别在汛期，来水较大的时候，提升保洁频率，保持水面洁净，避免漂浮物或垃圾腐烂恶化影响水质安全；根据荆竹水库水域分布实际情况，划定了界限，埋设了界桩，对原有警示牌、宣传牌、界牌每年进行翻新，进一步规范了库区群众活动范围，强化了水面管理。为了加强源头治理，灌区管理单位投入资金 16 万多元，全面清理水面障碍，拆除养殖网箱 67 个；顶住压力，克服困难，多轮谈判，收回了水面养殖经营权，为保护水源，提升水质打下了坚实基础。为了发动群众参与护水行动，每年组织开展“迎春行动”“周末大清河”等大型志愿活动，并以此为契机，多次深入库区村积极宣传水源保护政策，张贴水源地保护宣传标语，与库区群众促膝谈心，教育他们要倡导绿色生产、生活方式，做好库区护水、爱水、惜水忠诚护士，并在各相关村公布监督电话，虚心接受群众投诉。为了杜绝不法行为，多部门联动，在荆竹水库范围内开展声势浩大的四乱清理、违建拆除、行政执法等行动，规范了库区水事秩序，有力震慑了不法分子，赢得了群众支持。持之以恒，初心不改，荆竹水库在全社会的努力下，水更清了，山更绿了，景更美了，顺利通过湖北省水利厅景区办综合评审，为武穴市多彩旅游增加了新底色。

荆竹灌区管理单位发展历尽沧桑，在最艰难的岁月里，一代代灌区管理人牢记初心使命，用无悔的青春，凝心聚力、抢抓机遇、笃定前行，推动着武穴水利事业不断前行，2024年，又迎来了新的发展机遇：武穴市北灌区工程建设启动，荆竹灌区获得工程建设资金量最多；荆竹水库除险加固工程（原除险加固未完成部分）重新启动，总投资1200多万元；幸福河湖项目申报正在进行中……争资立项不易，建好一流项目更难，荆竹灌区管理单位发展虽然充满挑战，但是全体人员信心满怀。

“长风破浪会有时，直挂风帆济沧海”。在新的长征路上，灌区全体管理人员必将以习近平新时代治水、兴水思想为指引，恪尽职守，勇担使命，积极进取，用大无畏的精神开创更美好的未来。

历久弥坚五十载　风雨同舟丹渠人

罗云鹏

襄阳市引丹工程管理局

50 年前，鄂北大地集结一股红色力量顽强觉醒与“悍魔”做殊死对抗，襄阳地区十八万儿女心连心、同呼吸、共命运，用坚强意志和辛勤血汗劈山凿洞、挥洒青春，铸就了 50 年运行依旧稳定、贡献仍然突出的引丹工程。

引丹灌区是国家大型灌区，全国排名第二十一位，湖北省第二位，是襄阳市最大的灌区，设计灌溉面积 210 万亩，以南水北调中线工程源头丹江口水库为水源，担负着襄阳市辖“一市三区”引水灌溉重任，粮食产量占襄阳市的 1/3。引丹工程 1969 年始建，1974 年正式通水，总干渠长 68km，6 条干渠总长 254.2km，716 条支渠总长 1570km，年均蓄水 6.89 亿 m^3，有号称“地下长龙”长 6775m 的清泉沟隧洞和“天上银河”长 4320m 的排子河渡槽等历史宏伟建筑物。

今年是引丹工程建成通水 50 周年，累计供水 400 多亿 m^3，灌溉农田 5000 余万亩次、实现粮食总产 1000 多亿斤，累计社会效益 1000 多亿元，从根本上改善和增强了鄂北地区服务“三农”的基础条件，成为国家重要的商品粮生产基地之一，被认定为国家现代农业示范区，保障了国家粮食安全，提高了岗地人民生活质量，有效促进了新农村建设，被灌区群众称颂为“生命渠”“幸福渠”，素有“北有红旗渠，南有引丹渠”之称。

襄阳市引丹工程管理局坚持以习近平新时代中国特色社会主义思想为指导，深入贯彻“节水优先、空间均衡、系统治理、两手发力”治水思路，围绕“节水灌区、生态灌区、智慧灌区、人文灌区”总体布局，构建了科学、高效、安全的灌区管理体系，打造了作风够硬、本领够强、服务够好的灌区管理队伍，先后被水利部、湖北省委省政府授予“全国水利系统先进集体”“国家水利风景区”“国家水情教育基地”等荣誉称号。

以使命担当强服务，切实拉近干群融洽关系。全局干部职工以当年修渠人为榜样，弘扬优良传统文化，甘于吃苦、乐于奉献，继续秉承人民至上原则，全心全力为灌区人民提供用水保障。这支干部队伍讲政治、顾大局，有着让灌区群众都用上放心水的小理想，也肩负着国家粮食安全的大使命，在灌溉期做出的贡献深受人民认可，夜间作业加班加点毫无怨言，日间巡逻细致认真，维修巡检专业可靠。深入践行“群众呼声有人听、遇到困惑有人解、发现困难有人帮、产生矛盾有人调”的“四有”工作方法，着力办好民生实事，不断提升为民服务能力和管理水平，密切联系灌区群众，拉近了干群“心”距离，提升了群众的满意度、认同感。

以科学调度强分配，筑牢供水保障生命线。引丹灌区建立了用水调度指挥中心1处，分中心8处，运用信息化技术和大数据配置了水资源配置日常处理子系统、水资源配置方案编制子系统、实时水资源配置子系统、应急水资源配置子系统、水资源配置方案评价系统5套水调度系统，摒弃原有经验式供调水，科学调配水资源，实现灌溉服务全链条、灌溉范围无死角、防洪减灾有保障的良好局面。接下来，引丹灌区将持续优化深化水资源调配，在功能服务上“做加法”，在程序流程上“做减法”，在水量宏观调控的基础上进一步精细布控，从传统的“以需定供”和“以供定需”发展到综合考虑供需平衡的“可持续发展”模式。

以环境治理强生态，促进人与自然和谐共生。二十大报告将“人与自然和谐共生的现代化”上升到“中国式现代化”的内涵之一，再次明确了新时代中国生态文明建设的战略任务。引丹灌区深入贯彻党中央决策部署，以水为载体治理生态，建立水资源生态保护机制，在服务“三农”基础上增加生态补水措施，维持小清河、排子河水系生态基流，强化水体自净能力，推动沿岸镇村美丽乡村建设，切实打好厚植绿色本底、保持水土稳定、涵养生态水源“组合拳”，齐力构建“水清、岸绿、景美”的优美画卷。

以工程建设强节水，落实水资源充分利用。引丹灌区以工程建设为抓手，落实“节水优先”发展理念，从2000年开始经过十一期大型灌区节水改造项目，总干渠设施完好率超93%。在建项目引丹灌区续建配套与现代化改造工程将其余骨干工程作为建设主战场，进一步提高设施整体完好率，加大水资源输送能力，消除渠道“跑、冒、滴、漏”不良显现，力争实现年节水量900万 m^3 的战略目标。成立了引丹灌区农业用水供水协会，积极探索更多节水方式，推广高效节水灌溉技术，助力灌区农业高质量发展。

以先进理念强科技，打造科学智能创新型灌区。一是充分考虑灌区实际情况，统筹兼顾，实现灌区内部资源最大化共享，整合各类数据，实现网络资源与信息资源的最大利用。二是全面推动灌区信息化提档升级，把握数字孪生建设契机，将新老设备统一标准，一并纳入灌区信息化控制平台内，为将来的智慧化管理夯实基础。三是充分利用已有的监控站网制定需水分析与配水计划，实现智能调度，同时积极探索渠系末端节水灌溉模式，建立渠道末端智能灌溉节水管理系统，提高灌溉精准度，充分发挥自然降水和节水灌溉的增产潜力，构建适于农田节水灌溉智能化管理系统模式与关键技术。

以标准规范强管理，再创灌区发展繁荣景象。引丹灌区以纪法为底线，以制度为准绳，用规范促管理，学习贯彻《水利部办公厅关于印发大中型灌区、灌排泵站标准化规范化管理指导意见（试行）的通知》等有关文件精神，定期组织培训，不断提高职工专业技能水平，向兄弟灌区借鉴先进经验，探索谋划灌区标准化规范化的新理念、新要求、新举措，力争创建国家级标准化规范化管理。在管理方面，遵循“明晰权责、属地管理”的原则，确权划界清晰、管护主体明确、安全监管扎实、防汛处置专业、实现了有人管、管得好的整体目标。

守好祖辈修的渠　护好儿孙喝的水

徐智容　余晶晶　刘少杰　廖　琪

湖北省高关水库管理局

历史上，应城县水旱灾害频发，从地理位置上看，应城只有引进京山水，才能增加水源，增强抗旱能力。1969 年冬，时任省长张体学决定在京山县西北部 45km 的大富水河上游修建高关水库，在大富水河西岸及大洪山到江汉平原的过渡地带修建高关灌区，解决京山、应城用水问题。高关灌区以高关水库为骨干水源，跨京山市和应城市，是湖北省中部的大型自流灌区之一。灌区范围涉及京山市和应城市，共 8 个乡镇（街办），设计灌溉面积 38.4 万亩，三年来，累计为灌区供水近 1 亿 m^3，为保障国家粮食生产安全和地区经济社会发展做出了重要贡献。

“不忘建库修渠初心，牢记护水供水使命”是一代又一代高关灌区人民与高关水利人库地合作、共同缔造的生动实践。

一、强党建，转作风聚合力

高关灌区始终坚持党建与业务工作同谋划，同部署，同落实，大力开展“树党建品牌、创党建名牌、争党建金牌”的品牌党建实践行动，创新党建联络员制度和各支部分段包联灌区服务群众制度，走向基层、服务民生。机关第一支部走进灌区百姓家，开展问卷调查，征求群众意见，优化灌区设计，努力建人民满意工程。机关第二支部与镇村党组织联合开展主题党日活动，转变思想作风，提升基层工作能力；灌区党支部深入田间地头查旱情，及时送水保丰收。各支部舞动党建工作“龙头”，带动业务工作“龙身”提质增效。灌区末端应城市陈河镇在时隔 20 年后，重新用上高关水库输送的“救命水”“幸福水”，确保大旱之年粮食大丰收，当地政府和村民发自内心地赠送锦旗予以感谢。同时高关灌区积极展现水利作为，面向基层、深入乡村、贴近群众，听实话、察实情，了解群众对灌溉工作的“急忧愁盼”，倾听群众的意见和呼声，着力解决人民群众最关心最直接最现实问题 50 多个。2023 年灌区党支部荣获湖北省水利厅红旗党支部。高关局党建工作连续三年荣获省厅优秀单位。

二、强灌溉，精调度保丰收

高关灌区管理中心每年3月即深入乡镇、农户调查，准确掌握春灌面积，科学、合理制定农业灌溉用水定额和供水计划。根据当前土壤墒情和历年用水需求，科学研判，及时做好各类闸门的维修与养护工作，做到灌溉“有指标、有预案、有措施、有保障。”高关灌区采取责任到段，灌溉期间灌区工作人员奋战在渠道沿线，村庄地头，查渠道，跟水头，计水量，调闸门。及时对责任段巡查，监测水位流量，掌握灌溉进度，加强灌溉用水统一管理、精准调度，确保高效供水，使有限的水资源发挥最大的综合效益。深入田间指导用水户科学灌溉、节水灌溉，24h不间断为用水户做好服务。灌溉50年来，高关灌区累计供水27亿m^3，为全国糯稻第一市的应城和全国顶级优质稻国宝桥米原产地的京山农业农村高质量发展提供了可靠水源保障。

三、强建设，补短板谋发展

高关灌区自1998年起实施灌区续建配套与节水改造工程，至2019年全面完工，累计实施15个年度项目，累计完成总投资2.37亿元。通过改造加固渠道264km、配套建筑物934座，工程调控能力、安全运行条件明显增强，项目实施完成后，累计新增（恢复）灌溉面积8万亩，改善灌溉面积24万亩，新增粮食产能9820万kg，亩均增产89kg，节水15200万m^3，灌区农民人均增收10445元，项目效益十分显著。高关灌区续建配套与现代化改造工程是国家2020年以来重点推进的150项重大水利工程项目之一，也是湖北省第一批中央投资的九大灌区改造项目之一。总投资2.89亿元，总工期5年。通过本次灌区续建配套与现代化改造，可使灌区恢复灌溉面积11.2万亩，改善灌溉面积12万亩，新增节水灌溉面积4.5万亩，灌区渠道防洪标准达到规范要求，总干渠防洪标准达到30年一遇，东西干渠防洪标准达到20年一遇，农田灌溉水有效利用系数由0.5059提高至0.55，为建设更高质量、更有效率、更具韧性、更可持续、更为安全的水利基础设施补齐水库短板。

四、强管理，抓落实勇担当

一方面，灌区运维管理引入水利工程元素化管理先进理念，创建高关水库元素化管理体系。任务元素化，以元素为单位、时间为节点，绘制“任务图”“行程表”。职责元素化，将管理职责分解成元素，使管理人员工作任务明，工作责任清。责任追究元素化，以责任追究的形式对建设管理情况进行分析评价，查找存在的问题，保障灌区标准化规范化管理建设的顺利推进。同时成功挂牌全省水利系统唯一渠道维护工技能人才工作室，着力解决渠道维护工作中出现的新情况、新问题，不断提高渠堤养护水平。另一方面，面对投资体量大、工期紧、任务重的项目建设形势，组织10余家参建企业，开展“春季安全生产大比拼”，为建设高峰期的工程质量安全保驾护航，成功获评“全国水利工程项目法人安全生产标准化一级单位”；开展“夏季施工进度大比武”活动，创新运用网模系统二期砼浇筑、螺栓楔形块调节钢平台支撑、自制悬空支撑系统等技术，提前一个月完成灌区宋家台渡槽合龙、水库溢洪道闸门顺利联调联试等重大节点目标；开展“秋季施工质量评优”活动，及时解决大体积混凝土温控、大面积溶沟溶槽基础处理和输水隧洞竖井基坑排水等质量技术难点、堵点，局建管团队制作的《弘扬工匠精神 铸造精品工程》作品在2023年湖北省质量月活动主题微视频大赛中荣获三等奖；开展“冬季施工技能大竞赛”活动，26个工区全面开展技能练兵、劳动大比拼，促进项目高标准实施，建成了一批标准化示范段，极大提升了工程形象，获得长江委、省直机关工委和省水利厅领导好评，同时省高关局作为全省水利系统和全省行政事业单位唯一单位成功荣获2023年度湖北省五一劳动奖状。

五、强节水，重机制提效率

以高关灌区农业水价综合改革为契机，建立水价综合改革机制、节约用水奖励机制、精准补贴机制，创新建立农业水价改革竞争性立项机制，择优竞选改革区域。改革涉及区域各自展示农业水价综合改革的优势及打算，专家评审赋分，最终选定年度农业水价综合改革区域，签订共建协议，联合推进项目实施。高关灌区现代化改造完成后，灌溉保障率可达80%以上，新增节水灌溉面积4.5万亩，农田灌溉水有效利用系数由0.5059提高至0.55，新增节水能力1142.64万m^3。高关灌区先后荣获省级节水型灌区、全国节水型灌区荣誉称号。

六、强民生，增福祉同缔造

针对高关灌区历史上水源比较缺乏、水资源供需矛盾突出情况，多次深入了解灌区当地政府和农民用水需求，做到应灌尽灌、应供尽供、应保尽保；以《湖北省河湖长制工作规定》为抓手，督促地方党委政府参照河湖长制制度，切实推行渠长制，进一步明确市镇村三级渠长以及工作职责，推动地方党委政府、行政管理部门、执法部门动态干预、常态管理，让高关灌渠成为渠畅路畅水畅、保障粮食安全、确保灌区安澜、助力农业及旅游业发展和乡村振兴的民心渠；以“一下三民”“共同缔造”为抓手，与库区灌区村组共建共享“村 BA”篮球场、村民建设广场、村民用水戏水点、进湾便民路。

七、强生态，去风险清乱象

坚持依法管水治水，以习近平生态文明思想为指导，牢固树立绿色发展理念，全力打好打赢碧水保卫战。灌区总干渠、骨干支渠经过“十四五”续建配套项目改造后为防止渠堤水土流失以及水污染发生，在广泛宣传水利工程管护法律法规的基础上，对灌渠划界确权后的争议区域进行充分商议后，审时度势提出“搁置争议、抓紧植树，不求所有、但求尽绿”的“绿色生态灌区”建设战略，以“一盘棋”理念，在长达 46.3km 的高关灌区总干渠段面上种植了近 10000 棵银杏树，实现了灌区总干渠生态绿化带全贯通，进一步改善灌区生态环境卫生，不断满足灌区群众日益增长的优美生态环境需要。同时以《湖北省河湖长制工作规定》出台为重要契机和重要抓手，局党委将灌区 50 年历史形成的“四乱”问题清理作为局党委重点攻克的难题，多次与渠道沿线镇村基层党组织以联合开展主题党日的方式进行“清四乱”政策宣贯，创新建立“库长制＋渠长制＋警长＋检察长＋民间库长渠长＋生态补偿”新机制，集中清理了因灌区历史原因形成的 50 处违规种植及违章建筑。

八、强文化，显初心开新局

紧紧把握建库 50 周年这一重要时间节点，聚焦“十万应城人建大坝、六万京山人修灌渠”“三年建两坝”等高关事迹和“为革命延婚期”“铁姑娘打饿”“父子战高关”等高关故事，深入提炼“艰苦创业、团结协作、坚忍不拔、一心为民”的高关文化。深入提炼并生动展示“艰苦创业、团结协作、坚忍不拔、一心为民”的高关文化特色，大力推进水文化与水工程融合。以高关水利工程建设为契机，将拆除的老旧闸门、启闭机、混凝土等老物件进行合理保存运用。制作发行局歌《高关，我们的家》，设计应用局 LOGO，创作《高关赋》，拍摄了《看·风采｜高关水库》等一批文化宣传视频，利用传统的实物展示和现代的虚拟技术等方式，高质量建成大富水流域水系展示园、高关廉洁文化园、水情教育基地，企事业单位和学生群体参观学习超 5 万人次。高关水利工程在年前年后先后 2 次亮相央视《新闻联播》全国水利工程建设年度综述性报道。

百年梦圆“鹦鸽嘴”

李　明

甘肃省临泽县水务局

20世纪70年代建成的鹦鸽嘴水库，是在梨园河上拦河筑坝建成的中型峡谷水库，也是甘肃临泽人民用血汗与智慧精心铸造的绚丽丰碑，成为几代水利人坚守的家园。

时光倒流到50年前，数万名干部群众以愚公移山的精神和精卫填海的意志，在祁连山中写下了治水兴水的壮丽诗篇，创造了“高峡出平湖”的人间奇迹，鹦鸽嘴水库被誉为临泽人民的“生命库”，给临泽人民留下了宝贵的物质财富和精神财富。

40多年来，巍峨的大坝矗立在鹦鸽嘴峡谷间，四周高耸的峭壁像垂手而立的卫士，捧起一面硕大的“玉盘”，为临泽大地孕育着春华秋实。

“梦想从这里起航”

地处祁连山北麓、甘肃河西走廊中部的临泽县，自古就缺水。祁连山雪水虽经梨园河流过临泽大地，但来水量时空分布不均，时常遭遇大旱，农作物缺水受损，老百姓生活异常艰辛，在梨园河上修建水库成为临泽人民的夙愿。

筑坝蓄水，方解农田之旱。几代临泽人翘首以盼！

可筑坝蓄水，哪有那么容易？

临泽南部是祁连山，北部是合黎山，沟壑纵横、地质结构复杂。早在民国三十六年（1947年），甘肃省政府责成水利部门制定了修建鹦鸽嘴水库的设计方案，但因当时技术、经济条件所限未能实施。

看着祁连山雪水从家门口流过却无水可浇，即便耕种再多的土地，天不下雨，都逃不了饿肚子的命运。年近70岁的临泽县新华镇宣威村村民李玉勤，9岁时因家中断粮失去了父亲，大哥也偷偷去了新疆。为了填补口粮不足，几乎每天，他和母亲总会随着鸡叫的声音爬起身来，在睡意沉沉的夜色中挖野菜充饥。舔碗、刮锅这些已经模糊的生活痕迹，至今李玉勤都难以忘怀。

干旱面前，智慧坚韧的临泽儿女在中国共产党的领导下，提出了修建鹦鸽嘴水库的设想。1962 年，临泽县人民委员会将修建水库一事提上议事日程；1969 年 12 月，临泽县革委会成立"鹦鸽嘴水库工程建设委员会"（以下简称"工委"），拉开了水库建设的序幕；1971 年 5 月，鹦鸽嘴水库开始动工修建。

1975 年 8 月，鹦鸽嘴水库一期工程竣工并投入使用，总计动用工日 500 多万个，完成土石方开挖、填筑、混凝土浇筑 320 万 m^3，主副坝总长 476m，最大坝高 46.2m，总库容 1350 万 m^3，创造了当时基坑最大挖深 33m、人工水下清基 21.5m 的"世界罕见"奇迹。1979 年 5 月，水库二期加固扩建工程开工，1988 年 10 月全面竣工运行，库容增至 2500 万 m^3。

鹦鸽嘴水库的建成，缓解了临泽南部倪家营、沙河、新华等乡镇 20 万亩农田"十年九旱"和"卡脖子旱"的局面，彻底改变了临泽人民"靠天吃饭"的历史，有力支持了当地粮食产量的大幅提高。1988 年 12 月，临泽县以平均亩产 617kg 的佳绩被原国家农业部授予全国粮食单产冠军县；1989 年 9 月，被国务院授予全国夏季粮油高产先进单位；2006 年 12 月，被原国家农业部授予全国粮食生产先进县。

"人民的力量是无穷的"

在生产力水平相对低下和经费、设备力量严重不足的情况下，怎样才能充分调动起群众的积极性？怎样才能更快地动工修建水库？无须过多的思量和条件，一句话，一种信念，一线希望，成了黏度很强的黏合剂，把临泽人民紧紧召集在了一起。

鹦鸽嘴水库建设之初，原临泽县 8 个公社和建设单位以及周边县区的 100 多名技术人员第一时间投入建设，形成了强大的工程技术力量。与此同时，上万名当地农民群众，自带口粮、被褥、工具来到工地，积极参与到被他们称为"救命工程"的建设中。曾在临泽水利战线做出突出贡献、时任鹦鸽嘴水库工程施工员的代吉福，怀揣着一颗"扎根水利、服务人民"的心，选择了这个工程，也用自己的青春成就了这个工程。

鹦鸽嘴水库开工时，时年 23 岁的代吉福积极响应政府的号召，挺身而出，无畏艰辛，积极投身水库建设。他在黑夜里加过班，风雨中抢过险，有过艰辛难忍的痛苦，也有过忠孝不能两全的煎熬。十几年的拼搏奉献，风餐露宿，在水库大坝上创造了可歌可泣的业绩。

祁连山深厚的积雪和凛冽的寒风考验着每一个建设者。在那些风雪弥漫的日子里，有的人双手冻麻了，吹上几口热气暖一暖继续劳动；有的人因高原反应，气喘头疼、四肢无力，但仍坚持在工地上；有的人甚至付出了生命……在零下30℃的严寒里，尽管许多人患上了程度不同的高原病，却依然扎根在水库大坝上。

那是一段不计报酬、只争朝夕的岁月。从小目睹了干旱缺水时苦难生活的李玉勤，也成为众多建设者中的一员。李玉勤说，“在库区工地上，住的是临时工棚，喝的是冰雪融水，吃的是玉米馍馍，晚上身穿棉衣、头戴棉帽睡觉，凌晨四五点钟就出现在了工地上，尽管只有微薄的工分，但从来没有后悔过。”

工程建设者们怀着战天斗地、改造山河的雄心壮志和“双手劈开千层土，定叫大地万亩青”的坚定意志，发扬不怕牺牲、排除万难的精神，缺少炸药，就用化肥硝酸铵与锯末混合制造土炸药；施工需要大量抬筐，就上山割来芨芨草自己编筐……伴随着吆喝声和“啪啪”的爆破声，他们不怕困难，众志成城，用大锤和钢钎攫取石料，用架子车转运土方，用石夯打坝基，最终完成了这项彪炳史册的壮举。

“我是党员我先上”

急、难、险、重是一面镜子，关键时刻映射出共产党员的党性。鹦鸽嘴水库建设过程中，指挥部和工委领导亲自上阵，在工地安营扎寨，与民工同吃同住同劳动。那些熟悉的共产党员的形象，如一座座明亮的灯塔，引领着工程建设者们顽强拼搏，勇往直前。

1983年10月15日，鹦鸽嘴水库二期工程施工过程中，副坝一侧沙石滑塌，堵塞了水库输水洞。库水不能下泄，水位急剧上升，如不及时疏通，后果不堪设想。当地消防队迅速赶到工地用水枪冲击5h排险未果，原临泽县副县长、工委副书记程耀禄建议人工进行排淤。

工委同意了程耀禄的建议。当时库内蓄水300多万m^3，输水洞口水位高达16m，水压$18t/m^2$，一旦疏通，排险人员撤离不及必有生命危险。程耀禄组织100多人进洞排淤，3天后输水洞堵塞部位只剩4m，民工全部撤离，程耀禄和工程师杜澄带领14名党员完成最后排险任务。

狭窄的隧洞空气稀薄，让人胸闷发晕。14双手轮流交替挖着沙石，淤积的沙砾中突然渗出了水，程耀禄迅速指挥人们撤离，自己带领3名青年党员从另一闸孔下到洞底，用镐头撬起横陈泥沙的一块大石头，“崩”的一声，洞开水泄，4 人迅速弃镐攀梯而上到闸孔，最后一个人刚登上第 4 梯阶，库水像脱缰的野马怒吼着擦膝而过，洞内遗留的照明灯、架子车等工具从洞口喷出 2km 以外，撞得粉碎。

这次抢险在水库建设史上是一个伟大的转折。它激发了群众的建设热情，鼓舞了群众的顽强斗志，有力地推动了水库建设步伐，让“我是党员我先上”的铮铮誓言，深深印在了党员心中。

“鹦鸽嘴精神代代传”

鹦鸽嘴水库塑造了一个又一个纯粹的共产党员的初心和一幕幕践行使命的质朴形象，是共产党人一切为人民利益的真实体现。回望过去，尽管无法复原昔日临泽广袤土地缺水时的凄凉景象，但透过鹦鸽嘴水库，看到的是特定环境中一代人的执着和抗争，体会到的是临泽人民从贫苦走向富裕的生活巨变和老一辈工程建设者为民谋利、实事求是的工作作风。

从 1969 年到 1988 年，临泽人民用青春、用汗水、用智慧、用生命谱写了当代大禹治水夺丰收的壮丽篇章，谱写了一曲发展农村经济和致富奔小康的乐章，他们用智慧征服了桀骜不驯的梨园河，潺潺祁连雪水流进丰收的大地，使临泽成了花果飘香、粮稔草丰、林木葳蕤的“沙漠绿洲”。

当建设者的汗水化成了一池清水流进绿色的田野，当无私奉献的品质化成了一曲“平民英雄”的时代赞歌……那些平凡而伟大的事迹，沉淀形成了忠诚为民、艰苦奋斗、敢于担当、勇于创新的“鹦鸽嘴精神”，成为临泽水利人的信仰和精神坐标，渗透入一代代临泽水利人的骨髓中，融化在一代代临泽水利人的血液里。

1976 年出生的代海英，接过父亲代吉福手中的接力棒，仍然守护着临泽的绿水青山。“我父亲一直嘱咐我，他修好了水库，我必须护好水、管好水，让每一滴水都流出价值。”代海英朴实的话语中流露出坚定而执着的信念，生生不息的鹦鸽嘴精神，就这样代代相传。

年复一年，坚守在临泽水利战线上的广大党员干部职工，自觉践行着鹦鸽嘴精神，书写着新时代兴水惠民的生动乐章。他们不忘治水初心，牢记护水使命，统筹推进水利基础设施网络建设，先后建成中小型水库 10 座，改建干支渠 149 条、超过 730km，改造引水口门 15 座，建成集中式供水工程 11 处，为临泽经济社会发展插上了腾飞的翅膀。

一座水库，展现了临泽人民的精神气质，凝成了临泽水利人的精神丰碑。

站在两个一百年历史交汇点上，临泽水利人将认真贯彻落实习近平总书记“节水优先、空间均衡、系统治理、两手发力”的治水思路，只争朝夕，不负韶华，用奋斗成就梦想，以实干赢得未来，不断开创无愧于党、无愧于人民、无愧于时代的治水兴水新局面。

第四部分　诗歌篇

石堡川之歌

李剑锋

陕西省渭南市石堡川水库管理中心

这里是魏徵封地，这里是仓颉故里；
这里是渭北旱塬，这里沟壑纵横。

千百年来，这片土地上的人民，
不断演绎着抬着龙王求雨的场面。
脚下溅起的黄土，诉说着一个共同的呐喊：
靠天吃饭的局面，
啥时能够改变？

农业要发展，水利是命脉。
中国共产党一声召唤，
澄白两县人民，
渴望改变千年旱塬的梦想，
凝聚成了建设石堡川水库的强大力量。
史家河畔一声炮响，
仓颉庙前万人动员，
奏响了石堡川水库建设的号角，
沉寂千年的黄龙山麓沸腾了！

就是这群澄白儿女，
立下愚公移山志，
敢教日月换新天。
他们冰天雪地战严寒，
誓把山体来凿穿；

他们骄阳似火战酷暑，
要把川水引下山。
他们盘曲河上筑大坝，
九里峭壁劈石顽；
他们黄龙山腰凿山洞，
深山峡谷架长虹。
他们牵着龙王走，
誓让旱塬披绿装！

就是这群澄白儿女，
他们沟深坡陡不怕险，
路远不怕腰腿酸。
他们开山劈石挖窑洞，
担灰拉土挑重担。
声声劳动号子，
喊的是战天斗地的勇气；
闪闪的铁锤钢钎，
砸的是靠天吃饭的羁绊。
无数倒下的身躯，
撑起了千百年来誓牵蛟龙上旱塬的长久夙愿！

忆往昔，
漫山遍野，红旗招展；
看茫茫黄龙山，
是他们头戴竹制安全帽，
腰系麻绳，扶钎打眼，
黄龙山腰造平台；
是他们用钢钎铁锤，
在青石之上凿渠道。
那八公里三的绕山石渠段，
成为名扬三秦的“红旗渠”。
是他们在黄土塬间，
削平了一座座山峰，

凿通了一条条隧道，
架起了一排排渡槽，
建成石堡川水库宏伟壮观的工程，
成为二十世纪陕西水利建筑的典范！

站在黄龙山巅，
看巍巍水库大坝，横拦石堡川河。
一库清水，成为渭北高原一颗闪亮明珠；
看干渠，宛若巨龙舞爪，
戳穿黄龙山脉，沟壑纵横变通途；
看支渠和斗渠，似龙须横扫，
起舞澄白旱塬。
那块块方田，那条条渠道，
正是澄白人民谱写在丰收田野上壮丽的诗篇！

今日石堡川，
实施项目带动战略，开始了二次创业。
水库大坝两次加固培厚，
一泓碧波，成为澄白两县饮用水的源头。
续建配套让渠道焕然一新，
将一库清水送到灌区各个角落，
增产水流入幸福田。

今日石堡川，
耕地方田化，灌溉小畦化。
一库清水，让世界苹果优生区焕发生机。
澄城 SOD，白水苹果，
享誉中国，走向世界。
脍炙人口的樱桃、圣女果、核桃，
成为澄白两县崭新名片。
小康之路愈走愈宽，
全力助推脱贫攻坚，
乡村振兴之势如燎原！

有一种精神是奉献，
石堡川人大公无私，任劳任怨，
成为延安精神的生动再现；
有一种精神是奋斗，
石堡川人自力更生，顽强拼搏，
他们遇冠必争，
为渭南水利增彩添光；
有种精神是担当，
大禹精神、都江堰精神、红旗渠精神、“九八”抗洪精神，
孕育着石堡川水利事业的精神谱系；
有一种精神是坚守，
石堡川人建管并重，兴水富民，
奏响着为灌区群众服务的乐章！

百年党史催人奋进。
没有中国共产党的英明领导，
就难以在黄龙山麓建成渭南最大的水库；
没有中国共产党的英明领导，
就没有石堡川灌区今日的建设与发展。

今年是新中国成立七十五周年，
面对鲜红的五星红旗，
石堡川人有太多感慨要说；
面对鲜红的五星红旗，
石堡川人做出庄严承诺：
忠诚、干净、担当，
科学、求实、创新。
虚怀若谷，上善若水，
是石堡川人的境界；
厚德载物，止于至善，
是石堡川人的宏愿。
让人民安居乐业，幸福安康，

让大地充满绿色，生机勃勃，
彰显着石堡川人不懈的追求！

新时代要有新作为，
石堡川人不忘初心，砥砺前行。
石堡川人昂首阔步，
在各自岗位上实现人生价值。
石堡川人坚信：
时刻记党恩，永远跟党走，
发扬“宜将剩勇追穷寇，
不可沽名学霸王”的革命气概，
发扬共产党人“为有牺牲多壮志，
敢教日月换新天”的奋斗精神，
鼓起石堡川人迈进新征程、
奋进新时代的精气神，
凝聚起石堡川人艰苦奋斗、
开拓进取的伟大品格。
石堡川事业一定会劈波斩浪，
扬帆远航！

人民渠之歌

朱　蕾

四川省都江堰水利发展中心人民渠第一管理处

这是怎样的一个日子，
那万重高山，因您而脉搏欢跳；
那千条河流，因您而洪波涌起；
这是怎样的一个日子，
那累累的稻穗，都向您点头致敬；
那飞溅的钢花，都向您深深祝福；
“七一”我们共同的节日！
回首往事，历史向我们昭示这样一个真理：
没有共产党，就没有新中国，
放眼今天，人民渠的变迁使我们深切感受到：
水利事业的发展，人民渠的成长，离不开中国共产党！

翻开古堰的历史，注满了历代治水不成的叹息，
走过花街老巷，倒转堰的遗迹无言抽泣……
不能再让洪水旱魔肆意妄为，
不能再让五里三川的人们望眼欲穿！
上马，上马，
我们的党啊，不顾了建国之初资金的困顿，
上马，上马，
我们的党啊，惦记着为水所困的川西人民！
从五三年到五六年，
烈烈的骄阳燃不过人民渠人心中的热情，
凛冽的寒风挡不住人民渠人前进的步伐，
一千多个日日夜夜，

工地党支部的那盏油灯呀，
就一直亮在几万民工的心中——
通水了，通水了，
凶狠的恶龙终于降伏在人民手中；
欢笑吧，欢笑吧，
古老的官渠重新展现了新颜！
把昔日的杩槎收进博物馆吧，
让钢铁闸门为我们的人民站岗；
把古老的官渠留给历史的洪流吧，
让建设者成为人民渠的主人！
泪水伴着汗水流淌，
笑容伴着浪花飞溅，
从此不再有干彭县，从此不再有水什邡，
从此水旱从人愿，从此都江之水为我用——

党的十八大，人民渠又迎来了第二个春天，
新时代的我们，
面临着治水矛盾的深刻变化，
面临着治水思路需要调整转变的新形势，
快跟上，快跟上，
打破守旧的观念、惯性的思维，
念好治水“十六诀”，
年轻的人民渠呀，她深深地理解这一点：
抓改革，搞革新，上项目，争效益。
看：
那高高耸立的水利调度大楼，
那宽敞明亮的闸群控制室，
那点点星光般散落在丘陵山间的水库、电站，
那平如镜面延伸在川西平原上的改扩建工程，
那渔场里欢跳的鱼儿，
那养护段了成熟的果实，
都在无言地向我们诉说：
改革，才能出效益，

改革，才能有发展——
不是只有硝烟弥漫才是战场，
我们的战场广阔无边，
从十六万亩到四百二十万亩，
从四县区到十四个县市区，
从人工操作到自动化智能管理，
不断超越自我，不断创出成效。
今天我们可以大声宣告：
我们战斗不是为了标名留史，
而是为了人民的最大幸福和欢乐，
为了充满阳光的祖国美如画卷——
此刻，
灌区人民的眼中，又看到了那盏不熄的灯，
党啊，人民渠的每一朵浪花都与您，
紧紧地、紧紧地连在一起——

七十五年风风雨雨，人民渠从稚嫩走向成熟；
七十五个春夏秋冬，人民渠从羸弱走向富强；
当我们踏上现代水利的航程，
不忘初心，牢记传承，
在浑厚的精神底蕴中，
在千年水利魂传承下，
奏响新时代中国特色水利现代化事业乘风破浪的凯歌！
人民渠在欢笑，
笑的是水更清，天更蓝；
人民渠在欢唱，
唱的是山更绿，路更宽。
让我们唱吧，笑吧，
伸开双臂托起黎明曙光，
一个繁荣富强的中国就在眼前！

在这万物生长的季节在这激情燃烧的七月，
我们郑重起誓：

我们愿，
愿把一生献给党，
愿鲜艳的党旗更灿烂！

注：人民渠是新中国成立后四川省兴建的第一座跨流域引水的大型水利工程，素有“巴蜀新春第一渠”之美誉。

战天斗地淠史杭

邓庆生

安徽省淠史杭灌区管理总局

江河湖泊，浩瀚华夏，
淠史杭灌区，历经风霜。
习近平总书记治水思路，
在水土交融中，绘就辉煌篇章。

节水优先，创新科技，
让粮食安全有了坚实的保障。
精准灌溉，滴滴关怀，
让每一片农田沐浴着希望的光芒。

空间均衡，科学调度，
智能系统运行，水流如歌声般浩荡。
数据的流转，智慧的引领，
让每一滴水资源都流向各自的殿堂。

治山理水，系统治理，
古往今来，水体地貌不断变样，
从青山绿水到沃土丰盈，
新时代的治水之道逐步拓展新航。
科学态度，两手发力，
争抢培育科技人才保质量。
自古至今，水利的传承，
在现代化的浪潮中焕发新光。

历史长河，沉淀智慧，
从古代河渠到现代灌溉一如既往，
建设与改造，步履铿锵，
每一寸土地上都印刻着奋斗的力量。

夯实基础，设施完善，
智能化水利，是精准灌溉的典范。
水库深藏，渠道交错，
万里水系中，每一滴都成效辉煌。

古老的河流与现代的管道，
交织出一曲优美的水利交响。
淠史杭的每一步，都是创新的脚步，
在新时代的治水画卷中书写华章。

治理防洪，抗击旱涝，
以人民的安危为己任，为人民的生活提供保障。
淠史杭的改造，铸就坚强的防线，
在风雨中，为丰收保驾护航。

绿色发展，生态优先，
环保理念渗透在每一个地方。
水土保持，生态修复，
让大地恢复生机，使河湖碧波荡漾。

真抓实干，开拓进取，
从赵子厚的第一锹土挖土开荒，
淠史杭的梦想，开始扎根于土地，
踏的每一个脚印都斗志昂扬。

千里河流，万顷稻田，
淠史杭的水土共融，无边辽旷。
新时代的治水思路，已深深植根，

每一片田地，每一滴水，都承载希望。

历史的积淀，现代的光辉，
在淠史杭灌区的每一寸土地上，
水利的梦想，正在一步步实现，
在风雨中，我们守护这片土壤。

历史与未来，交相辉映，
在新时代的治水理念中徜徉，
从古至今，水利粮丰的故事，
在不断创新中书写新的篇章。

在新时代的治水征程上，
我们用实干绘就美好蓝图和向往。
淠史杭的战天斗地精神，
正如江河般长远，并将不断地流淌。

扬黄工程盐环定　长藤结瓜润三川

张　斌

宁夏回族自治区灌溉排水服务中心

陕西甘肃宁夏川，参加革命不等闲。
红军长征落脚点，军民共建抓生产。
整装待发听召唤，抗日救国赴前线。
新的中国从此建，民族复兴百姓安。
老区一时难发展，荒漠戈壁困难显。
生产生活无水源，生态脆弱不可免。
沙进人退惹人烦，漫天飞舞黄沙染。
人畜饮水不安全，氟病困扰来添乱。

共产党好记心间，专题研究解困难。
国家批复要兴建，“八五”计划列重点。
枢纽引水入东干，中段取水于右岸。
开工建设八八年，九六竣工通全线。
共用工程宁夏管，专用部分各自担。
流量十一把控严，宁夏七方余各半。
九曲黄河水甘甜，扬水工程了心愿。
更新改造步伐撵，水源不断润三川。

渠道管道多泵站，管理高效赞盐环。
处站两级使命担，奔波忙碌为保灌。
荒漠孤行生活俭，风沙作陪水为伴。
恪尽职守苦不言，斗完酷暑战严寒。
接续奋斗代代传，夯基固本换新颜。
精打细算水资源，各业统筹雨露沾。

治水思路勤宣贯，水效领跑立标杆。
智慧水利走在前，现代灌区成效显。

长藤结瓜库渠连，调蓄水库数职兼。
炙热高温迎“烤”验，饮水灌溉把梦圆。
盐池用水精细算，高效节灌示范县。
两手发力共同管，创新模式全国赞。
陡沟板窑和新圈，定边保供生命泉。
甘肃专线西峰沿，甜水堡镇水库建。
人畜饮水保安全，氟水危害有效减。
助力脱贫攻坚战，乡村振兴做贡献。

青春献水利　白发不言悔

——赞广西桂平市水利局党组副书记、副局长欧江源

黄钦垣

广西贵港市桂平市水利局

你的名字叫江源，
你注定与水结缘。
十年寒窗苦读，
西大土木工程把梦圆。
毕业工作定浔州，
桂平水利安家庭。
至今工作三十载，
已把他乡当故园。

你不是水，却像似水。
你多年和水相处相爱，
人水已交融。
有水般凝聚，做事一呼百应；
如水般透明，行事光明磊落；
像水般清净，工作清廉守纪；
似水般温静，为人淡泊名利；
同水般包容，不在意不争论；
与水般坚毅，坚守丰收源泉。

你不是农民，却好似农民。
你不耕田但比农民忙碌，
身影经常出现在田野里河渠边。

岁月的尖刀，雕刻了你的脸庞；
过度的劳累，摧残了你的身躯；
满头的白发，见证了你的疲惫。
你三十年如一日，
头顶草帽，脚踏胶鞋，
早出晚归，披星戴月，
穿梭在田间地头，
奔波于沟渠之间，
为万顷稻田输送甘甜的水源。

你不是亲人，却胜似亲人。
你和蔼可亲，平易近人，
不摆架子不打官腔，
每个人都喜欢与你打交道，
把你当朋友，
认你做亲人。
同志有事，你毫不犹豫帮忙；
职工困难，你义不容辞助援，
你是水利大家庭中重要的一员。

你虽是领导，却不似领导。
你做人坦荡，团结同事，
不摆谱不弄权。
早披晨曦去上班，
晚伴明月把家还。
不怕夏日酷暑，
不畏冬天严寒。
跨河流，过山川，
管好水库，守护渠道，
灌溉了万顷良田，
保障了一方安全。（注：安全包括广大群众生命、财产安全，设施安全，粮食安全等）

你虽是副职，却是主心骨。

你业务精通，经验齐全，
没有你处理不了的事情，
没有你解决不了的困难。
有你在的地方，
领导放心，
职工安心。
你是水利的“不倒翁”，
你的事迹在浔州颂传。

你既是专家，又是管家。
你是桂平水利系统第一个高工，
行业的专家。
灌区建设改造，
促进度，
抓质量，
管安全，
严控投资，把关结算，
不准浪费钱一元。

啊！
你以沟渠为线，编织收获的希望；
你以清水为墨，描绘丰收的蓝图。
没有豪言与壮语，
没有计较与抱怨，
心系百姓，情牵水利。
你用满腔的热情，
坚守在水利岗位上，
奉献青春，
追逐梦想，
顺遂所愿。

北京乐水新源智能水务科技有限责任公司

简介/introduction

北京乐水新源智能水务科技有限责任公司成立于2017年9月，公司专注于灌区现代化建设技术研究、集成和应用。公司以让“灌区更智慧、管理更先进、用水更高效、生态更美好”为企业使命，基于深厚的专业技术积累及先进发展理念，致力于研究集成和推广应用适合我国不同区域特点的灌区现代化改造整体方案。近年来，在灌区信息化、数字化、自动化和智慧化技术方面开展了卓有成效的研发和示范应用，开发了完善配套的灌区智能感知系统、数字孪生灌区管理平台、数字孪生灌区模型库和可视化展示系统。承担了山东滨州引黄灌溉服务中心管辖的簸箕李、小开河和韩墩三个大型灌区数字孪生灌区试点建设，开发的智慧灌区管理系统和模型在内蒙古河套灌区、甘肃疏勒河灌区、新疆大河沿子灌区、新疆吐鲁番坎儿井世界灌溉工程遗产管理系统和大庆市水利管理系统建设中获得推广应用。公司研发的灌区渠系优化配水模型、灌区数字化管理模型被列为水利部水利先进实用技术推广目录，公司自主研发了渠系流量计算模型和太阳能闸门自动控制技术，推广应用取得良好效果。公司是国家级高新技术企业、拥有电子与智能化工程专业承包贰级资质，是AAA级信用企业。

我们期待着为灌区管理单位开展现代化灌区建设提供优良的服务，也期待着与有关科研机构、高校和企业开展密切合作，共同为我国灌区现代化建设贡献智慧和力量。

资质/qualifications

高新技术企业

证书

企业名称：北京乐水新源智能水务科技有限责任公司

发证时间：2024年12月2日　有效期：三年

批准机关：

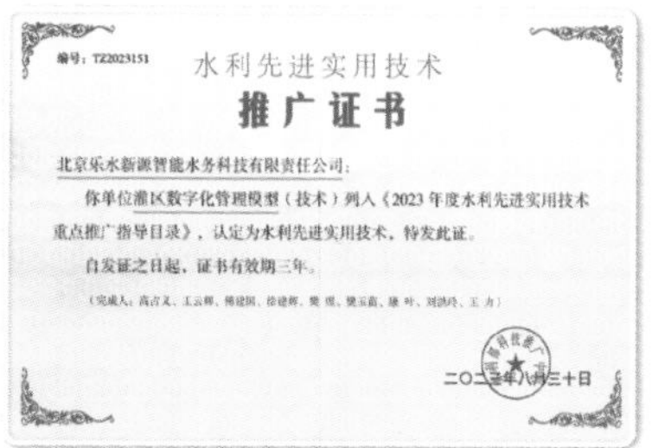
编号：TZ2023151

水利先进实用技术

推广证书

北京乐水新源智能水务科技有限责任公司：

你单位灌区数字化管理模型（技术）列入《2023年度水利先进实用技术重点推广指导目录》，认定为水利先进实用技术，特发此证。

自发证之日起，证书有效期三年。

二〇二三年八月三十日

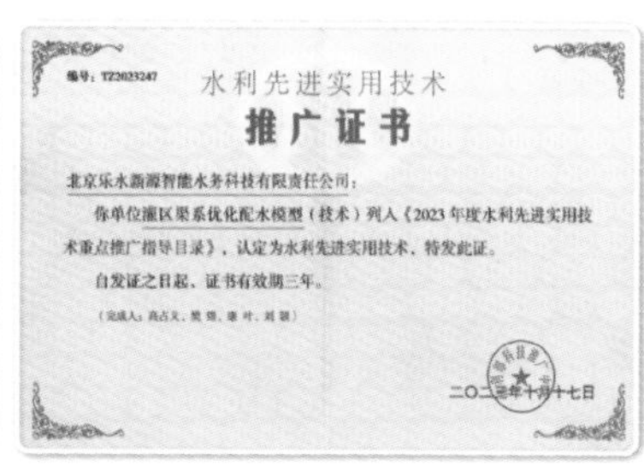
编号：TZ2023247

水利先进实用技术

推广证书

北京乐水新源智能水务科技有限责任公司：

你单位灌区渠系优化配水模型（技术）列入《2023年度水利先进实用技术重点推广指导目录》，认定为水利先进实用技术，特发此证。

自发证之日起，证书有效期三年。

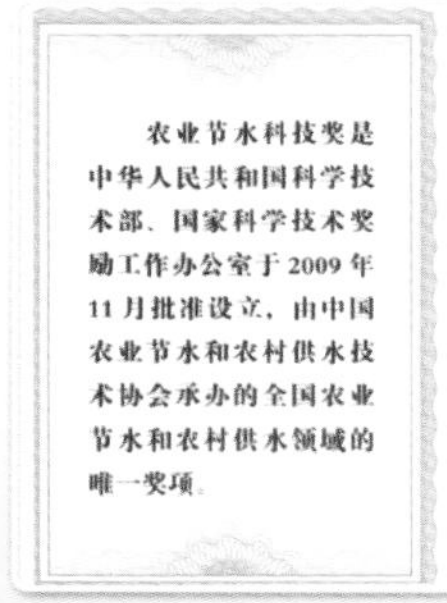
农业节水科技奖是中华人民共和国科学技术部、国家科学技术奖励工作办公室于2009年11月批准设立，由中国农业节水和农村供水技术协会承办的全国农业节水和农村供水领域的唯一奖项。

农业节水科技奖

获奖证书

发明专利证书

建筑业企业资质证书

信息安全管理体系认证证书

北京乐水新源智能水务科技有限责任公司

通讯地址：北京市丰台区南四环西路总部基地十七区18号楼11层1106室

BAOSU
宝塑管业

节水优先 以管代渠

抗冲耐压保安全 灌溉就选太极蓝

水利部成熟适用水利科技成果推荐产品

河北建投宝塑管业有限公司

用心做管 诚实做人

地址：河北省保定市国家大学科技园

邮箱：taijiblue@baosupipe.com

可提供口径为d_n90～d_n1200mm

成都万江港利科技股份有限公司

Chengdu Wangjiang Gangli Technology Co.,Ltd.

关于我们 ABOUT US

万江科技孵化自四川大学，以都江堰灌区信息化作为业务起点，进军中国涉水科技行业。深耕行业20余年，精研水科技技术，拥有软硬件自主核心产品，提供涉水行业智慧化整体解决方案，数字化赋能水利、环保、农业、自然资源、住建等涉水管理部门。公司致力于成为人工智能构架下的水科技全链条服务商和水科技产业生态圈构筑者。

资质荣誉 Qualification Honor

企业资质	专利 | 商标 | 著作权	科研平台 | 奖项荣誉
60+项	500+项	90 项
CMMI 五级	发明专利12项	四川省院士（专家）工作站
电子与智能化工程专业承包一级	实用新型专利61项	西部水平衡中心
水文水资源甲级	软件著作权240项	四川省工程技术研究中心
信息技术服务运维ITSS	注册商标18项	科技成果鉴定获国际先进
…		…

产品展示 Product Display

WJ-6000
遥测终端机

WJ-3000S
远程采集终端

WJ.CM-G200
4G通讯模块

WJ.WBG-E
无线预警广播机

WJ.WBG-H
智能广播报警器

一体化闸门系列

WJ.WMQ一体化
遥测水位计升级版

WJ.WCL型(20米量程)
雷达水位计

WJ.RD-SV型
雷达水位流速一体机

WJ.S6
断面流量自动测流车

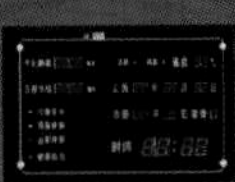
WJ.WBY-S
简易报警雨量计

WJ.WMQ-F
测控一体智能阀

WJ.DPL-2M-2000P
声学多普勒流速剖面仪

WJ.DPL-2M-H系列
声学多普勒流速剖面仪

WJ.CMBD-G
一体化GNSS监测站

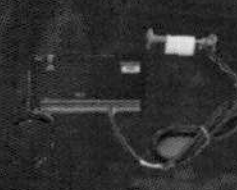
WJ.JC-8005
数据采集仪 (MCU)

WJ.JC-SY
振弦式渗压计

WJ.RTU灌区闸泵
综合控制系统

WJ.R1
水下智能探测机器人

WJ.R2
水下智能探测机器人

WJ.NY-SF-300
智能灌溉施肥一体机

WJ.NY-QXZ
田间气象站

WJ.SK-ZHZ
一体化智慧站

地址：四川省成都市高新区天府大道北段1700号环球中心W6-1915